国家科学技术学术著作出版基金资助出版

次生木质部发育（Ⅱ）阔叶树
木材生成机理重要部分

Secondary Xylem Development (Ⅱ) Angiospermous Trees
An Important Part of Wood Formation Mechanism

尹思慈　赵成功　龚士淦　著

南京林业大学

U0296374

科学出版社

北　京

内 容 简 介

本书中利用单株树木内固着的静态木材差异研究次生木质部生命构建中的动态变化。这是生命科学与材料科学的交叉，是木材生成机理中尚未知的重要部分。本书是探索自然现象原始基础理论研究成果。首次以实验结果证明次生木质部构建中的变化受遗传控制，并在理论上确定其性质是发育。

本书是《次生木质部发育（Ⅰ）针叶树——木材生成机理重要部分》的续本。本书中扩大了实验树种数，采用符合阔叶树木材结构特点的方法，观察它们单株样树变化的有序过渡规律。测定的 12 个阔叶树树种分属三个木材结构类型（环孔、散孔和半散孔）。采集地均为阔叶树树种分布较多的我国南部人工林。

本书中研究样树的树种分类科别处于进化树不同位置。对它们的细胞形态因子进行了演化分析。

次生木质部发育研究与供木材加工技术作依据为主要目的的木材研究在理念和实验方法上都有区别。

本书适合生命科学多学科高年级大学生、研究生、高校教师、科研院所和林业生产单位学者们参阅。

图书在版编目（CIP）数据

次生木质部发育（Ⅱ）阔叶树：木材生成机理重要部分/尹思慈，赵成功，龚士淦著. —北京：科学出版社，2021.6
ISBN 978-7-03-069055-5

Ⅰ. ①次… Ⅱ.①尹… ②赵… ③龚… Ⅲ.①阔叶林–次生木质部–发育生物学–研究 Ⅳ.①S718.54

中国版本图书馆 CIP 数据核字(2021)第 105065 号

责任编辑：张会格 孙 青 / 责任校对：郑金红
责任印制：吴兆东 / 封面设计：无极书装

科学出版社 出版
北京东黄城根北街 16 号
邮政编码：100717
http://www.sciencep.com

北京虎彩文化传播有限公司 印刷
科学出版社发行 各地新华书店经销
*
2021 年 6 月第 一 版 开本：787×1092 1/16
2021 年 6 月第一次印刷 印张：18 1/2
字数：437 000
定价：228.00 元
(如有印装质量问题，我社负责调换)

谨以本成果

纪念已故导师

著名木材科学家

中国木质人造板学术领域开拓人之一

南京林业大学木材科学与技术学科奠基人

陈桂陞 教授

本项目全体同志

二〇二〇·九

前　　言

　　树木主茎、根和枝的木质部，是一般被看作木材的部位。木质部是生命科学称呼它的学术名词；木材是作为材料应用的名称。根据生成中分生细胞来源不同，木质部存在初生和次生差别。初生木质部处于树茎中央髓心外围，难与真髓区分，合并所占体积分量也很小，并在生成后不变；次生木质部却逐年在外增添，而成为木质部构成的绝大部分。

　　次生木质部主要构成细胞的生命期仅数月，但它具有与树木寿命同长的连续生命，这体现在木质细胞的连续生成中。次生木质部发育是遗传控制下生命中自身的体质变换过程。树木中木材在次生木质部生命变化的发育中形成。次生木质部发育与木材形成是同一过程的两方面认识。木材形成有超微、显微和宏观组织三个层次。显微层次是主要构成细胞由分生、体积增长到胞壁特征形成。超微层次是木材主要构成细胞的细胞壁有机构成物质的合成和沉积过程，以及达到最终结构方式。对木材形成的显微和超微层次研究，在林学、纤维素化学和木材科学等学科已取得较多成果。林学和木材科学对被称作"变异"（variation）的株内木材差异长期仅限于测定树茎中确定位置间性状的差异量。而对这一差异生成机理却未涉及。由此造成一个对林业科学具有重要意义的自然现象——次生木质部发育长期被掩盖。这使木材是遗传控制下次生木质部长时生命变化中形成的事实未受到揭示。本项目是这一专题的研究，其成果性质是木材生成机理的重要部分。

次生木质部发育研究理念萌生自觉察出木材生成中三个实况取得的感悟

　　（1）次生木质部逐年在其外围生成具有生命的新鞘层，这是它生命长期延续的体现；而其内侧陆续转换成非生命部位。木材是在树木连续生命的生长中生成，但次生木质部主体是非生命的木材材料。

　　（2）次生木质部中生成具有规律性变化的木材差异发生在树木个体内。这不符合遗传学"变异"的学术概念，也不属个体内营养器官"突变"的性质。

　　（3）树木高、径两向生长具有独立性。木材部位中任一位点都具有各自生成时的高、径两向生长树龄组合的时间。

在相关学科公认理论为基础的支持下，取得进行次生木质部发育研究的关键新认识

　　（1）次生木质部生命中的变化与一般生物体或器官表现出的形态动态变化不同，它以静态性状差异的形式完整地保存在树木主茎、根和枝中木材的有序部位上。单株中的木材差异是次生木质部生命变化中遗存的实迹。

　　（2）参考林学和木材科学常规试验方法，可设计出符合次生木质部发育研究需要的试验方法，能测出树木木材部位任一位点的静态性状及其生成的时间。

　　（3）次生木质部生成中受遗传控制的性状变化规律性，必须通过测出同一树种多株

样树各株内随两向生长树龄生成的均匀分布样点木材性状来揭示；如果同一树种多株样树同一性状随生成时间的变化过程具相似性，并在各样树内分别呈现协调性，就可确定这一性状的生成过程是受遗传控制的，属发育性状。具有多个发育性状是确定次生木质部发育现象存在的条件。可见，次生木质部发育研究是利用树木非生命木材性状与其生成中生命变化间的关系，以非生命静态木材材料探寻逐年间次生木质部生命的动态变化历程。

次生木质部发育研究须采取的必要措施

次生木质部发育研究需测定它生命过程中的变化状态，这与测定木材材料性能指标供木材利用作参考依据的目的和要求都不同。测定的性状随两向生长树龄变化的曲线能证明性状变化受遗传控制。众多发育性状变化的聚合才构成次生木质部发育现象。次生木质部发育研究须采取的必要措施如下所述：

（1）要取得次生木质部性状随生命时间变化的回归分析结果，须在样树全长逐龄生长鞘多个高度均匀取样；

（2）性状测定精度须满足能反映出性状在样品间的变化，其误差须小于取样点间的性状差值；

（3）次生木质部发育性状在同一树种样株间的相似和其在样株内的协调都需用图示来表达。两向生长树龄三维曲面图示受视角变换影响，不能满足要求的比较效果，不适合直接用于发育研究，而须用剖视曲线替代。

本书是有关阔叶树次生木质部发育的基础理论原始研究成果，是《次生木质部发育（I）针叶树——木材生成机理重要部分》（ISBN 978-7-03-035503-4）的续本。证明次生木质部构建中存在发育现象是针叶树研究的重点。前书详述了次生木质部发育研究理念的端源、形成、与相关学科的联系和在应用中取得的进展。

阔叶树研究在针叶树成果基础上进行。本书首次以生命变化过程观点为依据，测定阔叶树单株内符合发育研究要求系列位点木材性状的发育变化表现。本书报道三种不同木材结构类型 12 种阔叶树单株样树次生木质部构建中发育变化过程。测定的性状都与树茎的输导和支持功能有关。12 种阔叶树次生木质部发育过程呈共同的生存适应趋势。从它们构建过程变化的类同和株内的协调可印证，次生木质部发育中存在着遗传控制。

阔叶树次生木质部的主要构成细胞是纤维和导管细胞，发育研究实验措施符合相应的结构特点。采用的图示方式适合多树种各单一样树的表达需要。

次生木质部发育研究的具体措施在针叶树、阔叶树间有差别，但针叶树、阔叶树次生木质部发育研究理念相同，发育过程受遗传控制是生物共性。针叶树和阔叶树的主茎、根、枝次生木质部逐年在两向生长的生命过程中，在鞘状层构建上和在主要构建细胞生命期均仅数月等发育特征上都相同；输导和支持功能是它们的共同适应；随两向生长树龄变化的研究结果均须用剖视曲线图来表达。本书第 1～4 章与前书第 1、第 2 部分作用相当。这些内容著者在重新体会中另行拟稿并精要阐述；其他各章都是有关阔叶树研究的专篇。树木次生木质部构建过程中存在生物生命共性发育现象，在针叶树、阔叶树研究的实验结果中都得到了充分证明。只从理论上推导能成立的有关自然结论为假说，而次生木质部发育是实验证明存在的自然现象。各章用附表给出全部实验测定数据。

《次生木质部发育》（Ⅰ）、（Ⅱ）两书都须克服学科交叉困难，力争对生命科学和材料科学学者们都能产生学科交融的共同认识。

次生木质部发育研究受国家自然科学基金三次项目资助，名称依序为"人工林材质的研究"（1989 年）、"木材材质理论的研究"（1993 年）、"阔叶树材质生成理论的研究"（1996 年）。由课题名称发展可看出，次生木质部发育理念是在探索中取得。阔叶树研究是在这一理念已由朦胧到明确，并在次生木质部构建过程中存在发育现象已得到证明的条件下进行的。国家自然科学基金连续项目资助和南京林业大学长期支持是取得本成果的条件。本项目成果"次生木质部发育（Ⅰ）、（Ⅱ）针、阔叶树"的中、英文版本共四本书，先后受国家科学技术学术著作出版基金资助，并同在科学出版社出版。

本项目研究主持人**尹思慈**教授提出和完善了研究理念，拟定实验方案和数据处理要求，主持野外工作和采集样树，操作实验中台式螺旋放大仪下的全部测长、木材物理力学全部试样炉干和精密天平上各次称重，制作纤维形态测定全部样品，指导并参加全部实验，提出符合次生木质部发育研究需要的 4 种平面剖视曲线和每幅图式方案，构建次生木质部发育理论基础，撰写本项目针叶树、阔叶树两本中文学术研究专著；参加人**赵成功**总工程师选定数据处理适用方程形式（三次多项式），确定计算机数据处理所使用的软件工具，并指导使用；高级技师**龚士淦**负责样树上取样和试样制作，并参加实验工作；**李大纲**教授指导和操作力学试验机。大学三年级、四年级学生志愿工作者：**张显君**在显微镜下测定纤维和导管细胞形态因子；**于明伟**负责阔叶树图示的计算机成图，**杜钧**参加部分计算机成图工作；**王顺峰**负责测计记录和计算机录入。广西大学**徐峰**教授指导和参加东门和高峰两林场样木采集。

本项目阔叶树课题 1996 年获国家自然科学基金立项资助至今历经二十余年。每位参加者付出的艰辛劳动和责任心之强令我感动。本书是团组的共同成果。我作为本项目主持人，对同志们在本项目中的贡献表示衷心感谢。

本书全英译本已在科学出版社出版（ISBN 978-7-03-057151-9），英文版文字系中文版本逐句对译。中、英两种文字在语序和语法上的差别，使本书中、英版本在学术内容表达上能得到对应校核有助的效果。

本项目虽尽科学审慎，但毕竟是次生木质部发育研究的初试，难免有挂一漏万之虑，敬请国内外同行和相关专家不吝指正。

尹思慈

2020 年 6 月于南京林业大学

材料科学与工程学院木材科学系

目　　录

前言

1 引 言

摘 要

察觉出次生木质部发育现象,必须依据它的自然状态;进行这方面研究,实验必须考虑一些有关它的特殊自然因素。

发育的遗传控制在种内个体间的表现是,它们在变化中的动态相似。实验求证的难点是,变化中的性状和相随时间须具有一一对应关系。

进行树木次生木质部发育研究得益于次生木质部生命中的特殊构建过程。它不同于其他生物体,甚至同株树木的其他器官或组织。

1.1 一个有待探索的自然现象

自然现象规律地发生在宇宙和人类生存的自然环境中。自然科学能发现它,却不能创造它。要用数学观点来体察自然奥秘的无穷性,在与绝对认识自然间永存着待探索的盲区。

植物学早已知树木的高生长和直径生长,但其内容局限于高生长、直径生长细胞分生和分化的共同过程,而未涉及它们随树木逐龄生命时间的变化和由此产生的组织差异;林学和木材科学也早知树茎中木材存在差异,但却未深究这些差异是如何形成的。

多年生树木具有主茎,有次生生长。除该考虑细胞分生和分化是次生木质部构建中逐年的共同过程外,难道在树木全生命历程中逐年之间它们就没有差异吗?如有差别,是随机的还是有规律的?如是有规律的,其属性如何?这些也都是林学和木材科学须进一步探索的重要理论问题。

本项目的主要理论贡献是,发现个体树木内木材结构和性质规律差异的本质来源是次生木质部发育过程。树木生长在人们生活的环境中,木材又是被广泛应用的一种材料。迄今,才发现存在这一自然现象,说明它隐蔽神秘。新认知要得到广泛接受,必须具有充分的实验证明和基础理论的有力支持。

1.2 次生木质部构建的自然过程

树茎高、径两向生长在树木长时生命中同时长期持续进行，但不发生在树茎的同一高度。高生长始终保持在树茎顶端，它的部位随高生长而不断上移；直径生长发生在与顶端相连的下方，它的高度范围随高生长而不断扩张，几乎与树茎等高。树茎的两向生长无间隙地在高度方向上自然连续转换。

树茎直径生长由树皮和木质部间的形成层逐年分生产生。形成层来源于顶端原始分生组织的分生、分化，和再经转化而重新获得持久分生机能。它的分生方向与顶端原始分生组织不同，是侧向分生组织。形成层在树茎中呈缺顶梢的空心鞘壳状。由它逐年分生的木质层同为鞘层，逐龄鞘层密合叠垒构成次生木质部。

树茎顶端由保持生命状态，并处于分生和分化中的细胞构成。顶端下缘直径生长开始后，树茎中心部位由原顶端分生和分化生成的组织构成了树茎的髓心，其中包括初生木质部和其内的其他初生永久组织。髓心在成熟树茎中终将迈入死组织行列，但不能由此而忽略树茎顶端一直保持着分生和分化机能的生命状态。

形成层区域内侧数层木质子细胞处于细胞有限次数的再分生、分化和成熟阶段。这些活动都必须在细胞生命状态下进行，它们是树茎和次生木质部生命延续的象征。

寒带、温带树茎顶端和形成层具有严冬的分生休眠期，但这不意味着生命的中断。树茎和其中次生木质部具有不间断的连续生命性。

次生木质部构建的自然过程表现出它是树木具有连续生命特征的部位。构建在遗传物质控制下只能发生在具有生命机能的部位。次生木质部的生命性是次生木质部发育现象成立的首要条件。

由次生木质部构建，可认识这一自然过程具有二个不同于其他生物体的特殊方面：树茎两向生长的独立性和次生木质部构建的鞘层结构。充分认识次生木质部构建中的这二个特殊方面，在发育研究中具有重要作用。

1.3 活树次生木质部体积主体的木材状态

大多数人会想当然地认为，立木中的木材该是具有生命的活组织。事实上，这绝对是误解。针叶树体积中纵行管胞所占的比例为90%～94%。纵行管胞的自然细胞寿命仅自分生后2～12周。在这一过程中，细胞原生质在其初生壁内表面形成僵硬的次生壁，细胞的生命内含物最终消失。这与树木生命期相比，是极短暂的。次生木质部除最外层生长鞘正成熟中的细胞（针叶树中的管胞，阔叶树中的纤维和导管细胞）和边材中的薄壁细胞外，其他均为死细胞（心材部位全部为死组织）。活树主茎、根和枝次生木质部的大部分结构处于执行输导生理功能和支持作用的非生命状态。植物学家早已了解这一自然现象，但一直忽视了它在次生木质部构建过程里生命连续变化（发育）研究中的作用，其他相关学科更不会对此有较深刻的了解。但一经说明，这就会是一个非常意外的现象。

采伐的活树木材不含蛋白质，主要由天然耐久的高分子纤维素、木素和半纤维素构成，经充分气干后就可避免微生物侵蚀而能长期保存。木材是能保持材质经久不变的建筑和家具材料。植物学观察采得的鲜活材料须经杀活处理。木材解剖学观察木材结构须软化处理后切片，鲜软木材在采得后甚至可不经任何处理当即徒手切片。木材在显微镜下呈中空蜂窝状，是环绕每个中空细胞四周的细胞壁。木材结构差别表现在壳状细胞的形态和胞壁上的特征。以上能充分说明，立木次生木质部的木材主体为非生命的生物材料状态。

次生木质部的细胞死亡，是受基因控制的，是通过主动的生化过程而进行的程序性细胞死亡（programmed cell death，PCD）。每个无生机细胞都如此，而且随生成时间的先后，在细胞间存在着规律性的微细差异，此即生命变化的表现。这是树木在发育上满足树茎输导和支持功能的适应，是演化中自然选择的结果。

1.4　单株树木内木材差异的学术意义

次生木质部中的木材差异是逐年构建中遗存的变化原态实迹。

立木次生木质部大部分体积，由管状细胞和导管等死组织构成。木材是由死细胞壳状胞壁构成的一种材料。这种非生命木材材料除解剖学外，已不属植物学研究的范畴。一直把个体树木内的差异误认为是变异，对次生木质部在长时间构建中存在的变化缺少认识。

这不是一个单纯学术用词的问题，而是表明未把木材差异的现象与它的生成过程相联系，也就是说，未从次生木质部在构建中变化的视角来认识单株树木内的木材差异；没有用遗传学观点来看待它在遗传控制下构建（生成）过程的程序性。

变异主要是有性繁殖中遗传物质重组造成种内个体间的差异，也不能把个体中的突变与有性繁殖中普遍存在的变异相混淆。本研究首次明确，个体树木内部位间的木材规律差异与种内树株间的木材差异，在本质上是不同的。个体树木内部位间的木材差异，是次生木质部长时间逐年生命中发育变化留存的遗骸所构成的实迹状态；并认识到，它因能受到精确测定而成为具有作为研究依据的学术价值。

次生木质部的构建和发育是同时发生的两个不可分割的现象。逐年动态有序的发育过程，却表现在静态不变的木材差异上。这如同地壳的地质变化是凝固在地质结构不同的地层中一样。在静态生物材料中，能测出它生长中长时间的动态变化，是令人不可思议的。一直在困扰着生物发育研究的问题是，一些物种的寿命长，但须测出发育变化中的即时性状及其发生时的对应时刻。次生木质部是生物体中能呈现发育过程的一个奇特部位。

1.5　生长鞘和两向生长树龄

次生木质部鞘层状木质结构逐年生成，其性状随时间的变化，在各年即受到生理性自我杀活而固着。立木中的木材差异是树木生命中在各木质鞘层逐年生成中就已经呈现的。这是每一木质鞘层生成时的当年状态，并以不变的形式保存在立木的次生木质部内。当树木被伐倒后，这份自然实迹仍长期保持不变，它记录着发育的变化。以生长鞘为结构单位观察次生木质部构建中的变化，是次生木质部发育研究的必要可靠依据。

影响次生木质部发育的内在因子不是单一的。不仅自髓心向树皮的各年生长鞘间存在着有序变化，而且每一生长鞘沿高度方向也具有规律性的变化。这一现象表明，其内必定还有深一层次的奥秘。树茎两向生长存在独立性。鞘层虽是在逐年径向生长中生成，但分生同一鞘层不同高度的形成层自身生成年限有差别。这表明次生木质部构建中变化生成的差异，同时受两向生长树龄的影响。时间单位是在地球相对于太阳的规律运动中产生的，而生物生命程序中的时间必须符合发育变化的不同特点。树木生长的时间标度是树龄，而对次生木质部发育研究则必须采用两向生长树龄组合。

生长鞘是次生木质部构建中生成的一种结构状态。次生木质部发育研究须利用这种与时间有关的层次分明的结构特点。提出两向生长树龄，是依据逐年生长鞘间和同龄生长鞘内存在规律性的木材差异。可见，次生木质部发育研究中，采用两向生长树龄标志发育变化进程具有事实依据和其必要性。

1.6　次生木质部动态发育变化的特点和可测性

本研究内容属有机体自身随生命时间变化的范畴。一般来说，哺乳动物确定部位的发育，特别在完成形态生长后，是在同一部位内的连续变化。树木除茎、根、枝中的次生木质部，各器官包括树皮都在不断更替。更替并不表明变化，更替中新老间的差异才是变化。弃老纳新的更替方式，使发育研究必须在有机体连续生命的不同时段取样。而次生木质部的情况完全不同，次生木质部的生命部位每年以新来更替，但年年不断更换下的非生命部位都得到完整保存。不同部位间的差别是在生命状态下的构建中产生，各部位能一直保持细胞丧失生机时所在的固定位置和原状态不变。逐年形成的木材差异，是次生木质部连续不同年份构建的生命部位间发生变化的原迹实物，是连续变化受固着的记录和实证。从逐年遗存的生长鞘和各年生长鞘不同高度间的静态木材差异，可直接测得次生木质部发育全过程的历史原貌和程序性变化。

次生木质部作为发育研究材料的特点是：①木材样品的结构和性质是发育变化中各生成即时的性状；②木材样品生成时的两向生长树龄可由它在样树中的不变位置来确定；③发育过程中的各即时性状和它发生时的对应时间都能被准确测定。依据这些特点进行针叶树、阔叶树的实验结果表明，次生木质部构建中存在随时间变化的连续过程；变化受遗传控制，虽受环境影响，但具有程序性。这些由一般生物生命中也都能得到的感性认识，而在次生木质部却难以进行这种观察。本研究是用科学实验使它们得到了证实及理论上的阐明。

1.7　次生木质部发育研究与相关木材研究的差别

1.7.1　次生木质部发育与植物学研究的差别，以及它们在木材生成机理中的不同作用

植物学研究木材连续形成中各年顶端原始分生组织和次生分生组织（形成层区域）

的分生，以及形成层后细胞分化的共同过程。而次生木质部发育研究是依据木材构建中逐年丧失活性的固定状态，确定次生木质部在长生命期中的发育变化。次生木质部发育研究与植物学对木材生成的研究区别如下：

	次生木质部发育研究	植物学对木材生成的研究
实验材料取样范围	在树木主茎（南向、北向）、根和枝各年生长鞘全高短间距上连续取样。试样在全树茎各部分均匀分布	在树茎顶端原始分生区域不同高度上连续取样；以及在树茎有代表性指定部位，可察出形成层分生组织原始细胞和子细胞分生、分化和胞壁沉积过程的厚度范围取样
实验材料与研究结果在生命性上的关系	以全树茎、根和枝非生命木材为实验材料的试验测定结果，研究树木（主茎、根和枝）次生木质部构建过程中的生命变化	第一方面，对树茎顶端纵剖面进行显微观察，或在顶端不同细微高度连续取样。研究原始分生组织至初生分生组织，以及至初生永久组织和次生分生组织的形成
		第二方面，以树茎上贴邻树皮的鲜活的形成层区域为实验材料。研究次生分生组织（形成层）的细胞分生、分化和胞壁物质沉积的成熟过程。上述全过程观察只有在细胞保持生命状态下才得以进行。实际实验中，可进行灭活处理，在同一宏观取样部位采用连续超薄切片，观察其多层的微细差别，由此取得细胞生命变化过程的等同结果
由实验结果探索的自然现象	树木主茎、根和枝次生木质部木材结构显微形态和木材性质随两向生长树龄呈规律性变化。同树种不同树株间，这一规律性具有相似性。由此，证明树木次生木质部构建是在遗传控制下进行，其学术性质是发育	把树茎次生分生组织的细胞分生、分化和成熟过程的实验结果，不计树龄应用于各树种，并看作是树木共具的特征
科学学科属性	生命科学与材料科学的交叉	属生命科学性质

　　在认识上述两类研究差别时，尚须注意到它们研究结果具有前行和后续显示间的关系。连续分生仅数月生命期的木质细胞在前；而后，由空壳状细胞遗骸连续累积而生成非生命木材材料。次生木质部木材结构和性质的规律性差异，表明形成层连续分生的细胞间具有规律性生命变化。

次生木质部纤维状主要构成细胞的生命期虽仅只数月，但形成层连续分生具有生命的细胞象征着次生木质部是树木生命结构部位。

为了深刻认识次生木质部发育研究与植物学对木材生成研究结果具有关联性，特把次生木质部构建具有的层次性比喻作时间计量的年、月、日、时、分和秒。时间向前推进，每一层次时间单位都由下一层次时间向前推进才得以实现（年中含月，月里含日，日里含时，时里含分、秒）。树木次生木质部由逐年生成生长鞘构成，生长鞘里有层次性细胞，细胞壁里又有初生壁、次生壁的层次结构。在作这一比喻时，必须同时认识，次生木质部构建中的层次性与时间连续推进中的层次性存在着截然不同，木材生成中形成层分生而后丧失生命的细胞垒积发生于连续生命过程中，在细胞构成的组织间存在的差异也同样发生在它们先、后生成的生命变化中。由此可看出，这与纯物理概念的时间层次性之间的差别。

植物学研究木质细胞的共性生成过程。而在这一过程中存在的随树木两向生长树龄的变化，则具有尚待探索的学术价值。次生木质部发育研究填补了这一空白。次生木质部主体是非生命木材组织，次生木质部先后连续生成的细胞间存在着差异，显示出它们间存在着生命变化。次生木质部发育研究证明次生木质部构建中的生命变化存在遗传控制。这一变化的学术属性是发育。

植物学对木材生成中的研究是细胞学方面的成果。而次生木质部研究是探索木材生成中逐时细胞构成组织间差异所反映出的生命变化。植物学成果和次生木质部成果共同构成木材生成机理。次生木质部发育是木材生成机理的重要部分。

1.7.2 次生木质部发育研究与其他相关学科在木材研究上的差别

传统木材科学依照材料科学方法，测定树茎部分确定部位间的木材差异。次生木质部发育研究是以生命科学观点，而以非生命木材为实验材料，研究次生木质部在生命状态下构建中的发育变化。本项目首次在全树上，自内向外逐龄生长鞘的不同高度上取样。从发育角度，测定树株内生长鞘间和每个生长鞘沿高度方向上的差异，研究各部分间木材差异的规律性。结果表明，单株树木内次生木质部构建中的变化是协调的，种内样树间具有相似性；由此，证明了这些差异是立木次生木质部发育变化的反映。

树木年代学，仅测定古木胸高横截面，并剔除木质部中心发育有明显变化的部位。它主要依据年轮宽度和密度两因子受气候因素的影响来提供气候变化的历史记录。这一部位实际是次生木质部已进入发育几乎不变的稳定生命期。而次生木质部发育研究须对全树茎多个高度径向逐龄年轮部位进行研究，特别是对发育变化明显的最初数十年间生成的部位，进行包括木材结构和性质等多个指标的综合测定。

本研究与幼龄材概念不同。幼龄材概念是把树茎中心部位的上、下统称为幼龄材，但它们生成树龄不同。这与本研究从发育角度的研究主题不同。树茎不同高度自髓心向外同序年轮生成时的形成层自身生成年数相同，但其生成时的树龄不同。本项目认为，上述树株内不同高度自髓心向外同序年轮和同一高度径向自髓心向外逐龄年轮的性状变化同是次生木质部发育的表现。以实验数据填补和完善了树茎中心部位的理论认识，由此，增进了对人工林材质形成的了解深度。

1.8　结　　论

生物个体生命过程中都会呈现出随时间的差异，这是发育变化的表现。生命科学各学科都是在利用生命不同时刻取样测定出的差异，来研究生物的发育。

多年生树木内的木材差异是以不变的实物差异形式把长期连续发育变化的过程记录下来。次生木质部动态生命变化中的性状可在系统取样的木材样品上测出，而呈现这些性状值的生命时间则可由树茎中的取样位置来确定。这表明，在固着的静态材料（木材）上，能测出次生木质部动态生命随时间的变化。

次生木质部发育研究在观察它在生命过程中表现出的不同生命时间生成部位间的差异现象而形成的观点是，不是孤立地去看待单株树木不同高度和不同径向部位间的木材差异；而是把这些差异看作是程序化变化的表现；并把它们的发生与生命过程的时间联系起来。

有机体生命中变化过程的性质具有发育属性，须依据遗传特征来判定。本项目实验证明了次生木质部构建中的变化符合遗传特征，受遗传物质控制。这一变化性质是生物发育的自然现象。

次生木质部发育研究成果，是有关多年生树木木材生成机理中的一个重要进展。

2 相关学科的作用和在应用中取得的进展

摘　　要

自然科学的新发展在继承中才能取得。次生木质部研究也不例外。本项目除在研究理念、实验方法和图示方面等须有创新方面外，并能从各有关学科汲取必要的相关成果。树木两向生长和次生木质部构建中逐年的共性细胞学研究成果，是植物学内容；木材结构和性能测定是木材科学的项目；明确生物遗传变异的发生和用遗传特征证明次生木质部构建中的变化性质属发育现象，需遗传学基础；以生物适应性认识发育变化的形成，须具有进化生物学观点；表达发育变化需充分发挥数学工具的作用。本章分别以继承、领悟和新认识，来表达相关学科的作用和在次生木质部发育研究应用中取得的进展。继承是综述各学科已取得公认的学术结论；领悟是著者对它们在认识上的扩展；新认识则是更进一步的体会。相关学科的无间融合和进展构成了次生木质部发育研究的理论基础。

2.1 生物学有关发育概念的论述和在应用中取得的进展

对大多数生物而言，提及存在发育似乎不会存在问题。由生物体生活史中的形态和结构变化就可定性观察出发育现象。现代生命科学对低至病毒、高达人类众多物种生命中的变化都进行了极细微的研究。

具有次生生长的树木是植物界的一大类群，次生木质部是树木中占体积主体和提供木材材料的结构部位。次生木质部在树木生命中的变化直接与木材形成有关。次生木质部封闭在树皮内，其变化难于察觉，更难想象它的生命时间在数十年甚至百年以上，却是长时间连续变化完整保存原迹的实体。迄今，次生木质部发育尚是一个严密学术内涵不解的词语。

近数十年，学术界测定单株树木内木材存在规律差异的表现，并把它与种内株间木材差异统列为变异（variation）。这是把"variation"当作普通词使用。发育（development）在生命科学中是具有严格内涵的学术名词。如果要把株内木材差异与发育联系起来，那看待木材差异就必须遵循与发育有关学科的概念。

2.1.1　发育是与生命相关的自然现象

自然现象的特点是规律性和具有必然发生的机理。

领悟　有机体生命过程中的自身变化具有物种的程序性和存在遗传控制的必然因素。生活史周而复始。把有机体生命过程中受遗传控制的自身体质上的变化定性为发育，那生物发育则是一种自然现象。

新认识　次生木质部生命中构建的变化性质须以它具有程序性特点来确定。这一变化在种内株间的相似程序性是受遗传控制的表现，由此证明次生木质部构建中存在发育现象。

2.1.2　生物发育存在共性

发育是一个生命特征，生物发育必然存在共性。

领悟　控制高、低生物生命过程的遗传物质及其作用相同；生物生活史中都一直存在着细胞分裂和分化；减数分裂发生在繁殖过程的生殖器官中；无性繁殖和体细胞增加依赖有丝分裂；生物长期处于自然选择和突变留存概率小的因素中。有机体生命过程中，这些相同因子的共同作用结果是生物发育共性的自然成因。

新认识　须从生物发育共性来认识次生木质部发育。

2.1.3　时间是表达发育变化进程需采用的物理因子

领悟　时间是根据宇宙中星球相对运动规律而确定出的科学概念，是表达环境周期性变化的物理量。它直接与地球的周期性变化有关。控制生物发育变化的内、外因素分别是遗传物质和环境的周期性变化。

新认识　根据太阳、月亮和地球相对运转的规律而确定出的时间有年、月、日的差别。可见确定伴随有机体发育而采用的实际时间也必须考虑生物不同发育部位生命过程的具体特点。根、茎、叶、花和果在树木长时间生命中的变化是不同的。对测定树木生长中的木材材积增长和研究次生木质部发育进程采用的时间须有不同认识并区别对待。

2.1.4　次生木质部适合作为确定生物发育共性的实验材料

领悟　生物发育存在共性，任一种生物发育过程都会具有该物种共性的表现。但在不同物种个体、器官或组织的发育研究上，觉察出这种共性表现却有难易之分。生命科学发展历史中的成功经验表明，共性内容的研究要选择结构简单和性状因子表现明确的物种材料。

生物发育共性研究的难点是，生物生命期有长、短，对多数物种要在同一生命个体上测出性状随时间的连续变化存在难度，或几乎不可能。

新认识 次生木质部为树木的一个结构部位，它符合生物发育的基本状态，其生命期与所在树木同长。并具有适合作为发育研究材料的其他条件：生命变化中各时状态在当时细胞的 PCD 中受到固定并能长期保持原态；逐年已生成的木质结构层状区界分明，各有确定的生成时间；在单株个体上能取得研究长时生命发育变化的全套样品等。次生木质部发育研究是以长生命变化中逐时固化遗存的实体（非生命木材材料）探寻它生命构建中的发育过程。

生物发育共性在次生木质部发育研究中能得到观察。

2.2　植物学的作用和在应用中取得的进展

继承

（1）以繁殖周期研究有机体的生命延续是生活史。

（2）有机体的生命发育中存在着器官、组织、细胞和超微不同层次结构的变化。不同层次变化的层次结合才架构出个体生命中的变化。植物学在顶端原始细胞和次生分生组织（形成层）分生、分化和细胞成熟过程等方面已取得系列成果，这些属次生木质部细胞层次发育的研究；纤维素化学对木材细胞的细胞壁有机结构成分的合成和沉积过程进行过深刻研究，这些属次生木质部超微层次发育研究。对木材生成细胞层次和超微层次研究结果都是报道它们处在动态变化中。

（3）次生木质部是树木中的一个结构部位，它在树木生命中承担着不可缺的生理和结构功能。虽然次生木质部体积主体是非生命木材部位，但它与具生命特征区间同在支撑着庞大树冠，并同是树根与树冠间输送水分的唯一通道。

（4）高生长部位在树茎顶端，它的下方全高都为树茎直径生长范围。形成层是持续行使直径生长分生机能的组织。它由顶端原分生组织分生、分化，并再经转化产生。茎端的高生长作用在直径生长开始发生的高度位置即停止。这一转换在高生长的茎端上移中无间隙地连续进行着。

领悟 次生木质部主体木材在树茎直径生长中构建。直径生长中的细胞分生和分化过程是次生木质部生命中发育的组成部分；直觉上，好像树茎的顶端通过高生长由它生成的形成层而对次生木质部发育产生影响，实际并非这样。

高、径两向生长发生的部位不在树茎的同一高度，它们细胞分生方向和分化结果都不相同。

新认识

（1）树茎高、径两向生长具有相对独立性。

（2）树株内逐年生成木材组织之间的差异是次生木质部生命变化的表现。

2.3　木材科学的作用和在应用中取得的进展

继承

（1）次生木质部高、径两向上都存在着规律表现的木材差异；

（2）国内、外都有测定树种或批量木材物理力学代表性指标的标准试验方法。

领悟　木材解剖学观察木材结构的细胞形态和地质学研究矿物采用的手段相同。两类观察同属材料结构研究，这里木材是非生命的生物材料。次生木质部中的木材差异呈规律状态，必定有它生成的内在生物学因素。在生命科学与材料科学的交融中，次生木质部发育研究获得新理念和须采取的实验手段。

新认识

（1）次生木质部构建只能在生命组织中进行，它在立木整体中是一直持有生命的结构部位；它的生命体现在生命细胞的连续接替上。

（2）木材主要构成细胞数月生命期程序性变化后的最终死亡，是次生木质部构建中的一种自然状态。心材中量少的薄壁细胞也无生机。活树次生木质部的主要构成细胞和它的木材性能，与之后取自该株伐倒木上同一部位的非生命木材材料几无差异，但它承担着立木生存中不可缺的支持和输导功能。

（3）次生木质部中的木材差异在各部位木材细胞生命期中形成，差异是各时生命细胞程序性变化间存在差别造成的。发育研究测定树茎中木材差异，目的是研究次生木质部长生命期中连续的不同时段生命细胞间的变化。测定的样品依据两向生长树龄（the combination of two directional growth ages）的组合序列，均匀散布在次生木质部三维空间体的全范围，它们是不同时段生成的木材。测定误差小于测定发育性状在样品间产生的差值。这是用静态木材差异研究次生木质部生命的动态变化。

2.4　测树学的作用和在应用中取得的进展

测树学是林业科学中的一门主要学科。树干解析是测树学研究单株树木生长的方法。

继承

（1）树干解析将全树茎在 0.00m、1.30m 和以上每隔 2.00m 直至树梢截取圆盘；

（2）根颈（0.00m）圆盘年轮数为样树采伐时的生长树龄；

（3）由样树采伐时树龄和各圆盘的年轮数，可测知高生长达各圆盘高度时的树龄，即等于采伐树龄减该圆盘年龄数的差数；

（4）各高度圆盘自外第一序年轮同在样树采伐树龄中生成；各圆盘自外向内逐序年轮的生成树龄，可由采伐树龄逐减而获知；

（5）测定各高度圆盘年轮自外向内东西向和南北向按树龄（或龄段）序的径向尺寸，计算出逐轮（或龄段）的环带面积；

（6）计算出各高度圆盘间木段自外围向内同树龄（或龄段）生成区间的材积；

（7）由上述测定结果可知样木树高、直径和材积生长过程。

领悟

（1）树干解析取得的树高、直径和材积生长曲线表达出样树随树龄的生长变化。

（2）树茎各高度的直径生长都起始发生在同一树茎当年新生的茎梢内。材积增长取决于直径生长。径向生长树龄在数字上等同于树木树龄。测树学只需用树木树龄来标志材积增长。

新认识

（1）次生木质部逐龄生成的鞘层间和同一鞘层的不同高度间存在的规律性差异表明，研究次生木质部发育须采用两向生长树龄。

（2）次生木质部中任一部位的高、径两向生长树龄都为确定值。任一具有确定高、径生成树龄的树茎部位木材性状都为凝固的不变状态。通过取样位置可得到取样样品生成时的树茎两向生长树龄组合，它与在该样品上测出的性状值间具有一一对应关系。这在次生木质部发育研究中，解决了一般生物发育研究都会遭遇到的最大难点。

2.5　细胞学和遗传学的作用和在应用中取得的进展

继承　脱氧核糖核酸（DNA）分子链是生物体共同的遗传物质，链上有功能性的基因系列。有性繁殖个体的每个细胞核中染色体个数相同，并成对。两组相同染色体分别来自两亲本。每个染色体中含一个 DNA 分子链。种内个体 DNA 分子链上各基因位点控制的性状类别相同，但同一类别性状的表现却可有多种。同一基因位点控制同一性状多种表现基因间的关系是等位基因。种内个体间的差异来源于多个等位基因间的不同组合。物种遗传物质全部基因位点各等位基因存在于种内不同个体的细胞内，把它们的聚合比喻作基因池。基因池是物种遗传物质的总体。它是既抽象、又具体的概念。

生物每个体细胞都含相同的遗传物质。体细胞通过有丝分裂产生，这一过程中都只有遗传物质的复制。

生物体有性繁殖的特点是，都要经过减数分裂和染色体减半的性细胞融合。这两个过程中有三次遗传物质重组。重组发生在物种基因池遗传物质等位基因间。重组使得种内个体间既相似（遗传），又不相同（变异）。词语"变异"在遗传学中主要用于表达种内个体间的差异表现，它存在于种内的遗传现象中。

只有影响遗传物质的突变才是遗传的新内容。不能把上述变异与突变等同看待。有性繁殖中的突变概率非常低，自然选择中的留存机会少；而遗传物质重组的变异则发生在每次有性繁殖的上代、下代间和子代个体间。

领悟　遗传学"变异"一词主要应用于有性繁殖过程中遗传物质重组造成种内个体的差异，而"遗传"则是表示上代、下代间遗传物质传递造成种内个体间的相似。变异与遗传存在于有性繁殖的过程中。一般常把"变异"与"遗传"看作是对立的事件，而未从遗传学概念理解这两者间的联系。遗传学未认识 DNA 前，对环境造成种内个体间的差异，称为不遗传的变异。此实为现称的获得性；反之，称有遗传的变异（包括突变）。

突变对生物演化的作用只有在长历史时代中才能得到表现。以年计的时间只是生物演化中的短暂分秒，须强调的是物种基因池内的稳定遗传现象。个体内营养器官突变造成个体间的差异与同一基因池的遗传变异不同。营养器官突变在有性繁殖中是不遗传的。

发生性质上，种间差异、种内个体间的变异和个体体内的发育变化三者之间，是存在本质区别的。

新认识　种间次生木质部的木材差异是源于遗传物质处于不同基因池，这是种间差异的根源。遗传具有相对稳定性。种间木材差异具有树种识别作用。

种内株间次生木质部的木材差异是有性繁殖中同一基因池内遗传物质重组的结果，遗传学称其为变异。遗传物质重组造成种内树株间无两绝对相同的次生木质部；同时又是构成种内个体间次生木质部性状和发育变化相似的遗传因素。种内数量性状差异服从统计学的正态分布。

单株树木次生木质部生命中构建变化形成的差异性质是有待深究的课题，探明其本质来源必须依据遗传学；把它看作是发育过程中变化的遗存物，必须用符合遗传特征来证明。它是树木个体内相同遗传物质在树木次生木质部构建中调控的结果。

次生木质部发育是有关木材生成过程的重要基础理论。

受遗传学启迪，才对树木株内木材差异称为"变异"一词产生疑问；次生木质部具有众多符合遗传特征的性状才能确定它在构建过程中存在发育现象。

单株树木内次生木质部中木材差异发生在生物个体内。这种差异不同于种内株间的变异。从次生木质部不同时间的连续生成来看，其不同部位间的差异是生成中连续变化的表现。这种连续变化的学术性质是树木发育的一部分，是相同遗传物质控制下的自然过程。

可见，次生木质部发育理念的萌发和而后进行研究而采取的措施都与遗传学有联系，遗传学是次生木质部发育研究的重要基础。

本书是次生木质部研究专著。次生木质部的形成具有遗传的既定性，它的生命过程在遗传物质确定的路径上推进。次生木质部发育实验测定的对象是非生命的材料（木材），研究的却是遗传控制下生命中的变化。两门完全不同门类学科的交叉在阻碍着人们的思维。以下段落系在次生木质部发育研究中接受遗传学感悟的摘记，用以推动材料科学和生命科学在次生木质部发育研究中取得学术交融效果。

树木繁殖的物质基础

树木属高等植物类别，其构成细胞中均有包含染色体的细胞核，染色体中的脱氧核糖核酸（DNA）分子链是遗传信息的载体。

DNA 分子链是四种具有固定化学结构的组分（碱基）按规律相连的高分子有机物。基因是 DNA 分子链上具有独立遗传信息功能的区段。DNA 化学结构特点是适合精确复制。必须看到，DNA 上并没有标记将它分割成一个个明确的基因，但性状的遗传表现肯定了基因的遗传功能性，DNA 的分子结构证实了基因的物质性。每个基因相当于染色体中 DNA 分子化学结构上的一部分，谈不上能从形态上把它们区分开，但基因的功能性表征明确。基因作为一个遗传功能单位，是不可分割的。可把基因在 DNA 分子上的线性分布，形象地说成像一串珠子排列在 DNA 分子链上。

生殖细胞和体细胞

真核生物各物种的每个细胞都含有物种固定个数的染色体，每个染色体中都有一个 DNA 分子长链。控制性状的基因，就排列在每个染色体的 DNA 分子上。每个细胞中各染色体上全部基因的总组合就包容了全部遗传性状。

染色体是遗传物质的主要载体。染色体在细胞核中，由 DNA 和组蛋白构成。不同生物染色体数目差别很大。各种生物都有固定数目的染色体，具有数量稳定的特性。在染色体层次上，就已表现出生物物种在遗传上的差别。

生殖细胞（配子）里只含有一个染色体组，组中的各个染色体在形态、结构、功能上彼此不同。一个染色体组的染色体共同含有该生物生长和发育所必需的全套性状遗传单位（基因），构成了一个完整协调的染色体及性状遗传单位体系。体细胞的细胞核中含有两个染色体组，成对的染色体，即所谓同源染色体，或对应染色体。它们之间是一一对应的。在显微镜下，每对染色体具有相同的结构形态，功能也是相同的。两个染色体组分别来自双亲中的一个亲本。

生命不息只能在遗传物质永续传递中实现

发育研究是以变化的观点来看待生命。高等植物通过有性繁殖中细胞的染色体个数减半（n）和受精恢复（$2n$）的周期性变化来实现生命的永续性。

植物学中，把个体生命中染色体减半（n）的时段称配子体世代，由减半细胞构成配子体；把恢复（$2n$）后的时段称为孢子体世代，由染色体 $2n$ 细胞构成孢子体。植物的孢子体和配子体世代在生命周期中循环，世代交替是生命在循环中永续的特征。

精子、卵子（n）受精产生合子（$2n$），是孢子体世代的开始。孢子体世代生成的体细胞（有丝分裂）中的染色体个数，一直保持着 $2n$。孢子体是通常所见的植物。人们常会误认为，孢子体就是植物全生命过程的整体。

当种子植物开花结实时，经减数分裂产生染色体减半的细胞。这是配子体世代的开始。染色体减半（n），细胞再经染色体个数不变的有丝分裂，生成多细胞结构的配子体。精子、卵子（配子）是其中生成的性细胞。对确定的植物物种，配子体多细胞结构在固定的分生程序下产生，并具有规律性的细胞排列方式。

树木是多年生植物。树木的一个生命周期中，多期配子体世代发生在一个连续的孢子体上。在这种过程中，孢子体是主要世代，而配子体在进化中退化并完全包含在并依存于它们孢子体亲本的微细结构中。但这并不影响用世代交替的观点来看待它们。

一般地说，高等植物的孢子体时间长度比配子体长。针叶树孢子体的天然寿命达数百年甚至千年，但松属含配子体的球果从发生到种子成熟脱落仅约需两年时间。令人意想不到的是，控制树木生命期中表现遗传和变异的遗传物质，就在有性繁殖减数分裂和配子（精子、卵子）结合过程中受到确定。这一过程与树木生命期相比，是极其短暂的瞬间。

一般人们只注意到生物物种间和同种个体间差异的遗传现象，但忽视掉个体在生命过程中一直受到的遗传控制。

有丝分裂和减数分裂

树木的生活史是孢子体（除配子体外的植物体）和配子体（细胞染色体数为 n 的组织）循环——世代交替。它们的差别是，细胞中染色体个数不同（$2n$ 和 n）。种子植物的孢子体非常发达，体内各种组织的分化精细齐备，而配子体非常简化，并寄生在孢子体上。生成孢子体的细胞分裂是有丝分裂。有丝分裂中，每个染色体都准确复制成完全相同的一对染色体（姐妹染色单体），而后彼此分开。分裂结束后，形成两个子细胞。每个子细胞与原来的母细胞染色体数目彼此相等，染色体形态、结构和功能都相同。

高等植物包括树木的自然繁殖方式都是有性繁殖类型。减数分裂是有性繁殖过程的特征。高等植物开花过程形成雌性、雄性细胞必须经过减数分裂。减数分裂是由连续两次分裂过程所组成的一种特殊细胞分裂方式。减数分裂中的遗传物质重组和有性繁殖的配子（雌性、雄性细胞）融合，能在原有遗传物质基础上，使个体个个异，代代新。

有性繁殖中遗传物质的第一次重组

这次重组发生在减数分裂中的第一次分裂中。

减数分裂中的第一次分裂：DNA 经复制，DNA 量由 $2c$ 变成 $4c$。这时，细胞中的染色体个数仍为 $2n$，以同源染色体表达它们分别来自两亲本的关系。母细胞中的每个染色体含有经复制后的两个染色单体，它们由着丝点联结在一起。而后发生来自两亲本的同源染色体成双配对，这一过程是联会。在联会前，同源染色体分别来自两亲本，仍各保持由两亲本继承而得的染色体 DNA 原状。配对是精确的，同源染色体基因一一对应排列。每对染色体由复合体相连，呈现为四个染色单体组成。四个染色单体中来自同一染色体间的关系是姐妹染色单体，而分别来自同型两染色体单体间的关系是非姐妹染色单体。在这一过程中，配对的非姐妹染色单体可发生片段交换。交换是非姐妹染色单体在联会中有交叉，而分开时未按原状分离，发生某些片段的对调。这种交换发生在同基因位点的等位基因间。这种交换并未影响染色体原功能。但交换却使单个染色体包含了两个亲本基因的组合。经这一过程后，一个染色体可由两个亲本的 DNA 组成，但以其中之一为主。虽仍把它看作原来的染色体，但实际上已发生了质变，其性状表型已与过去不同。**这是有性生命循环中遗传物质重组产生遗传变异的第一个重要来源。**

有性繁殖中遗传物质的第二次重组

这次重组也发生在减数分裂中的第一次分裂中。

在上述过程后：染色体开始移向分裂细胞中部的赤道板。各同源染色体对都排列在赤道板上。在第一次分裂后期两个同源染色体分开，分别移向细胞的两极，每极只有每对同源染色体中的一个。各对同源染色体的两个成员移向两极是随机的，并且独立于其他染色体对，这就使得同源染色体必然分开，造成非同源染色体自由组合，其本质是染色体独立分配。由此，形成两个紧靠在一起的过渡性子细胞，或形成具有两个细胞核的细胞。无论是哪种情况，它们染色体个数减半，每个染色体的两条姐妹染色单体仍有共同的着丝点相连。这使不同过渡性子细胞中的遗传物质有了各种可能的组合方式。若有 n 对染色体就可能有 2^n 种组合方式。这说明子细胞中非同源染色体的组合方式有很大的随机性。减数分裂第一次分裂的非同源染色体自由组合是**遗传物质的第二次重组**。

减数分裂中的第二次分裂分别在两个子细胞中进行，由原已形成的两个子细胞再分裂生成四个子细胞（配子）。第一次分裂中两组同源染色体分开的独立分配为第二次分裂生成不同配子中的遗传物质有了各种可能组合方式建立了条件。如某树种染色体对数是 12，形成配子时，染色体的组合方式为 2^{12}，约 4100。所以，这个树种每一个配子的染色体组成，仅是继承了双亲染色体约 4100 种组合方式中的一种。这就充分说明了发生变异的必然性。

有性繁殖中遗传物质的第三次重组

这次重组发生在两性配子融合中。

通过两次分裂的减数分裂，由体母细胞（$2n$）生成四个能发育成雌、雄配子体（n）的子细胞，DNA 量分别为 c。合子是雌、雄配子融合的结果。有性生命循环中产生遗传物质重组的第三个来源是配子融合中的受精随机性。配子的多样性必然造成合子的不同结合方式数是雌、雄配子遗传物质不同组合数的乘积。如上述树种雌配子染色体的组合方式约为 4100，雄配子染色体组合方式亦同约为 4100，那合子的组合方式约是 1680 万（4100×4100）。

经减数分裂，在配子融合中，染色体和遗传物质数量才能在世代间保持不变，即遗传物质基础不变才能在遗传上维持稳定。

在有性繁殖过程中，既保持了生物世代间遗传物质的稳定性，又产生了同一物种个个相异的生物现象。树种内株间次生木质部发育过程的相似源自有这一稳定性（遗传），而其中存在的差异则源自于同一物种个个遗传物质间的相异（变异）。单株树木内次生木质部发育过程中的程序性变化是受个体遗传物质控制（调控）的结果。不能将上述两种表现在概念上相混淆。

等位基因和突变

经典遗传学认为，基因是控制着性状遗传的颗粒单位，在重组时不能再分割，并是能突变的最小单位。经典遗传学的基因概念，是从归纳遗传现象中取得的。遗传规律由它易于得到理解。

每一个基因不管在哪个染色体和在这个染色体上的哪个位置上，它一般是稳定的。

等位基因是同物种相同形态染色体 DNA 分子上相同位点的基因。等位基因控制同一性状的不同表现。

有性繁殖中，同源染色体来自两亲本个体。必须强调，等位基因不但存在于同一个体的两同源染色体上，种内不同个体形态相同染色体同位点上基因间的关系，也属等位基因。

同物种同形态染色体上相同位点上的基因功能类别相同，但不能由此而误认为相同基因位点上的基因相同。等位基因，可有不同性状的表现。

同一位点上的基因在生物的演化中，可以朝着许多方向发生突变。这种突变的本质是，基因内的化学结构有变化。得到保留的突变就使得这个基因座位上增加了等位基因。例如，某位点基因 A 在不同个体或细胞内可以突变为 a_1，a_2，a_3，…，等，它们互为等位基因。

等位基因是基因内核苷酸序列的简单变化。一个基因的不同差异被看作等位基因。基因在突变中能产生改变，但基因还是相当稳定的。基因的自然突变率很低。

物种同一基因位点的多个等位基因，并不同时存在于同一个体中，而是存在于同种生物的不同个体里。个体中的同源染色体某个基因位点只能容纳两个相同或不同的等位基因，而种内不同个体中同一位点上的等位基因则可能出现多个不同的组合，这是种内同一性状有差异（变异）的根本原因。

调控

遗传在有性繁殖中造成相似和相异，与遗传对个体生命过程的控制，是遗传学中的不同问题。

高等植物是由有性繁殖中生成的单细胞合子分生和分化而成。全部体细胞都各含同个数、同形态和结构相同的染色体，任一体细胞中的遗传物质都来源于合子。相同遗传物质控制着生物个体生命中的发育变化和生命过程。基因只在该起作用的部位和时间才起调控作用。基因作用的发挥是通过生物化学过程。

在遗传物质调控下，由发育变化产生的个体生命中的差异本身和其表现出的生命过程都符合遗传特征，并具有遗传性。这与发生在种内个体间的遗传中的变异有本质区别。环境异常变化在个体生长中造成营养器官出现非正常状态，不属于遗传的变异性质。

生物性状上的千差万别都与细胞内存在的蛋白质不同有关。有的性状就是蛋白质的直接表现。此外，由蛋白质构成的各种酶是细胞的各种生化反应必不可少的催化剂，总在影响和控制着性状。激素的合成也需要酶的参与。某些激素还是蛋白质组成的。可见，遗传物质对性状的控制，实际是 DNA 控制蛋白质合成的生物化学过程。

遗传物质是通过 DNA 碱基构成的指令（基因编码功能）来确定蛋白质合成类别，以实现对性状生成产生作用。

获得性

同种生物性状是由同一或多个相同位点的等位基因决定的，这是性状的基因型；同一性状的多种表现分别具有各对应的基因组合，这是性状的表现型。表现型除取决于基因型外，还有受环境影响的成分。如把环境造成种内个体间的差异部分也称作变异，这种变异是不遗传的。生命科学为了能区别这两类来源性质根本不同的差异，把环境引起的差异列为获得性。如一棵树生长在贫瘠土地，生命力虚弱，但它和它的后代仍具有正常生长的遗传物质。高处生长的植株常比低处平原生长的同一品种矮小；当把高处矮小植株采得的种子播种在平原上，它可生长达到平原同种的标准尺寸。这些都充分说明获得性是不遗传的。

词语"获得性"，一般用于表达生物个体受环境影响造成大小和性状不遗传的变异。有性繁殖个体中全部细胞来源于合子单细胞，体细胞中的遗传物质相同。个体发育变化中表现出的这种差异不是遗传变异。发育变化受环境影响的表述有值得考虑的方面。获得性是环境对个体生长影响的积累表现，而环境对发育的影响表现在不断变化中。把这两者不作区别统称为获得性，会使一些问题在理解上产生困难。如幼树树茎逐年生长鞘的全高平均厚度具有遗传控制的规律性变化，并存在逐年间受环境的影响。如把逐年环境的不同影响也称作获得性，那在个体上获得性不也就成为一个变数了吗？发育变化受环境的影响与最终的获得性有关，但对它们的视点尚需有差别。由此认为环境对发育变化造成的影响不采用获得性一词，而按其性质称作环境影响。采用回归分析能消除环境影响在发育变化规律表达中造成的波动。

领悟

（1）遗传物质在有性繁殖中传递和重组过程造成的遗传现象同时包括两个方面：亲代、子代或子代间相同或相似（被认为是遗传）；亲代、子代或子代间相异，种内个体总是千差万别，没有完全相同的个体（变异）。这里是把遗传与变异看作是有性繁殖中共存的同一遗传现象。有性繁殖的生物子代只是像亲代，而不是和亲代相同。遗传学的变异概念只适合于种内个体间（这里，没有把生物个体上的突变列入变异）。变异是同种个体间的差异，起因于个体间遗传物质在等位基因上的差别。它不包括年龄（时间）、性别和生活史在不同时期的差异。

（2）生物体的物理、化学和行为性状，几乎都有遗传基础。种内个体间性状差异来源于原亲本遗传物质重组，并在累次世代重新发生。种内个体间相似受控于同一基因池原亲本遗传物质。由此可理解，把这种差异称作"遗传变异"。次生木质部发育在种内株间具有相似性是证明这一过程（即次生木质部发育）受遗传控制的必要依据，进而才能确定它（次生木质部发育）是树木生长中必然发生的一种自然现象。

（3）突变是原遗传物质之外增添的新内容，与发生在物种基因池内的遗传变异性质不同。尚应明确，营养器官的突变在有性繁殖中是不遗传的，只有对生殖细胞中遗传物质产生影响的突变才具有遗传性。由于环境影响造成生物个体间在大小和性状上产生的所谓变异，不是遗传学所称的变异（本质是差异），是不遗传的。须强调，变异一词一般只适用于同种个体间。

（4）树茎中规律性的木材差异是，次生木质部在遗传控制下随两向生长树龄组合连续推进的构建中生成。这种差异发生在个体体内的生命中，它的生成性质是发育变化。按照遗传学观点，树株内遗传的木材差异不属变异概念范畴，而是次生木质部发育变化全程逐时受固定的实物陈迹。

差异和变化是两个普通词，但在发育研究中它们都成了学术用词。变化是遗传控制下的个体发育变化；差异表现在随时间的变化过程中。这是从两个角度去看待同一现象。发育在长时间下的连续表现是变化；间断地观察结果是差异。对差异的观测，不是发育研究，而发育研究必定包含对差异的观测。

（5）木材科学和林学一直把单株树木内的木材差异称为木材变异（wood variation），对它的研究只限于树株内木材差异的表现，而未涉及差异生成的生物学因素。这表明，对木材形成（wood formation）、次生木质部构建（secondary xylem elaboration）存在着一个具有重要学术价值的空白。遗传学进展铺就了通向该空白的路径。

认识遗传物质在有性繁殖中的传递和重组，在次生木质部发育研究中的重要作用是，一方面能把株内木材差异与有性繁殖中种内个体间的变异区别开，另一方面又能深刻感悟出次生木质部发育变化具有遗传性。

2.6 进化生物学的作用和在应用中取得的进展

继承 自然选择。

地球高等、低等生物共存表明，生物演化中适应生存条件的物种都享有留存的机会。自然选择中不存在任何意识的作用。随机的突变发生在前，自然选择的作用在后。

领悟 自然选择名称中选择受到了强调，但选择在生物演化中的作用尚须依靠遗传物质的突变。有遗传作用的突变发生在遗传物质中。认识突变，必须重视它发生的随机性。在具有方向性变化的自然环境条件下，自然选择才具有定向效果。

不仅要观察生物已生成的静态适应，而且要认识生物动态生命过程中的适应表现。生物发育过程的适应性同样是在自然选择下形成。这是本项目在次生木质部发育研究中产生的重要观点之一。

既要看重突变在演化中的作用，又要看到遗传物质在有性繁殖中产生有利生存的突变概率小。现存生物的类、目、科、属、种都具有稳定的差别。它是生物遗传物质稳定的表现。

新认识 次生木质部逐年增生外围生长鞘，同时边材内层在转化成心材中。在这一过程中，其内层薄壁细胞原生质转化生成抽提物而失去细胞生命。心材在边材不断转化中得以扩大。针叶树心材用于水分输导的细胞胞壁上的纹孔生成纹孔塞；阔叶树心材用于输导的导管中生成侵填体。这些心材因子都阻碍了心材的水分输导作用。在自然选择下保持生存的树种边心材比例均能在动态转化中保证次生木质部水分输导和支持强度功能。次生木质部超微、显微和宏观结构处处与树茎支持和输导机能相适应；单株内木材差异也都表现出能满足树茎功能发展的需要。

次生木质部鞘状层次结构逐年在生命中构建，层次间和层次内的静态差异是动态发育变化的结果。次生木质部发育变化过程的自然形成要从树茎的适应作用来认识。

适应是任何树种次生木质部形成中必须共同符合的生存要求。在亲缘关系较近的不同树种中能随机产生同一性状不同表现的突变。只要突变是无害就可能得到保存而成为树种木材的识别特征。树种间同一木材识别特征不同表现的共存，表明它们间的差别对树木的生存适应性没有影响。

2.7 结 论

树茎的高生长通过由它生成的形成层而对次生木质部发育产生影响，是直观上的认识。实际上，次生木质部各部位形成中生成的细胞结构和木材性状，都是遗传物质确定的程序性在一定时间和空间位置上调控表达的结果。次生木质部各固定空间部位都有与它生成时一一对应的两向生成树龄组合。次生木质部发育进程必须用两向生成树龄来标记，可见次生木质部发育研究与多门相关学科有联系。它们的融合应用，并共同在取得进展中，才架构成次生木质部发育研究的基础理论。

相关学科在次生木质部发育研究应用中能取得进展的因素是，已有成果在新视点下领悟，而产生新认识的进展又必须在原成果的启示下才能取得。

3 实验措施和材料

本章图示

本章表列

摘　　要

次生木质部发育研究实验要求揭示它生命中的变化受遗传控制。研究理念的实现取决于实验方法，它与木材材性常规测定的差别表现在实验的各环节中。实验样树取自主要用材树种中心产区人工林，实验结果具有理论意义和实践价值。样树上取样符合回归分析中能取得两向生长树龄组合连续结果的要求。选测次生木质部构建中遗传控制的变化性状，精度达到能反映出样品间性状差异的变化。

3.1　实　验　依　据

木材、煤炭和石油同属非生命生物材料，但木材在立木中是众多细胞各经历其短暂生命历程生成的，在活树中它们一直是保持原细胞形态的非生命组织。次生木质部发育的实验是以非生命木材材料研究次生木质部在遗传控制下生命中构建的程序性变化过程。实验必须依据次生木质部生命中的构建特点。其中，包括非生命木材材料与次生木质部生命过程间存在着的关系，即生命、变化和与过程推进的时间因子等在次生木质部构建中的表现。

次生木质部逐年以鞘状木质层叠垒构建，主要构成细胞生命期仅数月。但它的增添是连续的；分生木质细胞的形成层是保持生命的；木质子细胞尚存在有限次数再分裂，并在生命状态中成熟。这些都表明次生木质部是树木中保持生命的部位。

次生木质部逐龄鞘层分别有确定的径向生长树龄；木材性状沿鞘层高向呈规律性变化表明，次生木质部发育研究须考虑高生长树龄。次生木质部中任一位点都有生成时的确定的高、径两向生长树龄；任一位点的木材性状是固着不变的。由次生木质部样点的位置就可在发育变化的性状和时间上建立一一对应的关系。这是能测出长生命期树木次生木质部发育过程的可靠依据。

本项目测定的次生木质部发育性状都为短时生命后丧失生机的主要构成细胞（针叶树管胞、阔叶树木纤维和导管等厚壁细胞）。树木次生木质部边材中少量存活的薄壁细胞对发育研究实验测定结果不会产生影响。

3.2 测　　定

3.2.1 测定性状的类别

生物遗传性状有质量性状和数量性状，多数发育性状是数量性状，但不能排除质量性状中可能有发育性状。

针叶树具有或不具有树脂道是木材树种识别特征，但具有树脂道树种中的树脂道生成密度随两向生长树龄而有变化。阔叶树木材导管的单、复穿孔是识别特征，但某些树种穿孔类别随生成树龄存在规律性趋势的变化。可以看出，质量性状也可能是发育性状。

本项目是次生木质部发育研究的初探，选定的测定性状都与树茎输导和支持功能有关，都属随树龄有显著变化的数量性状。

3.2.2 测定项目

本项目测定项目有如下三类。

木材结构方面　次生木质部输导和支持功能都与木材结构有关。木材结构指标是研究次生木质部发育的重要方面。测定指标包括逐龄生长鞘不同高度纤维平均长度、宽度和长宽比，导管分子平均长度、宽度和长宽比。

木材材质方面　生物体发育变化同时反映在量和质两个方面上。如果在认识上，把量方面的变化定义为生长，而质方面的变化仅局限于与生物繁殖有关，那是有区别地看待生物体生命过程同时存在的量、质变化。次生木质部发育研究认识发育中的量和质关系是，量的变化中有质，质的变化中含量；性状量的缓变和稳定都是变化中的一种形式。

次生木质部发育中材质方面最重要的指标是基本密度。它表示单位生材体积中全干木材物质的质量。由基本密度在单株树木内随两向生长树龄的变化，可以间接了解到次生木质部构建中细胞壁厚度的变化。基本密度还与木材的许多其他性质有关。

测定的材质指标还有木材强度和尺寸稳定性（全干缩等）。

次生木质部生成（量）方面　测定次生木质部逐年增长量的变化。

根据测树学树干解析的要求测定多个确定高度取样圆盘的年轮数和年轮宽度。计算在次生木质部构建中多个呈趋势性变化的指标，包括年轮宽度（次生木质部径向尺寸逐年增长量）、树高的逐年增长等。

配合基本密度的测定结果，计算木材干物质的逐年增长。

根、枝材测定与主茎对比　树木主茎、根和枝彼此相连，其次生木质部相通，并有类同的木质结构。对根、枝材进行与主茎木材相同项目的测定，并对三者生成树龄相同的部位进行对比。

3.2.3　测定要求

单株树木次生木质部性状随时间的发育呈缓变地渐进状态。性状测定精度要考虑相邻取样位置间发育变化的差异范围，即能满足测出差异的要求。

为满足测定精度而采取的措施将在本书不同项目试验方法介绍中各有具体详述。

3.3　实验材料的选择因子

树种、森林类别和生长地区　根据木材横截面上显示导管管孔的大小和分布，阔叶树可区分为环孔材、散孔材和半散孔材（或称半环孔材）三类。它们的分布与地域不存在绝对的关系，如我国东北地区既有蒙古栎、榆树等环孔树，也有椴木、杨木等散孔材，但南方以散孔材树种为主。

本项目实验阔叶树样树树种包括环孔材、散孔材和半散孔材三类，并注意到它们分布的主要地域。实验森林类别均为人工林。

样树株数　次生木质部发育研究须测出单株内木材随两向生长树龄的性状变化，实验工作量大。阔叶树研究在针叶树种实验已证明次生木质部构建中存在发育过程的条件下进行。阔叶树研究需扩大树种数，但又意识到实验工作量大，而选测十二种阔叶树各单株样树。测定的发育因子都与树茎输导和支持功能有关。不同树种样树发育变化间具有发育变化的类同趋势，但存在数量间的规律差别。树种间发育变化趋势间的类同是发育过程具有共同的生存适应现象和存在遗传控制，而它们间的差异则是树种间发育的差别。

可比性　阔叶树同类管孔分布树种采自同一地区，可增大测定结果在同类别树种间的可比性。

本项目针叶树研究增篇（Ⅰ）进行的树茎四向对称性测定结果表明，圆柱对称性在四向间的表现呈近似状态，以及次生木质部四周随径向生长树龄的变化趋势受遗传控制具相对一致性，由此确定圆柱对称性原理适用于发育变化研究。样品都取自树茎同一方向，可保证株内发育变化表达的可靠性及增强在株间的可比性。

次生木质部生长鞘同高度圆周内存在的差异与正常发育变化在性质上完全不同。本项目实验样树采自平坦林地，树茎通直，力避偏心。

3.4 实 验 材 料

3.4.1 实验树种地理分布和分类关系

本项目实验 12 种阔叶树同属被子植物乔木类群，分列 6 科 9 属[①]（表 3-1）。

表 3-1 实验样树的科、属和种名

Table 3-1 Name of species, genus and family of sample trees for experiment

样树序号 Ordinal number of sample trees	科名 Family	属名 Genus	种名 Species
1	桃金娘科 Myrtaceae	桉属 Eucalyptus	尾叶桉 Eucalyptus urophylla S. T. Blake
2	桃金娘科 Myrtaceae	桉属 Eucalyptus	柠檬桉 Eucalyptus citriodora Hook. f.
3	桃金娘科 Myrtaceae	桉属 Eucalyptus	巨尾桉 Eucalyptus grandis Hill ex Maiden × E. urophylla S. T. Blake
4	金缕梅科 Hamamelidaceae	壳菜果属 Mytilaria	米老排 Mytilaria laosensis H. Lec.
5	木兰科 Magnoliaceae	木莲属 Manglietia	灰木莲 Manglietia glauca Bl.
6	含羞草科 Mimosaceae	金合欢属 Acacia	大叶相思 Acacia auriculaeformis A. Cunn. ex Benth.
7	木兰科 Magnoliaceae	含笑属 Michelia	火力楠 Michelia macclurei var. sublanea Dandy
8	壳斗科 Fagaceae	栲属 Castanopsis	红锥 Castanopsis hystrix Miq.
9	壳斗科 Fagaceae	栎属 Quercus	小叶栎 Quercus chenii Nakai
10	壳斗科 Fagaceae	栎属 Quercus	栓皮栎 Quercus variabilis Bl.
11	胡桃科 Juglandaceae	山核桃属 Carya	山核桃 Carya cathayensis Sarg.
12	胡桃科 Juglandaceae	枫杨属 Pterocarya	枫杨 Pterocarya stenoptera C. DC.

样树序号 1～3 号 3 种桉树（尾叶桉、柠檬桉、巨尾桉均为散孔材）采自广西南宁市东门林场；4～7 号 4 种散孔材（米老排、灰木莲、大叶相思和火力楠）和一种半散孔材（红锥）采自广西南宁市高峰林场；9～12 两种环孔材（小叶栎、栓皮栎）和两种半散孔材（山核桃、枫杨）采自江苏南京市省林业科学研究院实验林场。

本项目阔叶树 12 实验树种 6 科分属 6 目：木兰目（木兰科）、豆目（含羞草科）、金缕梅目（金缕梅科）、壳斗目（壳斗科）、胡桃目（胡桃科）、桃金娘目（桃金娘科）。

根据 Hutchinson（1926）提出的系统发育的系统树，上述 6 目都出自木兰目；在其一演变分支中，按木兰目→金缕梅目→壳斗目→胡桃目序列演化；豆目和桃金娘目列在另两分支中。

[①] 本项目采自广西高峰林场 5 树种经广西大学李信贤教授鉴定；南京林业大学黄鹏成教授鉴定全部树种。相思（Acacia）样树李信贤鉴定为大叶相思（Acacia auriculaeformis A. Cunn. ex Benth.）；黄鹏成鉴定为马占相思（Acacia mangium Willd.）。

3.4.2 采集地自然条件

东门林场（尾叶桉、柠檬桉、巨尾桉） 年平均气温为 21.2～22.30℃，极端最高气温为 38～41℃，极端最低气温为–0.1～1.9℃；年降雨量为 1000～1300mm；砖红壤性红壤，肥力中等，pH 为 4.5～5.5；南坡、坡度 5°～10°。尾叶桉和尾巨杂交桉苗木为营养杯无性系扦插苗。

高峰林场（米老排、灰木莲、大叶相思、火力楠、红锥） 地处亚热带北缘，热量丰富，雨量充沛。据武鸣县气象站资料，年平均气温 21℃，极端最低气温–2℃，极端最高气温 40℃；年降雨量 1200～1500mm，多集中在 6～9 月；年蒸发量 1250～1620mm；年日照时数 1450～1650h；平均相对湿度 80%；海拔 300m 以下大部分土壤以砖红壤性红壤为主，在垂直分布上有山地红壤和山地黄壤，土层以中、厚土层为主，占全场 80%以上，土壤平均 pH 为 4.41±0.29。

3.4.3 样树生长

表 3-2 给出 12 种实验树种样树采伐时的树龄，胸高直径和树高。

表 3-2　12 种实验树种样树采伐时的树龄、胸高直径和树高
Table 3-2　Cutting age, diameter of breast height and tree length of twelve tree species for experiment

样树序号 Ordinal number of sample trees	样树树种 Tree species	采伐树龄/年 Cutting age/a	胸高直径/cm Diameter of breast height/cm	树高/m Tree length/m
1	尾叶桉 *Eucalyptus urophylla* S. T. Blake	11	16.23	23.41
2	柠檬桉 *Eucalyptus citriodora* Hook. f.	31	17.05	30.50
3	巨尾桉 *Eucalyptus grandis* Hill ex Maiden × *E. urophylla* S. T. Blake	9	15.53	23.30
4	米老排 *Mytilaria laosensis* H. Lec.	17	18.77	14.77
5	灰木莲 *Manglietia glauca* Bl.	22	17.60	15.87
6	大叶相思 *Acacia auriculaeformis* A. Cunn. ex Benth.	7	14.91	14.42
7	火力楠 *Michelia macclurei* var. *sublanea* Dandy	20	16.47	17.94
8	红锥 *Castanopsis hystrix* Miq.	20	17.09	19.97
9	小叶栎 *Quercus chenii* Nakai	40	22.13	19.95
10	栓皮栎 *Quercus variabilis* Bl.	49	19.27	17.20
11	山核桃 *Carya cathayensis* Sarg.	34	17.12	—
12	枫杨 *Pterocarya stenoptera* C. DC.	35	17.45	21.70

3.4.4 试样制备

样树自根颈至顶梢，全主茎运回。

截断端头涂层保湿防裂。

取自样树的实验材料分为两部分——圆盘和圆盘间木段。

1）取自圆盘上的试样

主茎根颈 0.00m、1.30m、3.30m 及以上每隔 2.00m 处均截厚 4.0cm 圆盘两个（其一供意外备用）。邻近树梢的圆盘间距缩短至 1.00m、0.50m 或以下。圆盘取至梢端。圆盘编号 00、01、02…，各圆盘均有确定的取样高度记录。表 3-3～表 3-6 给出 12 树种各圆盘高度、年轮数和其高生长树龄。

表 3-3　3 种桉树取样圆盘高度、年轮数和其高生长树龄

Table 3-3　Height, ring number and height growth age of sampling discs from three species of eucalyptus

圆盘序号 Ordinal number of discs	尾叶桉 Eucalyptus urophylla S. T. Blake			柠檬桉 Eucalyptus citriodora Hook. f.			巨尾桉 Eucalyptus grandis Hill ex Maiden × E. urophylla S. T. Blake		
	高度/m Height/m	年轮数 Ring number	高生长树龄/年 Height growth age/a	高度/m Height/m	年轮数 Ring number	高生长树龄/年 Height growth age/a	高度/m Height/m	年轮数 Ring number	高生长树龄/年 Height growth age/a
17				29.10	3	28			
16				28.80	4	27			
15				28.30	5	26			
14				27.30	7	24	23.30	1	
13				25.30	9	22	22.80	2	
12				23.30	11	20	22.30	2	
11	21.30	5	6	21.30	13	18	21.30	3	6
10	19.30	6	5	19.30	15	16	19.30	4	5
09	17.30	7	4	17.30	17	14	17.30	5	4
08	15.30	8	3	15.30	18	13	15.30	6	3
07	13.30	8	—	13.30	19	12	13.30	6	2.5
06	11.30	9	2.5	11.30	20	11	11.30	7	2
05	9.30	9	2	9.30	21	10	9.30	7	1.5
04	7.30	10	1	7.30	23	8	7.30	8	1
03	5.30	10	0.73	5.30	25	6	5.30	8	0.73
02	3.30	11	0.45	3.30	27	4	3.30	9	0.45
01	1.30	11	0.18	1.30	29	2	1.30	9	0.18
00	0.00	11	—	00	31	—	0.00	9	—

圆盘用于测定各高度年轮宽度，并供逐个或间隔年轮取小试样，测定基本密度、纤维和导管形态因子（长度、宽度和长宽比）等。

2）取自圆盘间木段中心板上的试样

树茎南北向 5cm 厚中心板取自圆盘间各木段上，端径≤8.0cm 木段不制作中心板。取自中心板上的试样都是供测定木材物理力学性能指标用。这类试样横截面尺寸均为 2.0cm×2.0cm，纵向尺寸 30.0cm、3.0cm 和 2.0cm 三种为一套。这类试样尺寸较大，而年轮宽度在树茎内是有变化的，故不可能做到按年轮序数依次取样。但单株样树内纵向取样样品的上、下和径向内、外位置序列都可符合无误的要求。

表 3-4 4 种散孔材取样圆盘高度、年轮数和其高生长树龄

Table 3-4 Height, ring number and height growth age of sampling discs from four diffuse-porous woods

圆盘序号 Ordinal number of discs	米老排 Mytilaria laosensis H. Lec.			灰木莲 Manglietia glauca Bl.			大叶相思 Acacia auriculaeformis A. Cunn. ex Benth.			火力楠 Michelia macclurei var. sublanea Dandy		
	高度/m Height/m	年轮数 Ring number	高生长树龄/年 Height growth age/a	高度/m Height/m	年轮数 Ring number	高生长树龄/年 Height growth age/a	高度/m Height/m	年轮数 Ring number	高生长树龄/年 Height growth age/a	高度/m Height/m	年轮数 Ring number	高生长树龄/年 Height growth age/a
12										17.80	1	19
11										17.30	1	19
10	14.77	1								16.80	2	18
09	14.50	1	16							16.30	3	17
08	14.30	2	—	15.30	6	16	13.80	1	6	15.30	5	15
07	13.30	2	15	13.30	7	15	13.30	2	5	13.30	7	13
06	11.30	5	12	11.30	9	13	11.30	3	4	11.30	9	11
05	9.30	7	10	9.30	11	11	9.30	4	3	9.30	12	8
04	7.30	10	7	7.30	13	9	7.30	5	2	7.30	14	6
03	5.30	12	5	5.30	15	7	5.30	6	1	5.30	15	5
02	3.30	14	3	3.30	17	5	3.30	7	0.63	3.30	16	4
01	1.30	16	1	1.30	19	3	1.30	7	0.25	1.30	18	2
00	0.00	17	—	0.00	22	—	0.00	7	—	0.00	20	—

表 3-5 3 种半散孔材取样圆盘高度、年轮数和其高生长树龄

Table 3-5 Height, ring number and height growth age of sampling discs from three semi-diffuse-porous woods

圆盘序号 Ordinal number of discs	红锥 Castanopsis hystrix Miq.			山核桃 Carya cathayensis Sarg.			枫杨 Pterocarya stenoptera C. DC.		
	高度/m Height/m	年轮数 Ring number	高生长树龄/年 Height growth age/a	高度/m Height/m	年轮数 Ring number	高生长树龄/年 Height growth age/a	高度/m Height/m	年轮数 Ring number	高生长树龄/年 Height growth age/a
12	19.95	1	19						
11	19.39	2	18						
10	18.30	3	17				21.70	2	33
09	17.30	5	15				21.40	2	33
08	15.30	7	13				20.60	3	32
07	13.30	9	11				18.60	6	29
06	11.30	11	9				16.60	8	27
05	9.30	13	7				14.60	12	23
04	7.30	15	5	缺(absent)	缺(absent)	缺(absent)	12.60	16	19
03	5.30	16	4	5.30	26	8	8.60	21	14
02	3.30	17	3	3.30	30	4	4.60	27	8
01	1.30	18	2	1.30	32	2	1.30	32	3
00	0.00	20	—	0.00	34	—	0.00	35	

表 3-6　2 种环孔材取样圆盘高度、年轮数和其高生长树龄
Table 3-6　Height, ring number and height growth age of sampling discs from two ring-porous woods

圆盘序号 Ordinal number of discs	小叶栎 Quercus chenii Nakai			栓皮栎 Quercus variabilis Bl.		
	高度/m Height/m	年轮数 Ring number	高生长树龄/年 Height growth age/a	高度/m Height/m	年轮数 Ring number	高生长树龄/年 Height growth age/a
10				17.20	2	47
09	19.88	2	38.5	16.30	6	43
08	19.60	2	38	15.30	10	39
07	18.60	4	36	13.30	21	28
06	16.60	8	32	11.30	27	22
05	14.60	12	28	9.30	31	18
04	12.60	16	24	7.30	35	14
03	8.60	24	16	5.30	39	10
02	4.60	31	9	3.30	42	7
01	1.30	37	3	1.30	46	3
00	0.00	40	—	0.00	49	—

取样程序是：①圆盘间净距均 170cm 左右，在圆盘间各木段上取 5.0cm 厚中心板；②在满足试样尺寸和无疵条件下，重点是根据节子着生情况，把中心板截成 3 或 4 短段；③对此短段，先自外向髓心纵锯成厚 2.5cm 木条，再分别在各木条上截取长、短三件试样一套。可见，每块短段上并非只取一套试样，而是沿径向要取三件一套的试样几套。每套试样三件纵向相连，把它们视为同一部位。

三件一套试样供不同木材性能，即次生木质部发育性状测定用，尺寸分别为 2.0cm×2.0cm×30.0cm（纵向）、2.0cm×2.0cm×3.0cm（纵向）和 2.0cm×2.0cm×2.0cm。取自中心板同一短段上的全部试样的高度位置均以该段中点的高度计，方法：①若中心板再分三截，其各短段在树茎上的高度为，（$H+0.34$）m、（$H+1.00$）m、（$H+1.66$）m；②若再分 4 截，即为（$H+0.25$）m、（$H+0.75$）m、（$H+1.25$）m、（$H+1.75$）m，以上各式中 H 为该中心板下端名义高度；③基部胸高（1.30m）以下短木段，其中心板只能截取 2 短段，中点高度分别为 0.32m 和 0.98m（请参阅《次生木质部发育（Ⅰ）针叶树》第二章图 2-3）。

每一取样短段都有与其中点高度一一相对应的木段序号。在数据处理以坐标图绘出结果时，将各测定值的木段序号均换成木段中点的高生长树龄。

每次横截或纵剖时，均在过渡木样上标记数字符号。圆盘位置是确定的，由其间各木段制出的中心板分别横截 3 或 4 短块又是有记录的，各短段长度中点在树茎上的高度就为一确定数。试样取自径周向髓心逐个纵锯的木条上，依序标记为Ⅰ、Ⅱ、Ⅲ…。最后对单株样树取得的全部样品，在位置上可做到高、径依序关系都准确。

2.0cm×2.0cm×2.0cm 或 2.0cm×2.0cm×3.0cm 试样形体较小，在相连的同一部位具有多取试样的条件。此两尺寸实验项目在中心板同一高度南北向和同一生成树龄的径向位置上可多取样而造成有两个试样，它们的号码也相同。数据处理中，号码相同试样的实验结果均先计算出平均值。每个平均值都有它受测试样的短木段中点高度和径向的依序序号。

3.5 次生木质部中的取样位置

3.5.1 取样位置的生成时间

发育是生物体在遗传控制下自身变化的过程。发育实验需测出时间进程中的性状变化。测出变化中的性状与各时性状发生的时间，是发育研究必须解决的技术关键。

次生木质部发育研究测定的每一试样木材性状都与取样位置同时生成。确定次生木质部取样位置的时间在发育研究中具有重要作用。

1）取自圆盘上试样的两向生长树龄

研究次生木质部发育须采用树茎两向生长树龄。

次生木质部木材结构和有关生成量变化方面测定的试样体积小，都取自样树树茎各高度的圆盘。这些试样都具有由取样位置可确定的高、径两向生成树龄。具体依据是：①根颈（地平高度）横截面年轮数是样树采伐时的树龄；②树木生长至取样高度时的树龄，为样品的高生长树龄，任一高度的高生长树龄等于根颈年轮数与这一高度横截面年轮数相减的差数；③采伐时的树龄是树茎最外（后）一层生长鞘的径向生长树龄。由样品所在横截面最外年轮的径向生长树龄向内依序递减，至样品年轮的余数，即为这一样品的径向生长树龄。

2）取自圆盘间木段中心板上试样的两向生长树龄

各高度圆盘间木段中心板都再横截分成 3 或 4 短段。取自同一中心板短段径向各木条上的全部试样的高生长树龄都看作等于此短段高度中央的名义高生长树龄。名义高生长树龄是近似值（表 3-7）。只要取样名义高度的上、下序列准确，由这一序列确定的高生长树龄，研究取得发育变化则是可信的。

图 3-1 系依据表 3-7 所示的相关关系绘出的。

表 3-7　11 种阔叶树单株样树茎高和高生长树龄间的相关关系（甲）

Table 3-7　The correlation between stem height and tree age during height growth of individual sample trees of eleven angiospermous species (A)

树种 Tree species	回归方程 Regression equation [x—茎高（m）stem height（m）；y—该高度时的高生长树龄（年）tree age during height growth at the height（a）]	x 值有效范围 Effective range of x	相关系数 Correlation coefficient
1 尾叶桉 *Eucalyptus urophylla* S. T. Blake	$y=0.000376894x^3-0.000942039x^2+0.132459x+0.00243642$	1～21	0.97
2 柠檬桉 *Eucalyptus citriodora* Hook. f.	$y=0.0015684x^3-0.0638811x^2+1.47753x-0.000344945$	1～29	0.99
3 巨尾桉 *Eucalyptus grandis* Hill ex Maiden × *E. urophylla* S. T. Blake	$y=0.000609306x^3-0.00739062x^2+0.176103x-0.0399845$	1～23	0.96
4 米老排 *Mytilaria laosensis* H. Lec.	$y=-0.000156208x^3+0.0252195x^2+0.818432x-0.0342916$	1～15	0.99
5 灰木莲 *Manglietia glauca* Bl.	$y=0.00109271x^3-0.0460752x^2+1.48036x+0.474297$	1～15	0.99
6 大叶相思 *Acacia auriculaeformis* A. Cunn. ex Benth.	$y=-0.000100502x^3+0.0282065x^2+0.0404782x+0.06857$	1～14	0.97
7 火力楠 *Michelia macclurei* var. *sublanea* Dandy	$y=0.00287114x^3-0.0497269x^2+1.07468x+0.364797$	1～18	0.99
8 红锥 *Castanopsis hystrix* Miq.	$y=0.000855118x^3-0.00407955x^2+0.672898x+0.509163$	1～20	0.99
9 小叶栎 *Quercus chenii* Nakai	$y=0.000230798x^3-0.00135076x^2+1.86374x+0.268124$	1～20	0.98
10 栓皮栎 *Quercus variabilis* Bl.	$y=0.00919918x^3-0.136678x^2+2.36788x+0.115892$	1～17	0.99
11 枫杨 *Pterocarya stenoptera* C. DC.	$y=8.08543\times10^{-5}x^3-0.00556864x^2+1.61043x+0.45384$	1～22	0.99

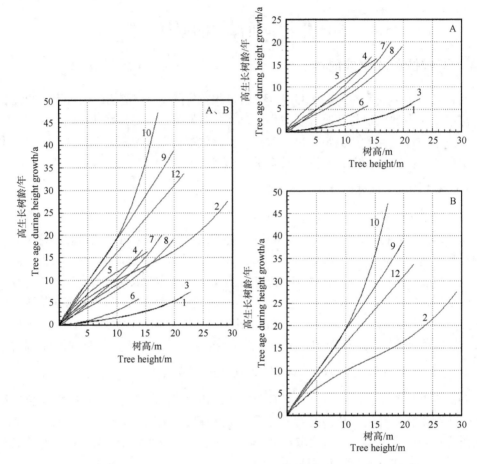

图 3-1　11 种阔叶树单株样树高生长树龄（y）和茎高（x）相关的回归曲线

图中标注曲线的数字为表 3-7 中的树种序号

Figure 3-1　The regression curves of correlation between stem height (x) and height growth age (y) during height growth in individual sample trees of eleven angiospermous species

The numerical signs in the figure represent the ordinal numbers of tree species in the table 3-7

　　取自同一短段径向各木条上的试样位置按自茎周向内标注罗马数字（Ⅰ、Ⅱ…、Ⅴ等）。各高度短段同一罗马数字标注的试样径向位置近似相同。

　　综上所述，可以看出，取自圆盘间木段中心板上的试样的高生长树龄和径向位置罗马数字标注都是树茎两向生长树龄的近似表达。但这并不影响取得次生木质部随两向生长树龄发育变化趋势研究的结果。

3.5.2　样树内取样位置的分布

　　测出的每个样品性状在发育过程中的发生时间要由样树内的样品位置来确定。发育研究须测出生命连续过程中的性状。可看出，次生木质部发育研究对样树内样品位置的分布有一定的必要要求。

　　次生木质部发育相随的时间是树茎两向生长树龄。生物现象中的变化常为多因子，

4 次生木质部发育过程的图示^①

摘　要

次生木质部生命过程中的变化须用图示来表达，在树种间进行比较更须利用图示。次生木质部发育的时间因子是两向生长的树龄。次生木质部性状发育变化的图示是三维空间曲面。这种图示虽有直观性，但曲面的形象随视角而有变，故不适合直接用于发育研究。本书采用的 4 种平面剖视曲线组与针叶树研究相同。它们从不同确定位置的剖视表达同一空间曲面显示的变化。它们由测定的原始数据直接绘出，免除了数学修饰。同图多条曲线趋势有序和间隔有律是树株内次生木质部发育过程受遗传控制的有力证明。

利用次生木质部特殊构建过程的条件，对不同树种图示结果在相同树龄生成的生长鞘间能进行性状发育变化的比较，并能进行不同树种生长鞘性状平均值随树龄发育变化的比较。测定阔叶树性状都与树茎输导和支持功能有关。树种间木材性状的差别出自随机性突变。所测不同树种样树发育变化具有共同趋势表明，不同树种树茎具有相同的生存适应要求。不同树种次生木质部发育变化的这一表现只会在遗传控制下才会产生。

4.1　次生木质部发育曲线图示的作用和条件

4.1.1　作用

次生木质部发育的隐蔽性在于它不如一般动物、植物生命过程中形体和性状的变化具有可见性，更难发现这一变化过程在种内个体间具有遗传控制的相似性。

遗传规律的发现是从种内个体间性状的静态相同和相异开始，而发育变化的遗传控制表现却在动态上。次生木质部生命中性状的动态变化在种内树木间具有相似性，是证明它在构建中存在发育过程的必要条件。

曲线图示是表达动态变化过程的最适合方式，而确定动态变化间具有相似性更须利

---

① 注：本书实验证明每章对各图中树种分图排序的考虑因素：少占印刷页面；同页面树种性状值的变化取值范围相同；同页面横坐标的尺度比例相同。实际采用的序列是综合考虑这些因素的结果。本书树种序列代码作用仅为区别方便。同一印刷页面上各分图的排列，不须考虑树种序码顺序问题。

用曲线图示。

4.1.2 条件

生物发育是客观存在的规律性现象。在具有发育现象的条件下，才有用图示表达的可能。次生木质部构建中存在程序性变化是能绘出它发育图示的先决条件。

生物发育变化的适合图示方式须根据它的实际表现确定。次生木质部生命中连续变化的性状及其各时发生的时间具有数字的可测性。这使次生木质部发育研究能采用曲线表达的图示方式。

采用曲线表达发育变化对实验测定数量有要求。次生木质部在多年的两向生长中构建，如按高、直径生长时间推进分别计，全样树的取样数是两向生长取样时间点数的乘积。次生木质部与其所在的树木生命期同长，它具有满足发育研究曲线表达方式所需实验取样数的条件。

4.2 次生木质部发育曲线图示的特点

4.2.1 两向生长树龄与一般变化中双因子的差别

自然界里的变化常为多因子，但不能把次生木质部发育相随的两向生长树龄简单地看作为一般双因子。树茎的两向生长具有正交关系。这是各类自然变化中难见的一种两因子间存在的特殊方向关系。

在变化与双因子同时具相关关系的条件下，这一变化的趋势才可用三维空间曲面或曲线组的平面图示表达。如采用三维空间曲面，一般以 X 轴、Y 轴表示双因子，Z 轴为随双因子的变化值。一般由此绘出的空间曲面纯粹是数量间的关系；而对次生木质部发育的三维空间曲面而言，X 轴、Y 轴所代表的方向与树茎两向生长方向相符，悬浮在 XY 坐标面上的曲面变化不仅能表示出变化中的数量关系，并具有生长方向的形象关系。

一般采用平面曲线组表示双因子变化的图示，横坐标代表其中一个因子；图中多条曲线的每条代表另一个确定的因子值，纵轴为随双因子的变化值。这种图示只是双因子与变化量间的数量关系。而对次生木质部发育变化的曲线组而言，意义则不同，如以横坐标（X 轴）代表径向生长树龄，曲线组中的各条曲线分别代表一个确定的树茎高度（对应一个确定的高生长树龄）沿水平径向的性状变化，可见双因子和性状变化值间既包含着数量关系，并兼具方向关系。

4.2.2 三维空间曲面和剖视平面曲线

次生木质部随两向生长树龄趋势变化的图示，从数学概念认识，应为三维空间曲面。取一系列具有确定 X 值（径向生长树龄）并平行于 $Y0$ 坐标面的切平面对这一空间曲面做剖视，再把曲面上由此产生的系列剖视线均垂直投射到相平行的 $Y0$ 坐标面上，进而显示出平面坐标曲线组图示。

取一系列具有确定 Y 值（高生长树龄）并平行于 $X0$ 坐标面的切平面对这一空间曲

但一般少见具有结构位置与时间因子间的准确关系。次生木质部两向生长却不同，不仅具有这一准确关系，而且它的两向在空间上自然垂直，且树茎又具圆柱对称性。本项目取自不同高度圆盘上的试样都是逐个或奇数序年轮，取自圆盘间木段上的试样是均匀分布在树茎南向、北向中心板上。如以平面坐标系分别表示两向生长树龄，即样树内上述试样位置均匀分布在坐标面上。

发育进程的时间是连续的。次生木质部发育时间的连续表现在两向生长树龄的组合上。连续是数学概念。次生木质部发育研究实验的取样不可能达到数学概念的连续，但需满足在回归分析中能取得两向生长树龄组合连续结果的要求。满足这一要求的取样须均匀分布在树茎中心板多个高度的直径方向上。如以平面坐标面来形象表达，X轴、Y轴分别表示两向生长树龄，那全部取样点须均匀分布在以 XY 坐标面表示的中心板上。样树高、直径生长在同龄中推进，这种两向生长树龄组合的取样数是单向生长树龄的平方。

面作剖视，再将曲面上由此产生的系列剖视线均垂直投射到相平行的坐标面上，进而显示出另一平面坐标曲线组图示。

三维空间曲面是表达次生木质部发育变化的一种数学手段。采用这一手段的条件是次生木质部构建中存在遗传控制下性状随两向生长树龄变化的程序性。只要在树茎中心板上有一定数量取样点，并在中心板上均匀分布，次生木质部实验测定结果经数学建模处理将显示为三维空间曲面。发育研究要求建立性状随时间变化的数量关系，次生木质部发育的三维空间曲面在视觉上能符合这一要求。

对建模取得的三维空间曲面再进行一系列剖视数学处理，可取得次生木质部随两向生长树龄发育变化曲线组的平面剖视曲线图示。但由此取得的变化趋势规律性中含有数学修饰成分，降低了可信度。

本书报告次生木质部发育变化曲线组中的每条曲线都分别由原始测定数据直接绘出。同一图示上呈现出变化类同有序，并相间有律的多条曲线，只能在遗传控制条件下才会出现。

三维空间曲面在次生木质部发育研究上并没有直接作用。但在领悟 4 种平面曲线间的关系上，以及它们的绘制和学术作用上都有不可或缺的意义。

4.2.3　次生木质部发育变化图示的性质

表达次生木质部发育过程的三维空间曲面和二维平面曲线组都是由测得的生命中变化的性状系列数据绘出。它们的作用是显示发育过程的变化量。

生命科学研究常需实体影像及其剖视，它们都是真实存在的形象。采用三维空间曲面或二维平面曲线组显示次生木质部发育过程，是通过数学手段取得的数学表达形式，与真物影像或其剖视的意义都不同。

在数学关系上，次生木质部发育过程的二维平面曲线组，是三维空间曲面在特定条件下系列剖视的投影叠加结果。次生木质部发育研究中，为了增强对三维空间曲面和二维平面曲线组的理解，而采用三维实体形象与其剖视来比拟。但次生木质部发育变化的三维空间曲面与二维平面曲线组是数学关系，他们都与真实形象无关。

4.3　4 种基本平面曲线图示

树茎两向生长造成单株样树次生木质部同一性状随两向生长树龄发育变化的图示是三维空间曲面。4 种平面曲线图示是替代三维空间曲面表达的形式。4 种平面曲线图示分别依据同一实验测定数据绘制，它们表达同一性状随两向生长树龄同一变化的不同方面。

树茎两向正交生长具有独立性，次生木质部构建中，由变化形成的木材差异是同时呈现在逐龄生成的生长鞘间和同龄生成生长鞘内的不同高度间。由此，次生木质部发育研究才须采用两向生长树龄，进而三维空间曲面是适合用于表达次生木质部发育的图示。可见，4 种平面曲线图示仅适用于次生木质部发育研究。

4 种平面图示的纵坐标同是变化的性状值，而两向生长树龄的表达方式不同。

第一种　横坐标为径向生长树龄，图中多条曲线各代表在一个确定高生长树龄的性状值随径向生长树龄的变化。

数据处理，在本书各章附表（原始测定值）各同一横向序列取值；样品分别位于树茎同一高度截面的径向不同年轮上（高生长树龄相同，径向生长树龄递差）。

第二种　横坐标为高生长树龄，图中多条曲线分别代表一个确定径向生长树龄的性状值随高生长树龄的变化。

数据处理，在本书各章附表（原始测定值）各同一纵行序列取值；样品分别在树茎不同树龄生成的同一生长鞘各高度上（高生长树龄不同，径向生长树龄相同）。

第三种　横坐标为生长鞘生成树龄（实际上，这一时间与径向生长树龄在数字上相同）；纵坐标是逐龄生长鞘全高性状平均值。图中仅一条曲线，是把高生长树龄对发育性状的影响融入平均值中。这是观察次生木质部发育较简单的一种方法，但实际情况比这复杂。

数据处理的取值是本书附表各纵行的平均数（高生长树龄隐略，径向生长树龄递差）。

第四种　横坐标为高生长树龄，图中有多条曲线各代表不同高度确定离髓心年轮数的年轮性状值沿树高（随高生长树龄）的变化。木材科学，一般是依据位置来标志木材差异，确定不同高度木材的径向位置就是以离髓心年轮数来标明。本报告采用这一图示表达的目的是，可清楚认识同一树茎不同高度相同离髓心年轮数年轮间（即所谓幼龄材）发育变化的有序差异。过去一直缺少有关这一内容的实验测定。现利用本项目实验结果，只在数据处理上增加了一个内容，就填补了这一学术空白。

4.4　两种适合用在不同树种单株样树间比较的图示

4 种平面曲线组图示的表达重点是单株次生木质部内的发育变化。本项目阔叶树研究中尚采用了不同树种单株样树实验结果组合的图示。

4.4.1　不同树种同一树龄生长鞘性状沿树高的变化

不同树种各一样树在它们 4 种平面曲线组中分别有各年生长鞘随高生长树龄变化的图示（图 5-2、图 6-2 和图 7-2）。将不同树种这一图示中的同龄生长鞘沿树高的发育变化曲线抽出重新组合成一图，各龄生长鞘均相同处理。

本项目大叶相思、巨尾桉和尾叶桉样树生长树龄短；栓皮栎、小叶栎、枫杨和山核桃树茎上取样数少；12 种阔叶树样树采伐树龄不同，不同高度圆盘上按奇数年轮取样，上述各因素使各树种在一图上绘出同龄生长鞘沿树高变化曲线的机会减少。这限制了本类图示在本书同一图中显示的树种数。

4.4.2　不同树种逐龄生长鞘全高性状平均值随树龄的发育变化

4 种平面曲线组中有样树逐年生长鞘随树龄变化的图示（图 5-1、图 6-1 和图 7-1）。将不同树种这一图示的曲线调集于一图，树种间次生木质部发育变化过程中的相似和差别明显呈现。

受数据量的限制或出于减少图示占用页面的要求，书中尚有采用了其他数据组合方式的曲线（图 8-4），但它们均与本章所述 4 种平面曲线有联系。

5 次生木质部构建中纤维形态的
发育变化（Ⅰ）纤维长度

摘　　要

本章以发育观点研究阔叶树次生木质部生命中构建的纤维长度变化。

5.1 阔叶树木材结构中纤维的自然状态

木材是非生命生物材料。木材结构中有两类方向不同的细胞——与树茎高向近于平行的纵向细胞；在树茎中为水平径向的横向细胞。按细胞形态，可将木材细胞区分为纤维状和非纤维状。按胞壁厚薄和纹孔类型，可将木材细胞区分为厚壁细胞和薄壁细胞。

阔叶树纤维与针叶树管胞分别为所属类别树种次生木质部的主要构成细胞，都为树茎中的纵向细胞，同为具缘纹孔，并同系锐端厚壁细胞。一般文献，广义木材纤维包括针叶树管胞和阔叶树纤维。阔叶树纤维和针叶树管胞的显著差别如下：

	阔叶树纤维	针叶树管胞
占木材体积	约 50%	90%～95%
细胞平均长度	≤1.0mm	3～5mm
木材横截面上的排列	原径向行列在构建的发育变化中受挤压而不显	沿径向排列
在解离浆料中区分径、弦胞壁	难区分	可依据纹孔大小和分布来区分
树茎中的生理功能	支持	输导和支持

木材科学对木材纤维的研究重点在解剖特征上；在单株内木材差异的主题上，对纤维长度的测定较其他结构因子多，研究结果多以数个高度离髓心年轮数为横坐标的曲线报告。

5.2 本项目对次生木质部纤维长度发育变化研究的认识

认识要点是：以次生木质部生命中构建的程序性差异看待阔叶树单株内纤维长度的变化表现；这一变化的性质是遗传控制下的发育过程；次生木质部发育研究须采用两向生长树龄；发育研究的纤维长度测定取样，须符合在数据处理的回归分析中能取得两向生长树龄组合连续的要求。

5.3 纤维长度的测定

5.3.1 取样和编号

表 3-3～表 3-6 列出了各树种测定纤维形态样树的取样圆盘高度、年轮数和其高生长树龄。

对每一高度圆盘南向，自外第 1 年轮开始。按奇数年轮取样；环孔材在晚材部位取样。以取样年轮生成树龄为编码，序号自外开始，不同高度圆盘均如此。这样，不同圆盘取样序号相同的年轮属同一生长鞘，仅上、下位置有别。

但在实验结果数据处理和图示中，上述序码是样品年轮的径向生成树龄（生长鞘生成树龄或年轮生成树龄）。这一序号的特点是，各高度圆盘外围第 1 年轮序号为采伐时样树树龄，向内按序逐减，邻近髓心的年轮序号不是 1，而是该年轮生成时的样树树龄。这是为符合本项目研究目的而作出的要求。

5.3.2 木材离析

将试材劈成火柴杆大小，长 1～2cm。取 5 根至数根放入试管中。试管上注明可查出树种、圆盘号和年轮序号的标记。将试管注水至淹没木材，静置数日。之后将试管放在水浴锅中加热煮沸，排出木材中的空气，至木材下沉为止。

采用 Franklin 离析法，离析液为冰醋酸 1 份和 30%过氧化氢 1 份配制而成。将试管中的水倒净，注以离析液至淹没试材，并再静置 1 日至数日，最后将试管移至近于沸点的水浴锅中，至木材稍膨大并适度变白为止，达到能使木材组织分离，又不损坏木材细胞形态的状态。

离析后，用水反复漂洗，除净酸液。

试样在试管水中受振荡充分解离后，用番红（safranine）染色，制成临时性切片。

5.3.3　测定

纤维长度用放大 100 倍的显微投影仪测定。

投影仪上的影像尺寸用精度 0.5mm 钢尺读出。

以上读数，最后都各须乘一系数，方为实际尺寸。

此系数通过具有精度 1∶100（1mm=100 格）显微标定刻度尺的切片确定。

5.3.4　测定数目

本项目在纤维形态研究方面，对纤维长度、宽度的每一试样测定，全部都采用 Stein 两阶段取样法。具体程序是：

先对每一试样纤维长度、宽度确定各测 50 次。计算出其平均值和标准差。

而后，在 0.95 置信水平和 5%试验准确指数要求下，按下式计算出最少测定数量：

$$n_{\min}= \sigma^2 t^2/p^2$$

式中：$n_{\min}$——所需最少测定数量；

　　　　σ——上述已得读数标准差；

　　　　t——结果可靠性指标，按 0.95 的置信水平取 1.96；

　　　　p——试验准确指数，取 5%。

如经上述计算检验 $n_{\min}\geqslant50$，则立即补测，必须保证 $n_{\min}<$实际测定数。

12 种阔叶树纤维长度测定试样 635 个，不计补测的确定观测读数 31 750 次。

5.4　纤维长度发育变化在树种间的差别

针叶树研究已确定次生木质部存在发育现象。阔叶树研究限于同一树种样株数，不能重复针叶树相同的论证，而只能着重讨论阔叶树次生木质部构建中纤维形态在单株样树内的发育变化，和其在树种间的差别。

5.4.1　由逐龄生长鞘全高和全样树加权平均纤维长度观察

图 5-1 示 12 种阔叶树单株样树逐龄生长鞘全高平均纤维长度随树龄的发育变化。表 5-1 列出各树种全样树逐龄段加权平均纤维长度，并根据纤维长度列序。

表 5-1 示 5 龄枫杨全样树纤维加权平均长度为 591mm，32 龄时增至 1005mm；5 龄柠檬桉为 895mm，31 龄时增至 1043mm。树种间纤维长度发育差异不仅表现在起始长度，并呈现在变化过程中。

附表 5-1 示散孔材米老排 2 龄、3 龄、5（2 至 3 和 3 至 5）龄间生长鞘纤维平均长度分别增长 15.9%和 9.9%，而后 5～17 龄 12 年间增长 4.4%。而环孔材小叶栎 4～7 龄间增长 37.2%，而后 7～19 龄 12 年间增长 9.3%；环孔材栓皮栎 4 龄、5 龄、7 龄间分别增长 18.2%和 13.2%，而后 7～19 龄 12 年间增长 25.29%。

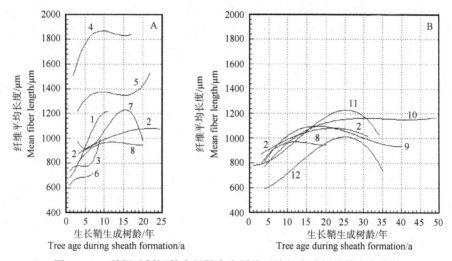

图 5-1 12 种阔叶树逐龄生长鞘全高纤维平均长度随树龄的发育变化
图中标注曲线的数字是树种序号，其间的对应关系与图 5-2 同

Figure 5-1　Developmental change of mean fiber length of the overall height of every successive growth sheath with tree age in individual sample trees of twelve angiospermous species
The numerical symbols of curve in the figure represent a certain species respectively, the corresponding relations between them are the same as those shown in figure 5-2

表 5-1　12 种阔叶树样树不同龄期全样树纤维加权平均长度
Table 5-1　The weighted average fiber length of the whole sample tree in different growth periods of twelve angiospermous sample trees

样树树种 Tree species	全样树纤维加权平均长度/μm The weighted average fiber length of the whole sample tree/μm									
米老排 *Mytilaria laosensis* H. Lec.	1768[7]	1803[9]	1827[11]	1867[17]						
灰木莲 *Manglietia glauca* Bl.	1310[8]	1328[10]	1350[12]	1381[18]	1399[20]	1416[22]				
尾叶桉 *Eucalyptus urophylla* S. T. Blake	958[7]	1014[9]	1054[11]							
火力楠 *Michelia macclurei* var. *sublanea* Dandy	942[6]	971[8]	1016[10]	1136[16]	1146[20]					
柠檬桉 *Eucalyptus citriodora* Hook. f.	896[7]	942[9]	957[11]	1130[17]	1022[19]	1036[21]	1043[31]			
小叶栎 *Quercus chenii* Nakai	886[7]	946[10]	999[13]	1011[16]	1048[19]	1080[22]	1089[31]	1091[34]	1094[37]	1097[40]
巨尾杂交桉 *Eucalyptus grandis* Hill ex Maiden × *E. urophylla* S. T. Blake	870[7]	926[9]								
红锥 *Castanopsis hystrix* Miq.	859[6]	883[8]	916[10]	1035[18]	1041[20]					
栓皮栎 *Quercus variabilis* Bl.	818[7]	858[10]	932[13]	993[16]	1037[19]	1176[22]	1201[31]	1215[34]	1230[37]	1237[40]	1232[49]
山核桃 *Carya cathayensis* Sarg.	785[7]	843[10]	896[13]	932[16]	979[19]	1023[22]	1058[31]	1064[34]		
大叶相思 *Acacia auriculaeformis* A. Cunn. ex Benth.	763[7]									
枫杨 *Pterocarya stenoptera* C. DC.	591[5]	637[8]	712[11]	739[14]	841[20]	841[20]	884[23]	981[29]	1005[32]	1031[35]

注：本表各树种每栏数据都系全样树纤维加权平均长度，各数据的龄期之终止龄（根据附表 5-1）均用括号标注在其右上角；起始龄同自树茎出土。

Note: All the data in each line for each species in this table are the weighted average fiber length of the whole sample tree, and the expiry age of data (according to Appendix table 5-1) is all marked in parentheses on the upper right corner; the initial age is equal to the age when the stem was unearthed.

图 5-1 示生长鞘全高平均纤维长度发育变化曲线火力楠在 15 龄、枫杨和山核桃在 25 龄均呈现峰值转折点；柠檬桉和红锥均呈现减少的转折迹象；小叶栎和栓皮栎采自同一林场，小叶栎在 15～20 龄间已呈现峰值，但栓皮栎仍保持平稳。次生木质部构建中纤维长度随两向生长树龄的发育变化发生在形成层纺锤形原始细胞本身或形成层后木质细胞生命的变化中，这两者因素均具研究价值。

附表 5-1 示米老排 3 龄、5 龄生长鞘纤维平均长度为 1762mm，而小叶栎和栓皮栎 4 龄生长鞘分别为 747mm 和 697mm。逐龄生长鞘全高纤维平均长度树种间的差别由这一起点开始。这取决于形成层纺锤形原始细胞的起始长度。

附表 5-1 示小叶栎样树 7 龄生长鞘平均纤维长度为 1025mm，19 龄时为 1120mm，增长 9.3%；但至 40 龄时为 1114mm，几乎呈徘徊状态。栓皮栎样树 7 龄生长鞘平均纤维长度为 933mm，至 19 龄时为 1169mm，增长 25.3%；至 40 龄仅再增长 10.01%。小叶栎、栓皮栎两树种同分类属同林分生长样树次生木质部纤维长度发育变化过程呈差别是发育过程遗传物质调控作用的结果。

附表 5-1 示尾叶桉 1～7 龄生长鞘全高平均纤维长度增长 62.5%、7～9 龄增长 6.8%；巨尾杂交桉 1～7 龄、7～9 龄分别增长 29.5%和 12.3%；柠檬桉 3～7 龄、7～9 龄分别增长 3.1%和 14.92%。三种桉树次生木质部纤维长度发育变化有差别。

图 5-1 由附表 5-1 各龄生长鞘全高平均纤维长度绘出；而表 5-1 各龄段全样树加权平均纤维长度依据同表各龄平均值（Ave.）加权平均求得，其中生长鞘高度上取样点数的权重随生成树龄增加。研究不同树种次生木质部发育变化中，图 5-1 和表 5-1 有不同作用。研究单株内次生木质部随两向生长树龄的变化仍需采用三维空间曲面剖视的平面曲线组图示。

5.4.2 不同树种各同一树龄生成的生长鞘纤维长度沿树高的发育变化

图 5-2 将 12 种阔叶树样树部分同一树龄生成的生长鞘纤维长度随高生长树龄发育变化的曲线，分别按不同树龄图示。这是增强对不同树种发育变化比较，而采用的一种图式形式。

图 5-2 示 12 种阔叶树样树在同一树龄生长鞘间存在着纤维长度沿其高度变化的差异，又同时表现出变化的共性是纤维长度沿生长鞘高向减小。

图 5-2 和图 5-1 间存在着一种对应关系。图 5-2 各分图的每条曲线在图 5-1 上都构成同一样树曲线上相同径向生成树龄的一个对应点。图 5-2 的曲线表示样树确定树龄生长鞘纤维长度沿树高的变化，而图 5-1 同一样树曲线上的对应点示出该生长鞘全高平均纤维长度。两图中存在少数不一致是由于图 5-2 曲线系依据生长鞘各取样点纤维长度测定数据直接回归处理绘出，而图 5-1 曲线是对各生长鞘全高纤维长度平均数据回归处理的结果。图 5-2 更适合用于不同树种同一树龄生长鞘纤维长度沿树高发育变化间的比较。

图 5-2 与表 5-1 间不具数学上的严密关系。由表 5-1 检视图 5-2 各分图中纤维长度的树种序列，19 龄前均相同；其后的序列多数在图 5-1 中得到相符认识。

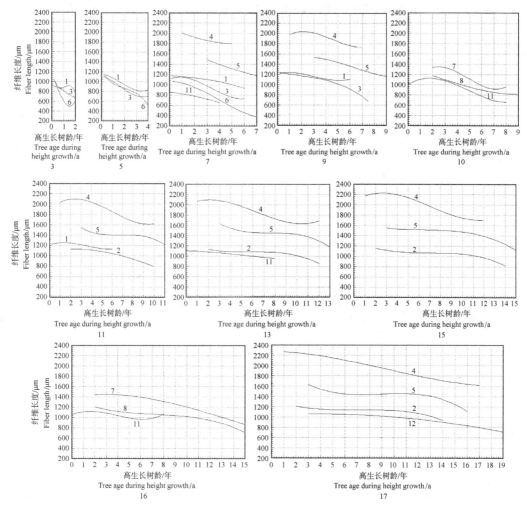

图 5-2　12 种阔叶树样树各同一树龄生成的生长鞘在纤维长度沿树高变化上的比较

各分图下的数字是不同树种样树同一树龄生长鞘的构建年份；图中曲线均为沿树高方向的变化；标注曲线的数字是树种序号，它们对应关系是：1—尾叶桉；2—柠檬桉；3—巨尾桉；4—米老排；5—灰木莲；6—大叶相思；7—火力楠；8—红锥；9—小叶栎；10—栓皮栎；11—山核桃；12—枫杨

Figure 5-2　Comparison on the developmental change of the fiber length along with the stem length among the growth sheaths formed at the same tree age in individual sample trees of twelve angiospermous species

The number under every divided figure is the year of tree age when the sheaths of sample tree of different species are elaborated in the same tree age; The curves in each of all subfigures show the change along with the stem length, and the numerical symbols designated to them represent different species, their corresponding relations are as follows:

1—*Eucalyptus urophylla* S. T. Blake

2—*Eucalyptus citriodora* Hook. f.

3—*Eucalyptus grandis* Hill ex Maiden × *E. urophylla* S.T.Blake

4—*Mytilaria laosensis* H. Lec.

5—*Manglietia glauca* Bl.

6—*Acacia auriculaeformis* A. Cunn. ex Benth.

7—*Michelia macclurei* var. *sublanea* Dandy

8—*Castanopsis hystrix* Miq.

9—*Quercus chenii* Nakai

10—*Quercus variabilis* Bl.

11—*Carya cathayensis* Sarg.

12—*Pterocarya stenoptera* C. DC.

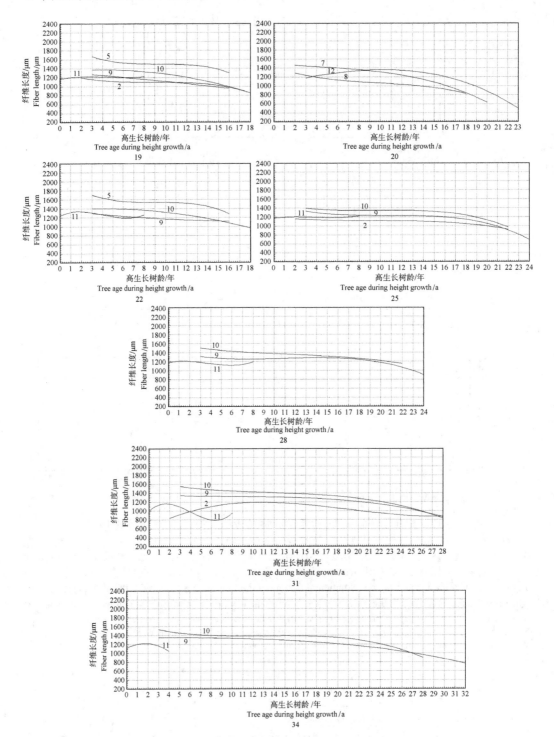

图 5-2　12 种阔叶树样树各同一树龄生成的生长鞘在纤维长度沿树高变化上的比较（续）

Figure 5-2　Comparison on the developmental change of the fiber length along with the stem length among the growth sheaths formed at the same tree age in individual sample trees of twelve angiospermous species (Continued)

5.5　纤维长度发育变化的遗传控制和适应

5.5.1　12 种阔叶树纤维长度发育变化的共同表现

图 5-3 示 12 种阔叶树纤维长度发育变化的三种平面曲线组图示。

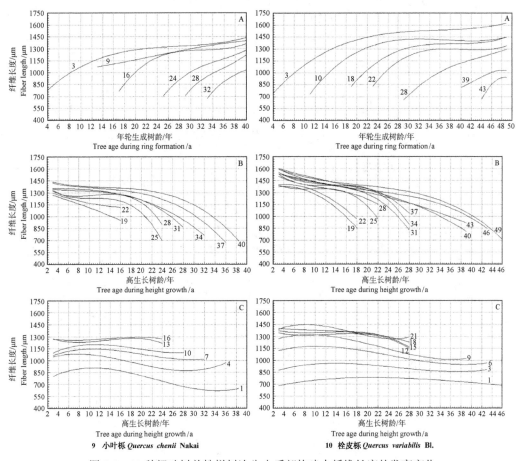

9　小叶栎 *Quercus chenii* Nakai　　　　**10　栓皮栎** *Quercus variabilis* Bl.

图 5-3　12 种阔叶树单株样树次生木质部构建中纤维长度的发育变化

A—同一样树不同高度逐龄年轮的径向变化（标注分图 A 中曲线的数字，是树茎生长达各取样圆盘高度时的树龄，即各圆盘生成起始时的树龄）

B—上述同一样树各年生长鞘随高生长树龄的变化（标注分图 B 中曲线的数字，是各年生长鞘生成时的树龄）

C—上述同一样树不同高度、相同离髓心年轮数、异鞘年轮间的有序变化（标注分图 C 中曲线的数字，是离髓心年轮数，曲线示沿树高方向的变化）

Figure 5-3　Developmental change of the fiber length during secondary xylem elaboration (formation) in individual sample trees of twelve angiospermous species

Subfigure A—Radial change of successive rings at different heights in the same sample tree. (The numerical symbols in subfigure A are the tree age when the stem is growing to attain the height of each sample disc, and also the tree age at the beginning of the disc formation.)

Subfigure B—The change along with the stem length of every successive growth sheath in the same above sample tree. (The numerical symbols in subfigure B are the tree age during the growth sheath formation.)

Subfigure C—The change among rings in different sheaths, but with the same ring number from pith and at different heights in the same above sample tree. (The numerical symbols in subfigure C are the ring number from pith, and the curves show the change along with the stem length.)

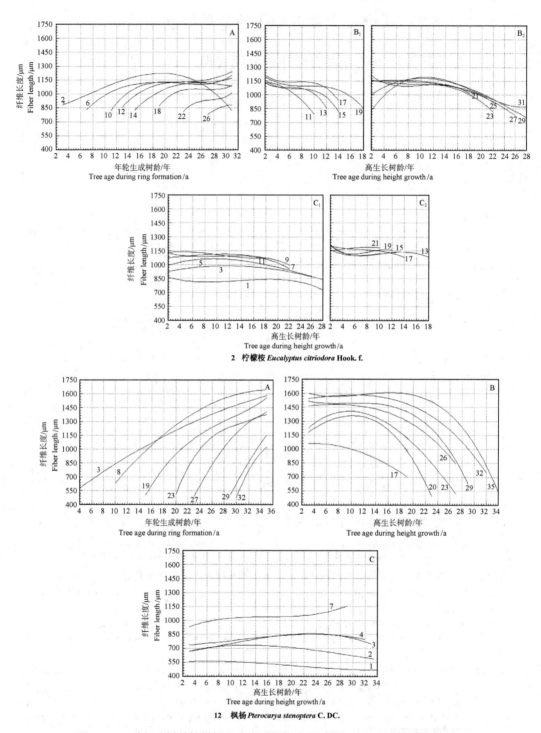

2　柠檬桉 *Eucalyptus citriodora* Hook. f.

12　枫杨 *Pterocarya stenoptera* C. DC.

图 5-3　12 种阔叶树单株样树次生木质部构建中纤维长度的发育变化（续 I）

Figure 5-3　Developmental change of the fiber length during secondary xylem elaboration (formation) in individual sample trees of twelve angiospermous species (Continued Ⅰ)

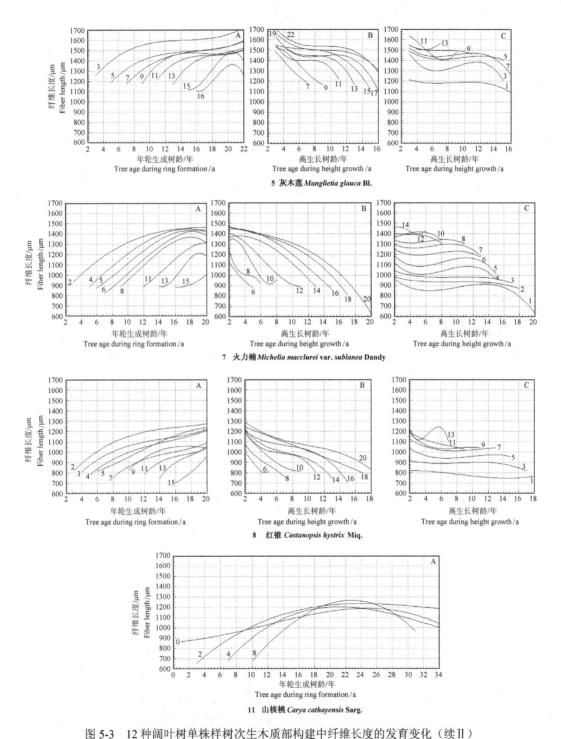

图 5-3 12 种阔叶树单株样树次生木质部构建中纤维长度的发育变化（续Ⅱ）

Figure 5-3 Developmental change of the fiber length during secondary xylem elaboration (formation) in individual sample trees of twelve angiospermous species (Continued Ⅱ)

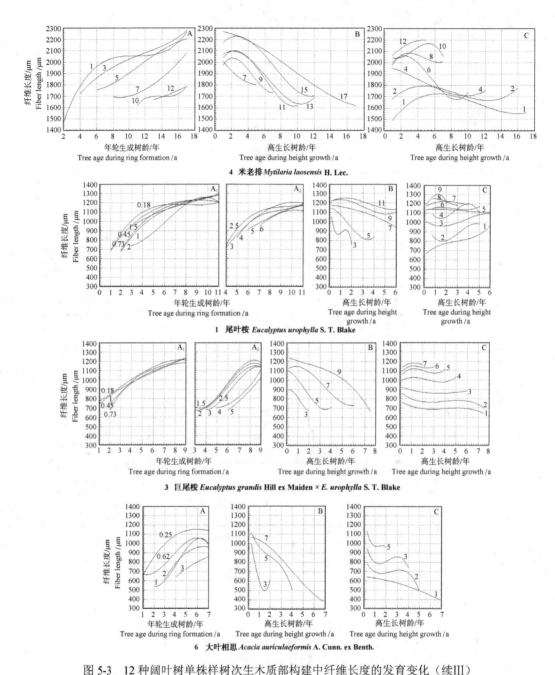

图 5-3　12 种阔叶树单株样树次生木质部构建中纤维长度的发育变化（续Ⅲ）

Figure 5-3　Developmental change of the fiber length during secondary xylem elaboration (formation) in individual sample trees of twelve angiospermous species (Continued Ⅲ)

第一种（图 5-3A）是同一样树不同高度逐龄年轮纤维长度径向发育变化图示。图中标注各条曲线的数字是取样圆盘的高生长树龄。每条曲线示出确定高生长树龄时纤维长度随径向生长树龄的变化。12 种阔叶树在图 5-3A 中的共同表现：①曲线在图中的高度位置随高生长树龄而下移，表明纤维长度沿树茎高度减小；②图中曲线间距由下开阔向上靠拢，表明同一生长鞘不同高度间纤维长度的差异随生长鞘径向生成树龄减小。

第二种（图 5-3B）是同一样树各年生长鞘随高生长树龄变化的图示。图中标注各条曲线的数字是各年生长鞘的径向生成树龄，每条曲线示出具有确定径向生成树龄生长鞘纤维长度随高生长树龄的变化。12 种阔叶树在图 5-3B 中的共同表现：①曲线在图中的高度位置随生长鞘径向生成树龄而上移，表明纤维长度增大；②图中曲线间距由左靠拢向右离散，表明不同年份生长鞘间纤维长度的差异随高生长树龄增大。

第三种（图 5-3C）是同一树种不同高度、相同离髓心年轮数、异鞘年轮间有序变化的图示。图中标注各条曲线的数字是相同离髓心数。12 种阔叶树在图 5-3C 中的共同表现：①曲线在图中的高度位置随其离髓心年轮数而上移，表明纤维长度增大；②12 种树种中尾叶桉、巨尾杂交桉和大叶相思高生长快，离髓心相同各年轮数的曲线沿高生长树龄的变化都明显。小叶栎、栓皮栎和枫杨高生长相对较慢，离髓心第 1 序年轮的曲线沿高生长树龄变化缓；随离髓心年轮数增加，变化增大；而后再转缓。

5.5.2 12 种阔叶树纤维长度发育变化的遗传控制

综观 12 种阔叶树次生木质部发育变化的三种平面曲线组图示：同图多条曲线呈现着变化趋势性；多条曲线示出的变化间具有差别，但过渡有律。同图多条曲线分别由原始数据经回归分析直接绘出。图示显示的结果充分表现出树茎次生木质部发育随两向生长树龄的程序性。生物体生命中的程序性只有在遗传物质控制下才能取得。

这一程序性在长历史时代的自然选择中形成。它与树茎纤维的支持功能相符。生长鞘纤维长度随径向生成树龄增长，以及树茎基部纤维长，都显示出与树茎稳定要求适应。这似天工设计的巧作。实际源于生成遗传物质的随机突变在前，适者生存的选择在后。次生木质部发育过程在树木自然演化中形成。

纤维长度发育变化在树种间的差异和共性是共存的自然状态。差异发生在随机的突变中，共性是在满足相同生存要求下取得。受到保存的树种均仍处于长期自然选择的连续筛选中。

5.6 用演化观点观察阔叶树的纤维长度

针叶树、阔叶树分属裸子植物和被子植物。针叶树次生木质部主要构成细胞是管胞，阔叶树是纤维。纤维平均长度仅为管胞的 1/4，阔叶树另具导管专行输导作用。针叶树、阔叶树共存的状态表明，它们次生木质部的结构都符合树茎功能适应的要求。

树木演化中偶发具遗传作用的随机突变，并表现在它对应的器官上。繁殖器官对生存适应的要求较营养器官高，以致繁殖器官保守。植物分类以繁殖器官为主要依据。不能把阔叶树种纤维长度看作与树种分类直接有关。演化中的新、老树种纤维长度差别可能大，但也可能纤维长度几乎相当。纤维长度不具分类的凭据作用。但纤维长度对某一确定树种仍具稳定性，发育研究中认识纤维长度在阔叶树中的演化仍具学术意义。

图 5-1 和表 5-1 示，七种散孔材中六种纤维平均长度列上，两种环孔材居中，三种半散孔材位下。但大叶相思（散孔材、豆目）平均纤维长度在 12 种阔叶树中属短。

植物分类 Hutchinson 系统的系统树中将木兰目→金缕梅目→壳斗目→胡桃目列为一分化分支。豆目和桃金娘目在以木兰目为起点的另两分支上。观察样树全株纤维加权平均长度显示，8 龄灰木莲 1310μm、6 龄火力楠 942μm（木兰目），7 龄米老排（金缕梅目）1768μm，6 龄红锥 859μm、7 龄小叶栎 886μm、7 龄栓皮栎 818μm（壳斗目），7 龄山核桃 785μm、5 龄枫杨 591μm（胡桃目）。

5.7 结　　论

阔叶树样树内纤维长度的规律性差异在次生木质部生命中的构建过程中生成。本项目纤维长度实验措施的取样、测定和经数据处理取得的图示都符合次生木质部发育研究的需要。

实验结果表明：

（1）样树内次生木质部纤维长度随两向生长树龄的变化符合遗传控制特征，其性质属发育；

（2）12 种阔叶树次生木质部纤维长度发育的共同表现是符合树茎输导和支持功能的，这是适者生存的结果；

（3）阔叶树次生木质部构建中纤维长度的变化在树种间有较大差别，表现在初始生成的纤维长度，和而后的变化两个方面。

次生木质部纤维长度发育变化过程在树种间的共性和差异同时存在。

附表 5-1　12 种阔叶树单株样树不同高度逐龄年轮的纤维长度和直径

Appendix table 5-1　Fiber length and diameter of every successive ring at different heights in individual sample trees of twelve angiospermous species

1			树种 Tree species：尾叶桉 *Eucalyptus urophylla* S. T. Blake												
			纤维长度/µm　Fiber length/µm							纤维直径/µm　Fiber diameter/µm					
DN	RN	HA	年轮生成树龄/年 Tree age during ring formation/a						Ave.	年轮生成树龄/年 Tree age during ring formation/a					Ave.
			1	3	5	7	9	11		1	3	5	7	9	11	
11	5	6				946	1095	1113	1051				15	17	18	17
10	6	5			917[6]	984	1100	1171	1043			15[6]	15	17	19	17
09	7	4			826	1059	1122	1189	1049			16	17	18	20	18
08	8	3		772[4]	874	1157	1126	1184	1023		15[4]	14	17	18	18	16
07	8	2.5		730[4]	839	1091	1175	1200	1007		15[4]	15	18	19	22	18
06	9	2		746	864	1121	1229	1213	1035		16	16	19	19	21	18
05	9	1.5		945	1074	1162	1222	1297	1140		17	17	19	19	20	19
04	10	1	679[2]	826	1074	1136	1257	1288	1043	17[2]	17	17	18	20	21	18
03	10	0.73	675[2]	868	1086	1171	1253	1276	1055	16[2]	18	17	18	19	21	18
02	11	0.45	697	951	1134	1193	1234	1212	1070	16	16	18	18	20	22	18
01	11	0.18	675	1030	1141	1171	1199	1197	1069	15	15	16	18	20	21	18
Ave.			682	859	983	1108	1183	1213	1054	16	16	16	17	19	20	18

2			树种 Tree species：柠檬桉 *Eucalyptus citriodora* Hook. f.															
			纤维长度/µm　Fiber length/µm															
DN	RN	HA	年轮生成树龄/年 Tree age during ring formation/a															Ave.
			1	3	5	7	9	11	13	15	17	19	21	23	25	27	29	31	
17	3	28															734	849	791
15	5	26														782	855	883	840
13	9	22												804	920	914	963	1004	921
11	13	18										859	1012	1030	1045	1047	1068	1084	1021
09	17	14								822	937	1016	1111	1100	1084	1121	1136	1068	1044
07	19	12							857	964	1079	1121	1114	1089	1139	1139	1163	1157	1082
05	21	10						791	1011	1053	1120	1095	1100	1128	1108	1111	1158	1184	1078
03	25	6				801	982	1046	1080	1064	1139	1091	1101	1179	1114	1183	1195	1222	1092
01	29	2	—	871	918	995	1082	1132	1129	1159	1211	1200	1207	1145	1164	1141	979	782	1074
Ave.			—	871	918	898	1032	989	1019	1013	1097	1064	1107	1068	1082	1055	1028	1026	1043

			纤维直径/µm　Fiber diameter/µm															
DN	RN	HA	年轮生成树龄/年 Tree age during ring formation/a															Ave.
			1	3	5	7	9	11	13	15	17	19	21	23	25	27	29	31	
17	3	28															13	14	14
15	5	26														13	14	15	14
13	9	22												14	15	15	15	16	15
11	13	18										14	15	15	15	15	15	15	15
09	17	14								14	15	15	15	16	16	16	16	16	15
07	19	12							15	15	17	16	17	17	17	17	17	17	16
05	21	10						15	15	17	17	16	17	17	16	17	16	16	16
03	25	6				15	15	17	16	17	16	17	17	17	16	17	16	17	16
01	29	2	—	17	17	16	17	17	17	18	16	17	17	18	17	16	16	16	17
Ave.			—	17	17	15	16	16	16	16	16	16	16	16	16	16	16	16	16

续表

3　　树种 Tree species：巨尾桉 Eucalyptus grandis Hill ex Maiden × E. urophylla S. T. Blake

| DN | RN | HA | 纤维长度/μm Fiber length/μm | | | | | | 纤维直径/μm Fiber diameter/μm | | | | | |
| | | | 年轮生成树龄/年 Tree age during ring formation/a | | | | | Ave. | 年轮生成树龄/年 Tree age during ring formation/a | | | | | Ave. |
			1	3	5	7	9		1	3	5	7	9	
13	2	7.5				641[8]	686	663				14[8]	15	14
12	2	7				654[8]	747	701				14[8]	16	15
11	3	6				725	874	799				14	16	15
10	4	5			672[6]	771	1033	825			14[6]	16	17	15
09	5	4			699	817	1114	877			14	16	17	16
08	6	3		679[4]	734	1003	1139	889		14[4]	15	17	17	16
07	6	2.5		693[4]	795	1057	1141	921		15[4]	16	17	18	16
06	7	2		676	811	1091	1159	934		14	16	17	18	16
05	7	1.5		708	816	1117	1186	957		15	16	17	19	17
04	8	1	749[2]	845	1057	1133	1191	995	15[2]	15	17	18	18	17
03	8	0.73	684[2]	834	1086	1147	1241	998	19[2]	16	17	17	19	18
02	9	0.45	782	884	1139	1147	1225	1036	16	18	19	18	20	18
01	9	0.18	742	904	1030	1136	1241	1011	16	17	17	18	19	17
Ave.			739	778	884	957	1075	926	17	16	16	16	18	17

4　　树种 Tree species：米老排 Mytilaria laosensis H. Lec.

| DN | RN | HA | 纤维长度/μm Fiber length/μm | | | | | | | | | Ave. |
| | | | 年轮生成树龄/年 Tree age during ring formation/a | | | | | | | | | |
			2	3	5	7	9	11	13	15	17	
09	1	17									1501	1501
08	2	16								1638[16]	1730	1684
07	2	15								1526[16]	1777	1651
06	5	12							1670	1722	1787	1726
05	7	10						1620	1700	1700	1787	1702
04	10	7				1665[8]	1732	1749	1710	2007	2055	1820
03	12	5			1742[6]	1801	1841	1968	2032	2169	2199	1965
02	14	3		1710[4]	1831	1864	2012	2084	2084	2171	2280	2005
01	16	1	1449	1648	1960	2010	1980	2042	2062	2194	2223	1952
Ave.			1449	1679	1845	1835	1891	1893	1876	1891	1926	1783

| DN | RN | HA | 纤维直径/μm Fiber diameter/μm | | | | | | | | | Ave. |
| | | | 年轮生成树龄/年 Tree age during ring formation/a | | | | | | | | | |
			2	3	5	7	9	11	13	15	17	
09	1	17									29	29
08	2	16								26[16]	34	30
07	2	15								29[16]	33	31
06	5	12							30	35	34	33
05	7	10						31	33	34	35	33
04	10	7				32[8]	35	35	35	36	38	35
03	12	5			32[6]	34	36	37	37	36	37	36
02	14	3		32[4]	33	36	36	35	37	38	39	36
01	16	1	32	31	35	35	37	35	36	36	38	35
Ave.			32	32	33	35	36	34	35	34	35	33

续表

5			树种 Tree species：灰木莲 Manglietia glauca Bl.									
			纤维长度/μm　Fiber length/μm									
DN	RN	HA	年轮生成树龄/年　Tree age during ring formation/a									Ave.
			4	5	8	10	12	14	16	18	20	22	
08	6	16							1102[17]	1122	1285	1263	1193
07	7	15							1117	1216	1409	1402	1286
06	9	13						1171	1345	1439	1469	1524	1390
05	11	11					1216	1372	1434	1434	1469	1501	1404
04	13	9				1166	1387	1439	1469	1464	1481	1504	1416
03	15	7			1184	1283	1395	1467	1543	1407	1568	1583	1429
02	17	5		1186	1315	1437	1419	1471	1509	1504	1519	1593	1439
01	19	3	1213	1474	1489	1529	1553	1638	1551	1625	1675	1700	1545
	Ave.		1213	1330	1329	1354	1394	1426	1384	1401	1484	1509	1416

			纤维直径/μm　Fiber diameter/μm									
DN	RN	HA	年轮生成树龄/年　Tree age during ring formation/a									Ave.
			4	5	8	10	12	14	16	18	20	22	
08	6	16							23[17]	31	29	30	28
07	7	15							26	31	30	31	30
06	9	13						25	30	31	33	32	30
05	11	11					29	30	31	30	33	30	30
04	13	9				30	32	30	33	31	33	32	32
03	15	7			31	33	33	31	31	31	31	34	32
02	17	5		29	32	32	32	33	34	34	34	34	33
01	19	3	29	31	35	34	35	35	34	34	37	35	34
	Ave.		29	30	32	32	32	31	30	32	33	32	32

6			树种 Tree species：大叶相思 Acacia auriculaeformis A. Cunn. ex Benth.									
			纤维长度/μm　Fiber length/μm					纤维直径/μm　Fiber diameter/μm				
DN	RN	HA	年轮生成树龄/年 Tree age during ring formation/a				Ave.	年轮生成树龄/年 Tree age during ring formation/a				Ave.
			1	3	5	7		1	3	5	7	
09	1	6.9				399	399				19	19
08	1	6				445	445				25	25
07	2	5			482[6]	513	497			26[6]	27	27
06	3	4			513	760	636			26	26	26
05	4	3		639[4]	730	859	743		30[4]	27	25	27
04	5	2		617	902	961	826		27	25	20	24
03	6	1	539[2]	600	944	1001	771	29[2]	31	25	24	27
02	7	0.62	673	779	1015	994	866	29	28	25	25	27
01	7	0.25	663	997	1139	1139	984	26	25	25	21	24
	Ave.		625	726	818	786	763	28	28	26	24	26

7			树种 Tree species：火力楠 *Michelia macclurei* var. *sublanea* Dandy										
			纤维长度/μm　Fiber length/μm										
DN	RN	HA	年轮生成树龄/年　Tree age during ring formation/a										Ave.
			3	4	6	8	10	12	14	16	18	20	
12	1	20										541	541
11	1	19										852	852
10	2	18									792[19]	879	835
09	3	17									843	953	898
08	5	15								882	908	1003	931
07	7	13							890	975	1168	1183	1054
06	9	11						885	1026	1134	1283	1310	1128
05	12	8				897[9]	952	1038	1277	1362	1307	1337	1167
04	14	6			793[7]	923	1009	1124	1290	1380	1422	1436	1172
03	15	5			883	991	1060	1277	1359	1412	1389	1407	1222
02	16	4		914[5]	942	1008	1268	1330	1397	1417	1422	1436	1237
01	18	2	943	995	1124	1238	1337	1400	1364	1457	1482	1454	1279
	Ave.		943	955	936	1011	1125	1176	1229	1252	1202	1149	1146

			纤维直径/μm　Fiber diameter/μm										
DN	RN	HA	年轮生成树龄/年　Tree age during ring formation/a										Ave.
			3	4	6	8	10	12	14	16	18	20	
12	1	20										17	17
11	1	19										23	23
10	2	18									23[19]	24	23
09	3	17									22	23	23
08	5	15								24	24	25	24
07	7	13							23	25	24	26	25
06	9	11						24	25	26	24	26	25
05	12	8				25[9]	24	24	25	26	26	25	25
04	14	6			24[7]	24	24	24	24	25	26	26	25
03	15	5			25	25	25	26	26	25	27	27	26
02	16	4		26[5]	26	26	26	29	27	27	27	28	27
01	18	2	25	25	26	27	29	29	30	29	31	32	28
	Ave.		25	25	25	25	26	26	26	26	25	25	26

8			树种 Tree species：红锥 *Castanopsis hystrix* Miq.										
			纤维长度/μm　Fiber length/μm										
DN	RN	HA	年轮生成树龄/年　Tree age during ring formation/a										Ave.
			3	4	6	8	10	12	14	16	18	20	
11	2	18									766[19]	817	791
10	3	17								778	814	891	828
09	5	15								702	805	955	821
08	7	13							747	897	969	1054	917
07	9	11						783	893	966	979	1039	932
06	11	9					815	984	959	1077	1055	1035	987
05	13	7				756	851	927	978	1007	1024	1091	948
04	15	5			814	882	951	1044	1064	1161	1231	1224	1046
03	16	4		800[5]	817	902	1028	1050	1092	1095	1164	1211	1018
02	17	3		821	904	998	1089	1094	1110	1134	1191	1214	1062
01	18	2	830	896	990	1070	1181	1203	1228	1214	1249	1283	1115
	Ave.		830	839	881	922	986	1012	1009	1003	1022	1074	995

续表

8 树种 Tree species：红锥 *Castanopsis hystrix* Miq.

			纤维直径/μm Fiber diameter/μm										
DN	RN	HA	年轮生成树龄/年 Tree age during ring formation/a										Ave.
			3	4	6	8	10	12	14	16	18	20	
11	2	18									17[19]	16	16
10	3	17								17	18	18	17
09	5	15								17	18	19	18
08	7	13							16	20	20	21	19
07	9	11						18	19	21	21	21	20
06	11	9					19	20	21	20	21	22	21
05	13	7				19	20	21	22	24	23	23	22
04	15	5			18	21	21	22	23	24	24	24	22
03	16	4		18[5]	20	21	22	22	23	23	23	24	22
02	17	3		19	21	22	22	22	23	24	23	26	23
01	18	2	20	20	21	22	23	23	23	23	24	25	22
	Ave.		20	19	20	21	21	21	21	21	21	22	21

9 树种 Tree species：小叶栎 *Quercus chenii* Nakai

			纤维长度/μm Fiber length/μm												
DN	RN	HA	年轮生成树龄/年 Tree age during ring formation/a												Ave.
			4	7	10	13	16	19	22	25	28	31	34	37	40	
09	2	38.5													648	648
08	2	38												583[39]	727	655
07	4	36												665	945	805
06	8	32										675[33]	759	933	1032	850
05	12	28									705[29]	866	975	1104	1221	974
04	16	24								697	903	1072	1092	1218	1273	1043
03	24	16					754[17]	955	1117	1196	1273	1285	1280	1310	1360	1170
02	31	9				1057	1141	1136	1184	1231	1258	1318	1342	1390	1390	1245
01	37	3	747	1025	1067	1099	1273	1268	1295	1333	1320	1345	1352	1412	1429	1228
	Ave.		747	1025	1067	1078	1056	1120	1199	1114	1092	1093	1134	1077	1114	1097

			纤维直径/μm Fiber diameter/μm												
DN	RN	HA	年轮生成树龄/年 Tree age during ring formation/a												Ave.
			4	7	10	13	16	19	22	25	28	31	34	37	40	
09	2	38.5													12	12
08	2	38												12[39]	13	13
07	4	36												13	14	14
06	8	32										13[33]	14	16	16	15
05	12	28									13[29]	14	15	16	16	15
04	16	24								12	14	15	16	17	18	15
03	24	16					14[17]	15	16	17	17	18	19	19	19	17
02	31	9				15	16	17	17	17	18	19	20	20	20	18
01	37	3	14	15	15	17	18	18	18	18	19	19	20	20	20	18
	Ave.		14	15	15	16	16	17	17	16	16	16	17	17	17	17

续表

10 　　　　　树种 Tree species：栓皮栎 *Quercus variabilis* Bl.

纤维长度/μm　Fiber length/μm

DN	RN	HA	年轮生成树龄/年　Tree age during ring formation/a																	Ave.
			4	5	7	10	13	16	19	22	25	28	31	34	37	40	43	46	49	
10	2	46																	682	682
09	6	43															665[44]	854	943	821
08	10	39														814	916	1005	1030	941
07	21	28										638[29]	831	893	1037	1151	1169	1233	1295	1031
06	27	22								844[23]	968	1149	1211	1310	1318	1305	1248	1310	1337	1200
05	31	18							856	965	1236	1266	1328	1360	1360	1380	1352	1402	1452	1269
03	39	10				685[11]	943	1069	1278	1320	1345	1372	1427	1395	1417	1457	1424	1377	1447	1283
01	46	3	697	824	933	1154	1288	1345	1372	1400	1392	1504	1551	1529	1553	1608	1534	1610	1596	1346
Ave.			697	824	933	919	1115	1207	1169	1132	1235	1186	1269	1297	1337	1286	1187	1256	1223	1205

纤维直径/μm　Fiber diameter/μm

DN	RN	HA	年轮生成树龄/年　Tree age during ring formation/a																	Ave.
			4	5	7	10	13	16	19	22	25	28	31	34	37	40	43	46	49	
10	2	46																	14	14
09	6	43															14[44]	15	16	15
08	10	39														15	16	17	17	16
07	21	28										15[29]	16	16	17	18	19	19	19	17
06	27	22								16[23]	17	18	19	19	20	20	21	21	21	19
05	31	18							15	17	18	18	19	20	20	21	22	22	22	19
03	39	10				16[11]	18	18	18	19	20	20	21	22	22	22	22	22	22	20
01	46	3	15	15	16	18	19	19	—	21	21	22	21	22	22	22	22	23	23	20
Ave.			15	15	16	17	18	19	17	18	19	18	19	20	20	20	19	20	19	19

11 　　　　　树种 Tree species：山核桃 *Carya cathayensis* Sarg.

纤维长度/μm　Fiber length/μm

DN	RN	HA	年轮生成树龄/年　Tree age during ring formation/a													Ave.
			1	3	4	7	10	13	16	19	22	25	28	31	34	
03	26	8					659	953	1060	1219	1263	1221	1191	948	—	971
02	30	4				654	987	1040	1034	1214	1268	1194	1154	977	1045	982
01	32	2		672	737	777	1124	1077	1114	1219	1335	1203	1206	1159	1221	995
00	34	0	888	—	908	856	1006	1101	1054	1169	1246	1178	1184	995	1118	992
Ave.			888	672	822	763	944	1043	1065	1205	1278	1199	1184	1020	1128	986

纤维直径/μm　Fiber diameter/μm

DN	RN	HA	年轮生成树龄/年　Tree age during ring formation/a													Ave.
			1	3	4	7	10	13	16	19	22	25	28	31	34	
03	26	8					14	16	17	17	17	17	17	17	—	18
02	30	4				15	17	16	17	17	18	18	19	19	19	18
01	32	2		15	16	15	16	17	17	17	17	18	19	19	18	18
00	34	0	17	—	17	16	17	17	17	18	17	18	17	18	19	18
Ave.			17	15	16	16	16	17	17	17	17	18	18	18	19	18

续表

12　　　　　　　树种 Tree species：枫杨 *Pterocarya stenoptera* C. DC.

纤维长度/μm　Fiber length/μm

DN	RN	HA	年轮生成树龄/年　Tree age during ring formation/a												Ave.
---	---	---	4	5	8	11	14	17	20	23	26	29	32	35	
10	2	33												448	448
09	2	33											479[34]	537	508
08	3	32											468[33]	724	596
07	6	29										479	771	1021	757
06	8	27										500	859	1154	838
05	12	23								487	839	1091	1301	1375	1018
04	16	19							494	950	1129	1171	1380	1389	1086
03	21	14					499[15]	709	983	1038	1293	1340	1409	1566	1105
02	27	8			586[10]	801	866	1033	1340	1427	1484	1543	1618	1655	1235
01	32	3	547	635	780	921	1014	1061	1181	1211	1464	1491	1526	1556	1116
Ave.			547	635	683	861	793	934	1000	1022	1242	1088	1090	1142	1031

纤维直径/μm　Fiber diameter/μm

DN	RN	HA	年轮生成树龄/年　Tree age during ring formation/a												Ave.
---	---	---	4	5	8	11	14	17	20	23	26	29	32	35	
10	2	33												20	20
09	2	33											21[34]	21	21
08	3	32											22[33]	23	23
07	6	29										22	27	27	26
06	8	27										22	26	28	25
05	12	23								21	27	29	29	30	27
04	16	19							21	27	26	27	29	31	27
03	21	14					25[15]	27	29	28	32	32	32	31	29
02	27	8			15[10]	16	26	29	30	29	30	30	32	32	27
01	32	3	23	26	27	29	30	30	31	33	31	31	33	34	30
Ave.			23	26	21	22	27	29	28	28	29	28	28	28	27

注：DN—树茎自下向上取样的圆盘序数；RN—圆盘年轮数；HA—高生长树龄（年）；Ave.—平均值。取样圆盘的高生长树龄是它生成起始时的树龄，即树茎达到这一高度时的树龄。表中数据右上角方括号内的数字是圆盘由树皮向内邻近髓心逢双序数被测年轮的生成树龄。

Note: DN—Ordinal number of sampling disc that is from lower to upper in stem; RN—Ring number of sampling disc; HA—Tree age during height growth of sampling disc (a); Ave.—Average. Tree age of height growth of sampling disc is the tree age at the beginning of its formation, and also the tree age when the stem grows to attain the height. The number between square brackets at the upper right corner of data is the tree age when the ring measured was formed, which is located near pith and at even ring number from bark inward.

6 次生木质部构建中纤维形态的发育变化（Ⅱ）纤维直径

本章图示

本章表列

摘　要

本章以发育观点研究阔叶树次生木质部生命中构建的纤维直径变化。

发育观点研究阔叶树次生木质部纤维变化的理论依据是：①纤维具有程序性细胞生命过程，其不间断生成构成次生木质部的连续生命；②树茎两向生长的独立性使得在发育研究中，纤维在次生木质部中的生成时间要采用两向生长树龄，其中径向生长树龄与树木树龄数字相同，但时间概念的内涵不同；③在树茎两向生长树龄确定的位置上生成的纤维直径，是次生木质部发育过程变化中的即时性状。

研究纤维发育变化实验采取的必要措施：①在树茎中心板南向不同高度水平径向的逐个或奇数年轮上取样，这能满足测定数据回归处理取得两向生长树龄组合连续的结果；②要求测定精度能反映出次生木质部发育中纤维直径变化的差异。

测定数据处理的要求：用 4 种平面曲线图示纤维直径随树茎两向生长树龄的变化过程。

6.1　纤维直径的测定

直径与长度同为纤维的形态因子，但处于不同数量级使得它们须在不同放大倍数下测定。纤维长度测定用放大投影仪，纤维直径用显微镜。纤维直径和长度在同一共同切片上测出，但难以做到分别都在同一纤维上测定。对同一样品木材解离浆料采用随机测定，能保证符合可靠性要求。

测定纤维直径的取样和离析方法均与第 5 章纤维长度同。

阔叶树纤维不存在径、弦壁区别，只有一种直径。测定选在解离纤维的中间部位。

测定纤维直径所用显微镜目镜、物镜倍数分别为 10× 和 40×。12 种阔叶树纤维宽度测定用同台显微镜。

将接目测微尺（1mm：100 单位）放入显微镜的目镜中。直接读数是接目测微尺上的格数。直接读数的实际尺寸，等于直接读数与一系数相乘。

此系数在显微载物台上用接物标定尺（1mm：100 格）标定。经标定直接读数每小格实际尺寸为 2.24μm。

6.2 纤维直径发育变化在树种间的差别

6.2.1 全样树和生长鞘全高加权平均纤维直径

图 6-1 示 12 种阔叶树单株样树逐龄生长鞘全高平均纤维直径随树龄的发育变化。表 6-1 列出各树种全样树逐龄段纤维加权平均直径，并根据相比较的第一序龄段的纤维直径大小列序。

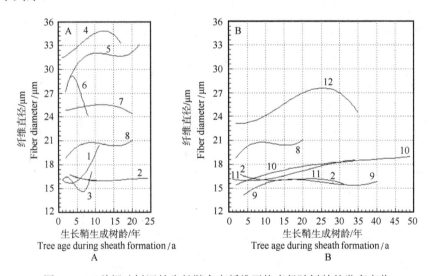

图 6-1 12 种阔叶树逐龄生长鞘全高纤维平均直径随树龄的发育变化

图中标注曲线的数字是树种序号，其间的对应关系与图 6-2 同

Figure 6-1　Developmental change of mean fiber diameter of the overall height of every successive growth sheath with tree age in individual sample trees of twelve angiospermous species

The numerical symbols of the curves in the figure represent a certain species respectively,

the corresponding relations between the numbers and the curves are the same as those shown in figure 6-2

对比表 5-1 和表 6-1，12 种阔叶树间纤维长度和直径大小序列中：①米老排、灰木莲纤维长、径均列前一、二位，表明这两树种长、径均大；②大叶相思纤维长度列短，但它的纤维直径跃位第三，表明它的纤维虽短，但纤维不窄；③三种桉树纤维长度位中，纤维直径也居中下。纤维长、径在树种间不存在必然的一致关系。

表 6-1　12 种阔叶树单株样树不同龄期全样树纤维加权平均直径

Table 6-1　Weighted average fiber diameter of the whole sample tree at different growth periods of twelve angiospermous sample trees

样树树种 Tree species	全样树纤维加权平均直径/μm Weighted average fiber diameter of the whole sample tree/μm									
米老排 *Mytilaria laosensis* H. Lec.	33.5[7]	34.2[9]	34.2[11]	34.4[17]						
灰木莲 *Manglietia glauca* Bl.	30.8[8]	31.3[10]	31.5[12]	31.0[16]	31.5[20]	31.6[22]				
大叶相思 *Acacia auriculaeformis* A. Cunn. ex Benth.	25.9[7]									
火力楠 *Michelia macclurei* var. *sublanea* Dandy	25.0[6]	25.0[8]	25.3[10]	25.7[16]	25.4[20]					
枫杨 *Pterocarya stenoptera* C. DC.	24.5[5]	22.8[8]	22.5[11]	24.0[14]	25.9[20]	26.4[23]	27.2[29]	27.3[32]	27.5[35]	
红锥 *Castanopsis hystrix* Miq.	19.6[6]	20.2[8]	20.4[10]	22.0[18]	22.0[20]					
尾叶桉 *Eucalyptus urophylla* S.T. Blake	16.3[7]	17.0[9]	17.6[11]							
巨尾桉 *Eucalyptus grandis* Hill ex Maiden × *E. urophylla* S. T. Blake	16.1[7]	16.6[9]								
柠檬桉 *Eucalyptus citriodora* Hook. f.	16.0[7]	16.0[9]	16.0[11]	16.0[17]	16.0[19]	16.0[21]	16.0[31]			
山核桃 *Carya cathayensis* Sarg.	16.0[7]	16.0[10]	16.3[13]	16.4[16]	16.5[19]	16.6[22]	17.0[31]	17.2[34]		
栓皮栎 *Quercus variabilis* Bl.	15.3[7]	16.0[10]	16.6[13]	17.1[16]	17.1[19]	17.3[22]	17.9[31]	18.3[34]	18.5[37]	18.7[40]	18.9[49]
小叶栎 *Quercus chenii* Nakai	14.5[7]	14.7[10]	15.2[13]	15.5[16]	15.9[19]	16.1[22]	16.6[31]	16.7[34]	16.7[37]	16.8[40]

注：本表各树种每栏数据都系全样树纤维加权平均直径，各数据龄期终止龄（根据附表 5-1）均用括号标注在其右上角；起始龄同自树茎出土。

Note: All the data in each column of each species in this table is the weighted average fiber diameter of the whole sample tree, and the expiry age of all the data (according to Appendix table 5-1) is all marked in parentheses on their upper right corner; the initial age is equal to the unearthed age of the stem.

表 6-1 示，12 种阔叶树中两种环孔材的纤维直径最小，三种桉树偏下，三种半散孔材居中上，四种散孔材位上。米老排和灰木莲纤维直径较小叶栎、栓皮栎大一倍。树种间纤维直径表现出的差别在随树龄的发育变化过程中具有稳定性。

6.2.2　不同树种各同一树龄生成的生长鞘纤维直径沿树高的变化

图 6-2 各分图按树龄分别示出 12 种阔叶树样树部分同一树龄生成的生长鞘纤维直径随高生长树龄发育变化的曲线。图 6-2 根据图示要求直接由测定的原始数据绘出，是最适合表达树种间同龄生长鞘发育差别的形式。

图 6-2 示，12 种阔叶树同龄生长鞘纤维直径随高生长树龄变化在各分图中的上、下位置关系保持未变。如这一位置关系与图 6-1 和表 5-1 所示有不符，则是由于取得它们的数学途径因表达主题不同而有差别造成。

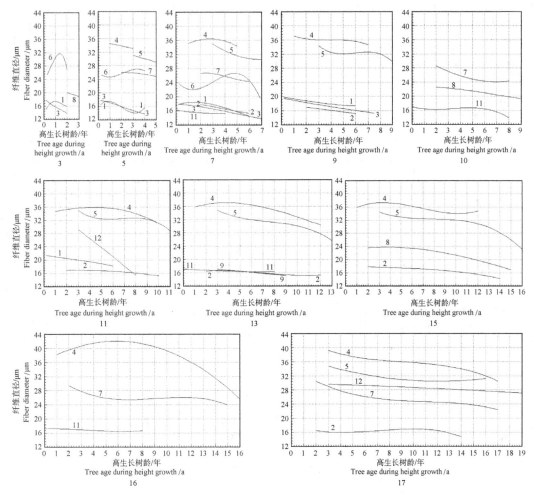

图 6-2　12 种阔叶树样树各同一树龄生成的生长鞘在纤维直径沿树高变化上的比较

各分图下的数字是不同树种样树同一树龄生长鞘的构建年份；图中曲线均为沿树高方向的变化；标注曲线的数字是树种序号，对应关系是：1—尾叶桉；2—柠檬桉；3—巨尾桉；4—米老排；5—灰木莲；6—大叶相思；7—火力楠；8—红锥；9—小叶栎；10—栓皮栎；11—山核桃；12—枫杨

Figure 6-2　Comparison on the developmental change of the fiber diameter along with the stem length among the growth sheaths formed at the same tree age in individual sample trees of twelve angiospermous species

The number under every subfigure is the year of tree age when the sheaths of sample tree of different species are elaborated at the same tree age; The curves in every subfigure show the change along with the stem length, the numerical symbols designated to them represent different species, their corresponding relations are as follows,

1—*Eucalyptus urophylla* S. T. Blake

2—*Eucalyptus citriodora* Hook. f.

3—*Eucalyptus grandis* Hill ex Maiden × *E. urophylla* S. T. Blake

4—*Mytilaria laosensis* H. Lec.

5—*Manglietia glauca* Bl.

6—*Acacia auriculaeformis* A. Cunn. ex Benth.

7—*Michelia macclurei* var. *sublanea* Dandy

8—*Castanopsis hystrix* Miq.

9—*Quercus chenii* Nakai

10—*Quercus variabilis* Bl.

11—*Carya cathayensis* Sarg.

12—*Pterocarya stenoptera* C. DC.

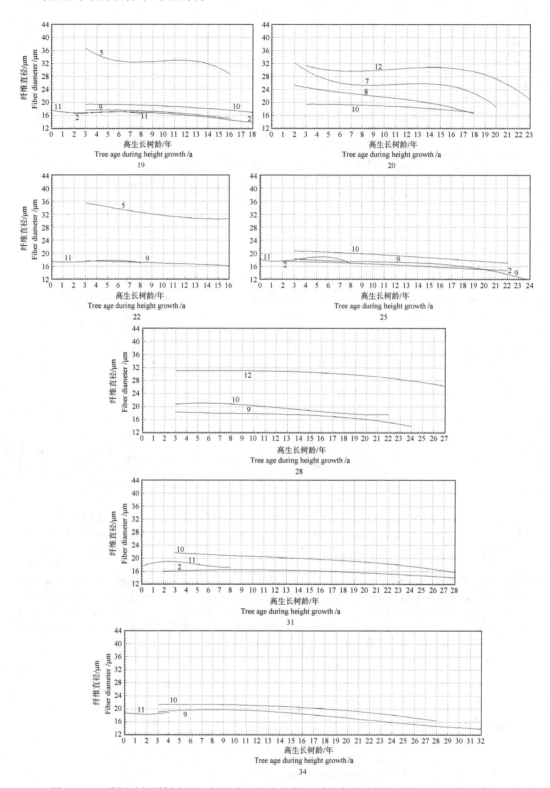

图 6-2　12种阔叶树样树各同一树龄生成的生长鞘在纤维直径沿树高变化上的比较（续）

Figure 6-2　Comparison on the developmental change of the fiber diameter along with the stem length among the growth sheaths formed at the same tree age in individual sample trees of twelve angiospermous species (continued)

6.3　纤维直径发育变化的遗传控制

6.3.1　12 种阔叶树纤维直径发育变化的共同表现

　　图 6-3 示 12 种阔叶树单株样树纤维宽度发育变化 A、B、C 三类平面曲线组图示。对部分树种 B、C 两类曲线组进行了拆分。

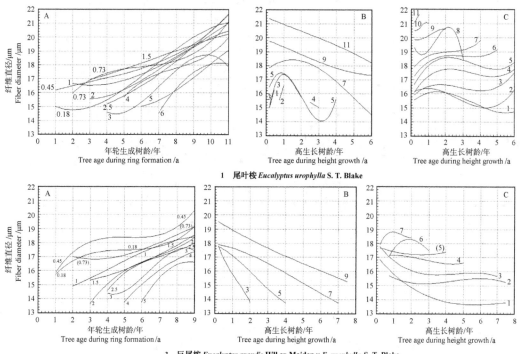

1　尾叶桉 *Eucalyptus urophylla* **S. T. Blake**

3　巨尾桉 *Eucalyptus grandis* **Hill ex Maiden** × *E. urophylla* **S. T. Blake**

图 6-3　12 种阔叶树单株样树次生木质部构建中纤维直径的发育变化

A—同一样树不同高度逐龄年轮的径向变化（标注分图 A 中曲线的数字，是树茎生长达各取样圆盘高度时的树龄，即各圆盘生成起始时的树龄）

B—上述同一样树各年生长鞘随高生长树龄的变化（标注分图 B 中曲线的数字，是各年生长鞘生成时的树龄）

C—上述同一样树不同高度、相同离髓心年轮数、异鞘年轮间的有序变化（标注分图 C 中曲线的数字，是离髓心年轮数，曲线示沿树高方向的变化）

Figure 6-3　Developmental change of the fiber diameter during secondary xylem elaboration (formation) in individual sample trees of twelve angiospermous species

Subfigure A—Radial change of successive rings at different heights in the same sample tree. (The numerical symbol in subfigure A is the tree age when the stem grows to attain the height of each sample disc, and also the tree age at the beginning of the disc formation.)

Subfigure B—The change of every successive growth sheath along with the stem length in the same above sample tree. (The numerical symbol in subfigure B is the tree age during every growth sheath formation.)

Subfigure C—The change among the rings in different sheaths, but with the same ring number from pith and at different heights in the same above sample tree. (The numerical symbol in subfigure C is the ring number from pith and the curves show the change along with the stem length.)

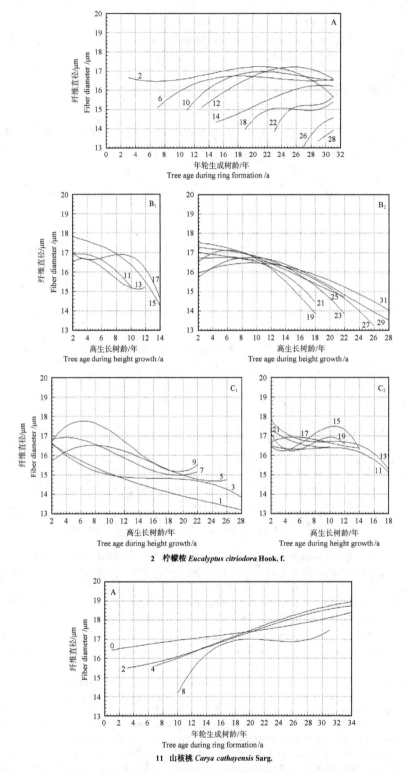

2　柠檬桉 *Eucalyptus citriodora* Hook. f.

11　山核桃 *Carya cathayensis* Sarg.

图 6-3　12 种阔叶树单株样树次生木质部构建中纤维直径的发育变化（续Ⅰ）

Figure 6-3　Developmental change of the fiber diameter during secondary xylem elaboration (formation) in individual sample trees of twelve angiospermous species (Continued Ⅰ)

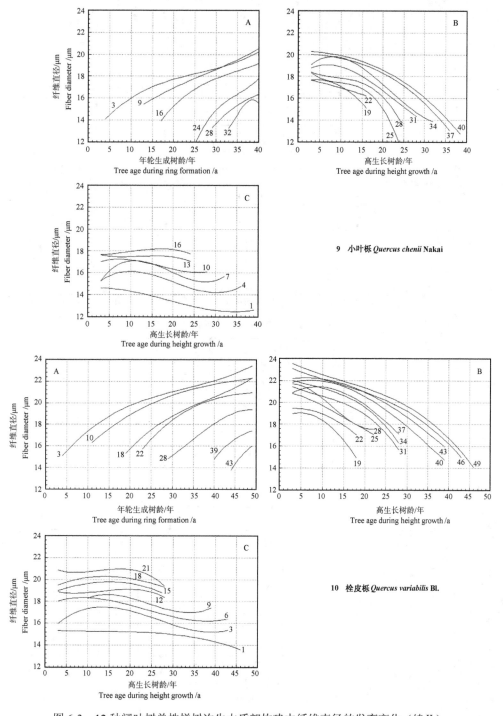

9 小叶栎 *Quercus chenii* Nakai

10 栓皮栎 *Quercus variabilis* Bl.

图 6-3 12 种阔叶树单株样树次生木质部构建中纤维直径的发育变化（续Ⅱ）

Figure 6-3 Developmental change of the fiber diameter during secondary xylem elaboration (formation) in individual sample trees of twelve angiospermous species (Continued Ⅱ)

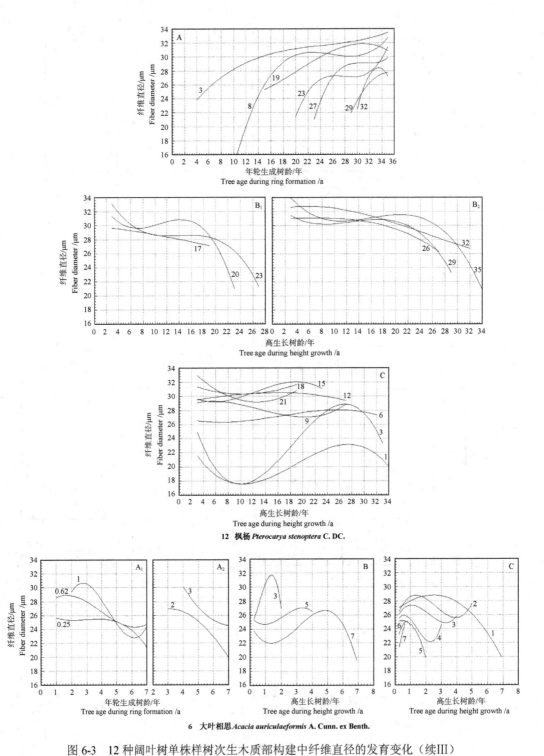

12 枫杨 *Pterocarya stenoptera* C. DC.

6 大叶相思 *Acacia auriculaeformis* A. Cunn. ex Benth.

图 6-3　12 种阔叶树单株样树次生木质部构建中纤维直径的发育变化（续Ⅲ）

Figure 6-3　Developmental change of the fiber diameter during secondary xylem elaboration (formation) in individual sample trees of twelve angiospermous species (Continued Ⅲ)

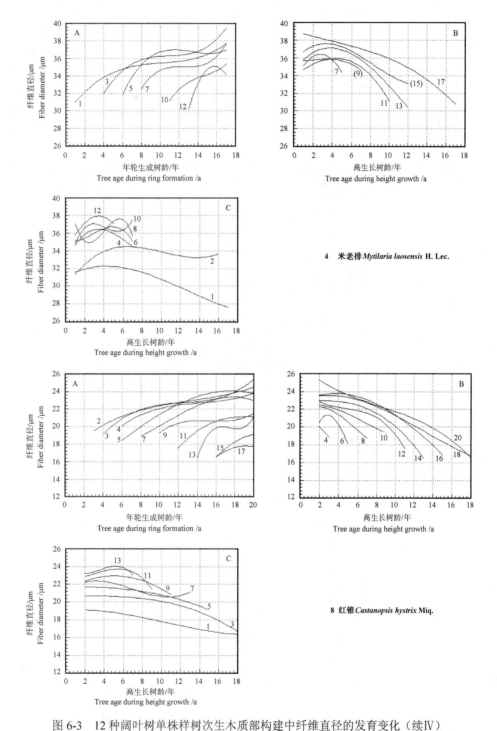

4 米老排 *Mytilaria laosensis* H. Lec.

8 红锥 *Castanopsis hystrix* Miq.

图 6-3　12 种阔叶树单株样树次生木质部构建中纤维直径的发育变化（续Ⅳ）

Figure 6-3　Developmental change of the fiber diameter during secondary xylem elaboration (formation) in individual sample trees of twelve angiospermous species (Continued Ⅳ)

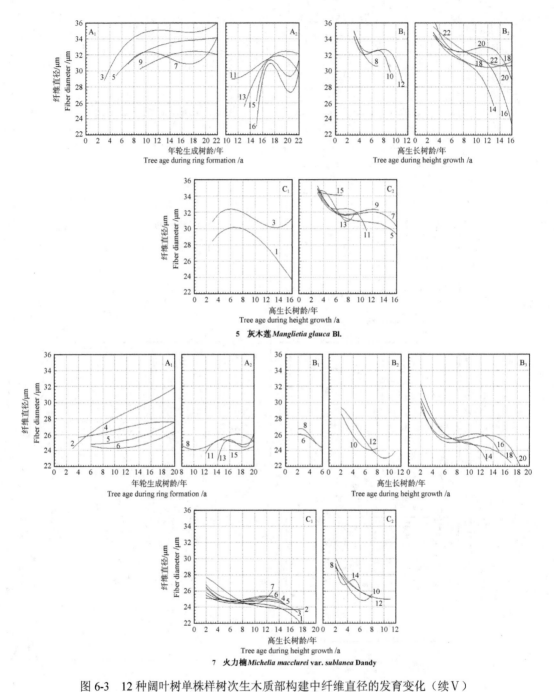

5 灰木莲 *Manglietia glauca* **Bl.**

7 火力楠 *Michelia macclurei* **var.** *sublanea* **Dandy**

图 6-3 12 种阔叶树单株样树次生木质部构建中纤维直径的发育变化（续 V）

Figure 6-3 Developmental change of the fiber diameter during secondary xylem elaboration (formation) in individual sample trees of twelve angiospermous species (Continued Ⅴ)

A 曲线组中，12 种阔叶树的共同表现：①同一样树不同高度逐龄年轮纤维直径径向发育变化曲线在图中的高度位置随高生长树龄而下移，表明纤维直径沿树茎高度（随高生长树龄）减小，但大叶相思是其中仅一例外，它们纤维直径随树茎高度增大；②图中曲线间距由左下开阔向右上靠拢，表明同一生长鞘不同高度间纤维直径的差异随其径向生长树龄减小。

B 类曲线组中，12 种阔叶树的共同表现：①同一样树各年生长鞘随高生长树龄发育变化曲线在图中的高度位置随生长鞘径向生长树龄而上移，表明纤维直径增大，仅大叶相思例外；②图中曲线间距由左靠拢向右离散，表明不同树龄生长鞘间纤维直径的差异随高生长树龄增大。

C 类曲线组中，12 种阔叶树的共同表现：①同一样树不同高度、相同离髓心年轮数、异鞘年轮间纤维直径有序差异曲线随其离髓心年轮数而上移，表明纤维直径增大，大叶相思例外；②不同树种 C 图各条曲线纤维直径变化幅度有大、中、小的区别；曲线间纤维直径的变化随离髓心年轮数有显增或减弱之分。小叶栎和栓皮栎在 12 种样树中高生长慢，它们 C 图中纤维直径的变化幅度小，并随离髓心年轮数变化减弱；尾叶桉、巨尾杂交桉和大叶相思高生长快，它们 C 图中纤维宽度的变化幅度大。但不能把样树生长快、慢确定为变化差别产生的因素。因高生长速度与树种有关，只有在同一树种不同高生长速度的测定中，才能确定高生长速度对发育的影响。

6.3.2 12 种阔叶树纤维直径发育变化的遗传控制

附表 5-1 示 12 种阔叶树次生木质部纤维直径随两向生长树龄（树茎不同高、径位置）发育变化均显著较纤维长度变化率小。

图 6-1、图 6-2 示，次生木质部纤维直径随两向生长树龄的变化曲线在不同树种间不存在无序的交叉，并一直保持着稳定的差别状态。

图 6-3 示，不同树种各同一分图多条曲线呈现着变化的共同趋势性，并相间有律。它们分别由原始测定数据直接绘出。不同树种的这一表现只能在遗传控制下发生。

6.4 结 论

不同阔叶树种单株内次生木质部纤维直径随两向生长树龄的变化符合遗传特征的要求。它们的共同表现是水平径向随径向生成树龄稍有增大和高向随高生长树龄稍有减小，但变化量均小。

次生木质部纤维直径在 12 种阔叶树间有可达一倍的较大差别。而 12 种阔叶树纤维直径在发育变化中的大小序列却几无改变。

7 次生木质部纤维形态的发育变化（Ⅲ）纤维长径比

摘　要

本章将纤维长径比列为次生木质部发育研究的一个性状指标。

纤维长径比由长度和直径测定结果计算而得。由两发育性状经数学运算确定的第三指标，在生物生命过程中必然同样呈现遗传控制的程序性变化。第三指标具有同等发育研究学术价值。

7.1　纤维长径比发育变化在树种间的差别

纤维长、径和长径比的发育都是树茎在遗传控制下随两向生长逐龄生成的细胞形态因子发生变化的表现。纤维长径比具有树种的遗传稳定性。同时也要看到，繁殖细胞遗传物质中的突变具有随机性，发育过程的形成有随机成分。树木演化呈树枝状分叉，进化途中营养器官数量性状并非按意识中的理想途径进行，但自然选择下形成的发育过程必然符合适应要求。生物演化是长历史时代间发生的事态。生物发育受遗传控制才使它具有学术价值。研究树种间纤维形态的关系，可以考虑它们的演化，但在发育研究中不拘泥于演化，因尚存在突变的随机性作用。

表 7-1 依据 12 种阔叶树测定的树茎生长鞘全高纤维平均长径比大小排序，树种间纤维平均长径比差别明显，大、小间约达 2.4 倍。

表 7-1 示 12 种阔叶树中，大叶相思和枫杨纤维长度小、直径大，纤维长径比小；小叶栎和柠檬桉纤维长度大、直径小，纤维长径比大。树种纤维长径比的大小不能完全依靠纤维长度和直径的排序来确定。山核桃纤维长、径在 12 树种中同列第 11 位，但它的长径比却列第二位；米老排和灰木莲纤维长、径在 12 树种中分别列第一、第二位，但它们的纤维长径比均居中位。

　　3 种桉树相比，柠檬桉的初始生长鞘纤维长径比较尾叶桉和巨尾桉高，但而后的变化率却明显低于后两树种。

　　图 7-1 示 12 种阔叶树单株样树逐龄生长鞘全高纤维平均长径比随树龄的发育变化。

表 7-1　12 种阔叶树单株样树逐龄生长鞘全高纤维平均长径比
Table 7-1　Mean L/D of fiber of the overall height of every successive growth sheath with tree age in individual sample trees of twelve angiospermous species

纤维平均长径比 Mean L/D of fiber — 取样年轮生成树龄 Formation age of sample rings

树种 Tree species	1 / 2	3 / 4	5 / 6	7 / 8	9 / 10	11 / 12	13 / 14	15 / 16	17 / 18	19 / 20	21 / 22
小叶栎 *Quercus chenii* Nakai		53.36		68.33	71.13		67.38	66.00		65.88	70.53
山核桃 *Carya cathayensis* Sarg.	52.24	44.83 / 51.38		47.69	59.00		61.35	62.65		70.88	75.18
柠檬桉 *Eucalyptus citriodora* Hook. f.		51.24	54.00	59.87	64.50	61.80	63.69	63.31	68.56	66.50	69.19
栓皮栎 *Quercus variabilis* Bl.		46.47	54.93	58.31	54.06		61.94	63.53		68.76	62.89
米老排 *Mytilaria laosensis* H. Lec.	45.28	52.49	55.91	52.43	52.53	55.68	53.60	55.62	55.03		
巨尾桉 *Eucalyptus grandis* Hill ex Maiden × *E. urophylla* S. T. Blake	43.47	48.63	55.25	59.81	59.72						
尾叶桉 *Eucalyptus urophylla* S. T. Blake	42.63	53.69	61.44	65.18	62.26	60.05					
灰木莲 *Manglietia glauca* Bl.		41.83	44.33	41.53	42.31	43.56	46.00	46.13	43.78	44.97	47.16
红锥 *Castanopsis hystrix* Miq.		41.50 / 44.15	44.05	43.90	46.95	48.19	48.05	47.76	48.67	48.82	
火力楠 *Michelia macclurei* var. *sublanea* Dandy		37.72 / 38.20	37.04	40.44	45.00	45.23	47.27	48.15	48.08	45.96	
枫杨 *Pterocarya stenoptera* C. DC.		23.78	24.42	32.52		39.14	29.37		32.21	35.71	
大叶相思 *Acacia auriculaeformis* A. Cunn. ex Benth.	22.32	25.93	31.46	32.75							

纤维平均长径比 Mean L/D of fiber — 取样年轮生成树龄 Formation age of sample rings

树种 Tree species	23 / 24	25 / 26	27 / 28	29 / 30	31 / 32	33 / 34	35 / 36	37 / 38	39 / 40	43 / 44	45 / 46	49
小叶栎 *Quercus chenii* Nakai		69.63 / 68.25			68.31 / 66.71			63.35	65.53			
山核桃 *Carya cathayensis* Sarg.		66.61 / 66.78			56.67 / 59.37							
柠檬桉 *Eucalyptus citriodora* Hook. f.	66.75	67.63	65.94	64.25	64.13							
栓皮栎 *Quercus variabilis* Bl.		65.00 / 65.89			66.79	63.35		66.85	64.30	62.43	62.80	64.39
枫杨 *Pterocarya stenoptera* C. DC.	36.50	42.83		38.85	38.93		40.79					

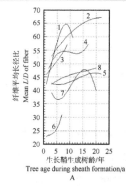
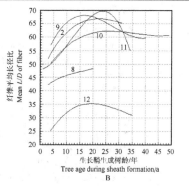

图 7-1　12 种阔叶树单株样树逐龄生长鞘全高纤维平均长径比随树龄的发育变化
图中标注曲线的数字是树种序号，其间的对应关系与图 7-2 同

Figure 7-1　Developmental change of the mean L/D of fiber of the overall height of every successive growth sheath with tree age in individual sample trees of twelve angiospermous species
The numerical symbols of curve in the figure represent a certain species respectively, the corresponding relations between them are the same as those shown in figure 7-2

图 7-2 示不同树种在相同树龄生成的生长鞘纤维长径比沿树高的发育变化。

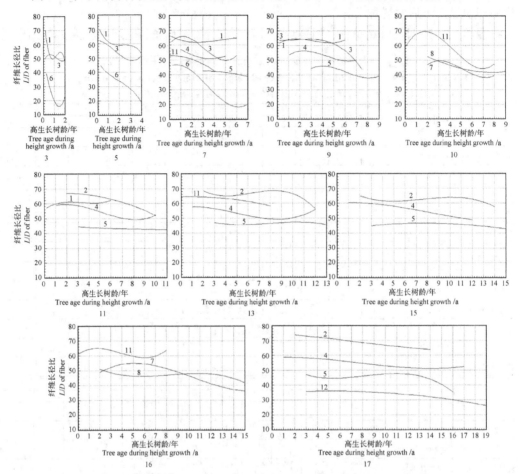

图 7-2 12 种阔叶树单株样树各同一树龄生成的生长鞘在纤维长径比沿树高变化上的比较

各分图下的数字是不同树种单株样树同一树龄生长鞘的构建年份；图中曲线均为沿树高方向的变化；标注曲线的数字是树种序号，对应关系是：1—尾叶桉；2—柠檬桉；3—巨尾桉；4—米老排；5—灰木莲；6—大叶相思；7—火力楠；8—红锥；9—小叶栎；10—栓皮栎；11—山核桃；12—枫杨

Figure 7-2　Comparison on the developmental change of the *L/D* of fiber along with the stem length among the growth sheaths formed at the same tree age in individual sample trees of twelve angiospermous species

The number under each subfigure is the year of tree age when the sheaths of sample tree of different species are elaborated in the same tree age; The curves in each subfigure show the change along with the stem length, and the numerical symbols designated to them represent different species; their corresponding relations are as follows,

1—*Eucalyptus urophylla* S. T. Blake

2—*Eucalyptus citriodora* Hook. f.

3—*Eucalyptus grandis* Hill ex Maiden × *E. urophylla* S. T. Blake

4—*Mytilaria laosensis* H. Lec.

5—*Manglietia glauca* Bl.

6—*Acacia auriculaeformis* A. Cunn. ex Benth.

7—*Michelia macclurei* var. *sublanea* Dandy

8—*Castanopsis hystrix* Miq.

9—*Quercus chenii* Nakai

10—*Quercus variabilis* Bl.

11—*Carya cathayensis* Sarg.

12—*Pterocarya stenoptera* C. DC.

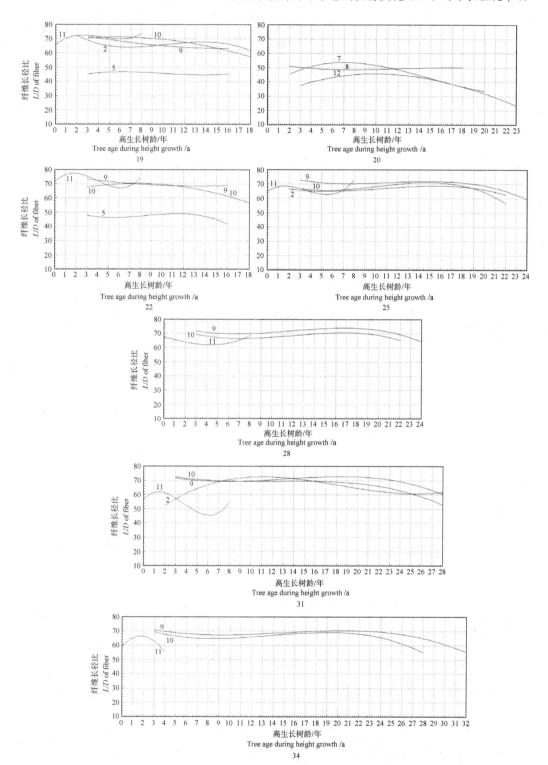

图 7-2　12 种阔叶树单株样树各同一树龄生成的生长鞘在纤维长径比沿树高变化上的比较（续）

Figure 7-2　Comparison on the developmental change of the *L/D* of fiber along with the stem length among the growth sheaths formed at the same tree age in individual sample trees of twelve angiospermous species (Continued)

7.2　12 种阔叶树纤维长径比发育的共同表现

12 种阔叶树单株内纤维长径比发育变化的共同总趋势：图 7-3 中，各树种 A 分图示同一高生长树龄年轮纤维长径比随径向生成树龄呈增大趋势；各曲线在图中的高度差别，

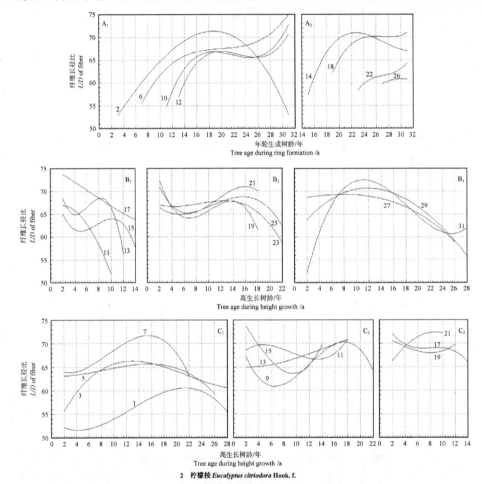

2　柠檬桉 *Eucalyptus citriodora* Hook. f.

图 7-3　12 种阔叶树单株样树次生木质部构建中纤维长径比的发育变化

A—同一样树不同高度逐龄年轮的径向变化（标注分图 A 中曲线的数字，是树茎生长达各取样圆盘高度时的树龄，即各圆盘生成起始时的树龄）

B—上述同一样树各年生长鞘随高生长鞘龄的变化（标注分图 B 中曲线的数字，是各年生长鞘生成时的树龄）

C—上述同一样树不同高度、相同离髓心年轮数、异鞘年轮间的有序变化（标注分图 C 中曲线的数字，是离髓心年轮数，曲线示沿树高方向的变化）

Figure 7-3　Developmental change of the *L/D* of fiber during secondary xylem elaboration (formation) in individual sample trees of twelve angiospermous species

Subfigure A—Radial change of successive rings at different heights in the same sample tree. (The numerical symbol in subfigure A is the tree age (a) when the stem grows to attain the height of each sample disc, and also the tree age (a) at the beginning of the disc formation.)

Subfigure B—The change of each successive growth sheath along with the stem length in the same above sample tree. (The numerical symbol in subfigure B is the tree age (a) during the growth sheath formation.)

Subfigure C—The change among rings in different sheaths, but with the same ring number from pith and at different heights in the same above sample tree. (The numerical symbol in subfigure C is the ring number from pith and the curves show the change along with the stem length.)

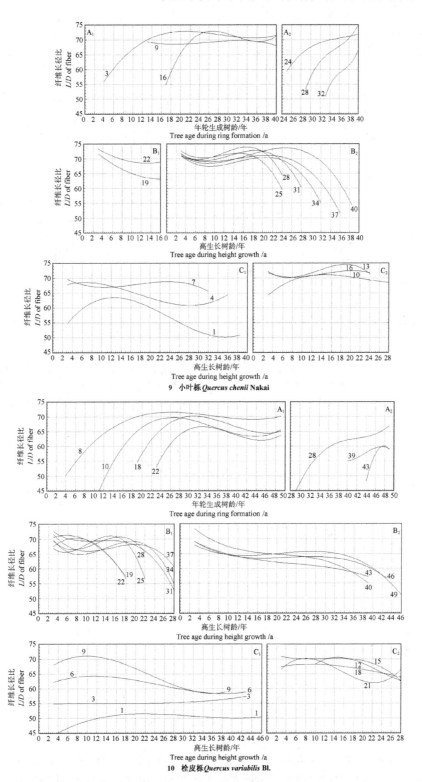

图 7-3　12 种阔叶树单株样树次生木质部构建中纤维长径比的发育变化（续Ⅰ）

Figure 7-3　Developmental change of the *L/D* of fiber during secondary xylem elaboration (formation) in individual sample trees of twelve angiospermous species (Continued Ⅰ)

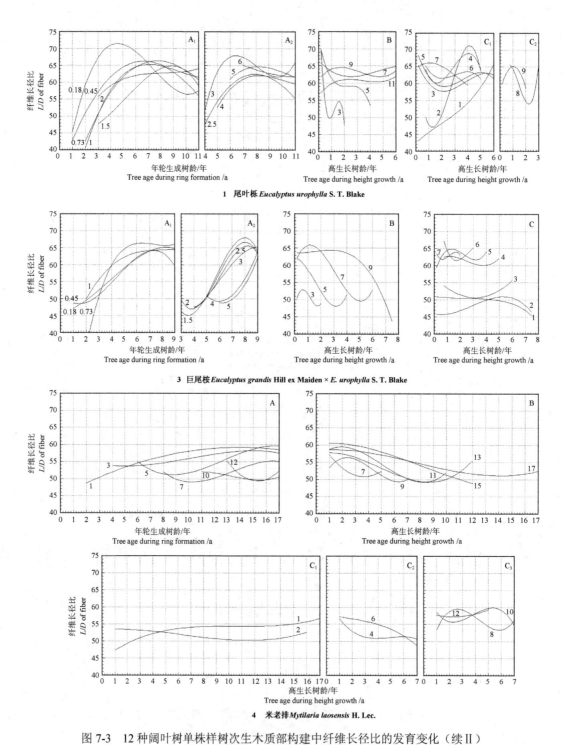

图 7-3　12 种阔叶树单株样树次生木质部构建中纤维长径比的发育变化（续 II）

Figure 7-3　Developmental change of the *L/D* of fiber during secondary xylem elaboration (formation) in individual sample trees of twelve angiospermous species (Continued II)

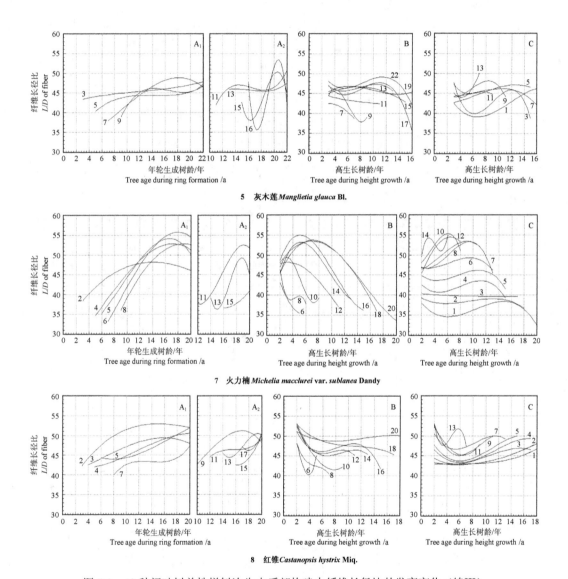

图 7-3 12 种阔叶树单株样树次生木质部构建中纤维长径比的发育变化（续Ⅲ）

Figure 7-3 Developmental change of the *L/D* of fiber during secondary xylem elaboration (formation) in individual sample trees of twelve angiospermous species (Continued Ⅲ)

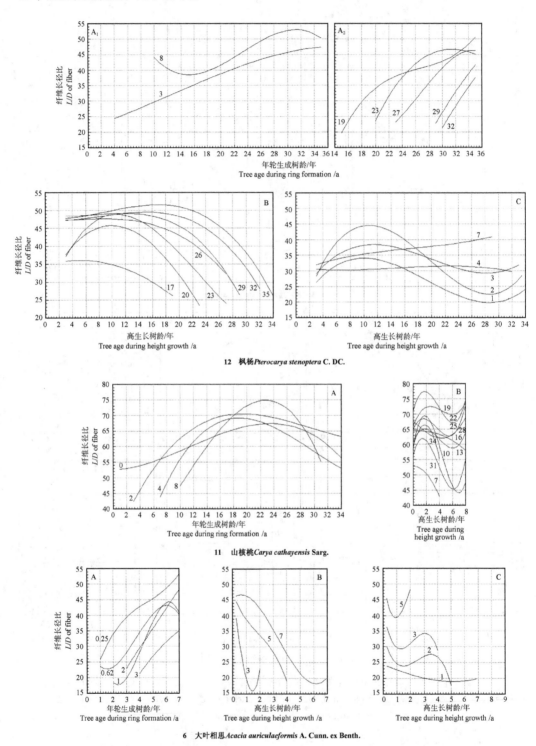

12　枫杨*Pterocarya stenoptera* C. DC.

11　山核桃*Carya cathayensis* Sarg.

6　大叶相思*Acacia auriculaeformis* A. Cunn. ex Benth.

图 7-3　12 种阔叶树单株样树次生木质部构建中纤维长径比的发育变化（续Ⅳ）

Figure 7-3　Developmental change of the *L/D* of fiber during secondary xylem elaboration (formation) in individual sample trees of twelve angiospermous species (Continued Ⅳ)

表明纤维长径比随树茎高生长减小。B 分图示各龄生长鞘纤维长径比随其径向生成树龄增大；各龄生长鞘纤维长径比沿树高的变化呈向下倾斜的∽形。C 分图示相同离髓心年轮数、不同高度年轮纤维长径比随离髓心年轮数增大；随树高生长呈∽或～形。

阔叶树单株内纤维长径比的发育变化在总趋势下尚表现出树种特征：

树种	A 分图：不同高度逐龄年轮纤维长径比的发育变化曲线	
	不同高度径向的变化表现	不同高度曲线的位置关系
柠檬桉（尾叶桉、红锥相仿）	2 年生高度横截面，纤维长径比在径向生长 20 龄时，由增大转为减小 6 年、10 年、12 年生高度纤维长径比，除径向生长 18～26 龄段变化平缓外，其他各龄均增大 14 年生以上高度，纤维长径比均保持增大	除 2 年生高度曲线下降段落外，2 龄、8 龄和 12 龄曲线高度位置逐条下移；但 14 龄、18 龄曲线高度位置上抬，其后的曲线位置再转降
	B 分图，不同树龄生长鞘沿树高的发育变化与 A 分图匹配。各龄生长鞘纤维长径比曲线表现的变化趋势是∽形，先降低，后稍增高，再转为降低	
巨尾桉（大叶相思相仿）	各高度横截面纤维长径比随径向生长树龄均呈增大。曲线前大部变化率大，后转缓	高生长树龄 1 年生以下曲线较一年生稍有增高，而后依生成先后降低
	B 分图不同树龄生长鞘沿树高的发育变化与 A 分图匹配，各龄生长鞘曲线表现的变化趋势是～形，纤维长径比先稍升，后为降，再转增	
小叶栎（栓皮栎相仿）	不同高度纤维长径比随径向生成树龄均显著增大；3 龄、9 龄、16 龄生成高度在径向生长树龄 24 龄后转平缓	不同高度纤维长径比径向变化曲线的位置随高生长树龄逐下移，表明纤维长径比减小
	B 分图各龄生长鞘的发育变化趋势是弱∽形，先稍降，后转为平缓，再转稍降	
火力楠（灰木莲相仿）	2 年生高度纤维长径比随径向生长树龄增大，较早转缓；向上各曲线随径向生长树龄保持增大	2 年生高度曲线前 1/2 区段在折弯后居其他高度曲线之下；其他各曲线随高生长树龄依序下移
	B 分图各龄生长鞘沿树高的发育变化趋势是⌒形，先稍增，后转降	
枫杨（山核桃相仿）	不同高度纤维长径比均随径向生成树龄显著增大	8 年生高度曲线位于 3 年生之上，表明纤维长径比在 3～8 年生高度间随高生长树龄稍有增大，而后曲线位置随高生长树龄依序下移
	B 分图各龄生长鞘沿树高的发育变化趋势是抛物线形。但早龄生长鞘下半部有增高，而后生成的生长鞘下半部为缓平	
米老排	除 1 年生高度曲线外，其他各高度纤维长径比随径向生长树龄的变化均呈（‿形）先稍降而后缓升的浅洼谷状	各条曲线位置随高生长树龄依序下移，表明纤维长径比减小
	B 分图各龄生长鞘沿树高的发育变化趋势是（‿形）浅洼谷状	

发育变化与生命时间区段有关。上述各树种样树的采伐树龄不同，其表现的特征在各树种间不能进行简单比较。

7.3 阔叶树纤维长径比发育的遗传控制

图 7-1、图 7-2 和表 7-1 示，12 种阔叶树纤维长径比的发育变化在树种间有较显著的稳定差别；不同树种单株内纤维长径比的变化与树种间的差别稳定性只能在遗传控制下产生。

图 7-3 示 12 种阔叶树单株内纤维长径比发育变化的三种剖视平面曲线组。同一图示中多条曲线在呈现趋势中并表现出变化的程序性。个体性状随生命时间的程序性变化和在种内个体间的相似性都只能在遗传控制下发生。

7.4 结　　论

阔叶树单株内树茎中纤维长径比的变化在树种间有稳定差别；在单株内随两向生长树龄的变化具有遗传控制的表现。纤维长径比和纤维长、径在发育研究上的学术性状意义等同。

阔叶树纤维长径比发育变化的共同趋势是，随高生长树龄减小，随径向生长树龄增大。

8 次生木质部构建中导管细胞形态的发育变化

摘 要

本章以发育观点研究阔叶树次生木质部生命中构建的导管细胞形态变化。

导管是由一连串轴向细胞末端和末端顺木材纹理相连而成的管状组织。导管细胞末端壁以无隔膜的孔洞相通。只有阔叶树次生木质部导管具有这种细胞相通状态。导管约占阔叶树木材体积的 1/5。

阔叶树导管横截面为孔状，是肉眼和放大镜下唯一可见的细胞。导管细胞经数月生命期后自然成为相通管状组织中的环节，木材科学把它称为导管分子（vessel element）。细胞形态在细胞生命中生成。本章研究次生木质部构建中发生在生命细胞间的形态变化，宜把 vessel element 仍称作导管细胞（vessel cell）。

导管细胞与一般木材细胞一样都要经历细胞生命过程。导管细胞自形成层原始细胞分裂产生后，直径明显增大；在达最大尺寸后开始生成次生壁和其上未加厚的凹陷（纹孔）；在原生质体消失之前，由酶的作用使导管细胞端部的薄壁分解，留下穿孔。植物学研究导管的共性细胞生命过程（程序性细胞死亡，PCD），其中变化的性质属次生木质部发育中细胞层次发育。

本章研究单株内次生木质部构建中，发生在连续生成的生命导管细胞间的形态差异。其中，其变化的性质属生物体细胞和组织层次的发育。导管细胞形态在树种间的差别有穿孔、纹孔、螺纹加厚和形状（细胞长度和直径）等。本章重点研究表现在单株内导管细胞长度和直径上的形态发育变化。

8.1　取样、样品制备、测定和图示方式

8.1.1　取样

取样是决定取得次生木质部发育研究结果的关键因素。

12 种阔叶树中三种半散孔材年轮内导管直径离差大，在导管细胞形态因子测定中未列入。两种环孔材（小叶栎、栓皮栎）不同高度各年轮样品分别取自它们的晚材部位。

尾叶桉、巨尾桉和大叶相思导管细胞形态因子在样树中心板南向多个高度逐数间隔年轮上取样。

米老排、灰木莲、火力楠、柠檬桉、小叶栎和栓皮栎六树种导管细胞形态因子测定在样树中心板南向不同高度最外和邻近髓心的各两年轮上取样。这是受制于工作量而采取的测定方式。不同高度最外两年轮，实际分别位于样树采伐前两年生成的生长鞘上，而邻近髓心的不同高度两年轮是相同离髓心年轮数、不同高度异鞘年轮间的关系。树茎同一高度最外和邻近髓心两年轮是水平径向的两极端位置。由它们可察出各高度水平径向的发育变化趋势。

8.1.2　样品制备

九种阔叶树导管细胞形态与纤维形态测定样品浆料共用，制备过程完全相同。

8.1.3　测定

以导管细胞两端壁穿孔中心位置距离为它的长度；导管直径不区分方向，测定导管两纵壁间距。

测定每一取样样品的 50 个导管细胞长度和直径。全部测定采用 Stein 两阶段取样法在显微镜下进行。测定导管细胞长度和直径所用显微镜目镜、物镜倍数，三种桉树都分别为 10× 和 4×；灰木莲导管细胞长度为 10× 或 4×，直径为 10× 或 8×；其他五树种导管细胞长度和直径测定用目镜、物镜倍数分别同为 10× 和 8×。

测定九种导管细胞长度和直径用同一台显微镜。目镜内置 1∶100 显微尺。直接读数用移动接物尺（1mm∶100 格）标定。目镜、物镜倍数 10×4× 直接读数每小格实际尺寸为 25.16μm；10× 和 8× 为 13.33μm。

九种阔叶树导管细胞长度、宽度测定试样 327 个，不计补测的确定观察读数 32 700 次。

8.1.4　图示方式

单株样树中心板南向多个高度逐数间隔年轮取样，测定结果以四类平面曲线（组）方式进行图示（图 8-1～图 8-3），并将曲线较多的 A 图进行了拆分。

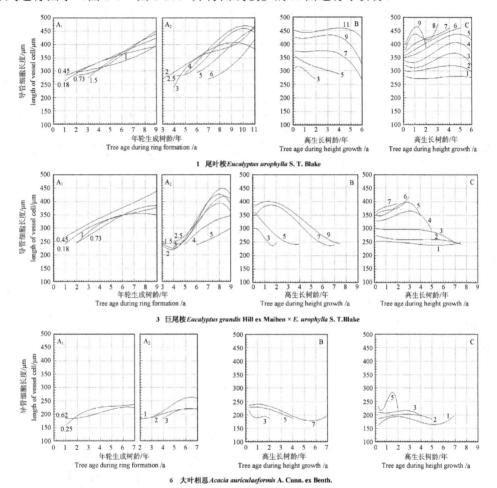

图 8-1　三种阔叶树单株样树次生木质部构建中导管细胞长度的发育变化

A—同一样树不同高度逐龄年轮的径向变化（标注分图 A 中曲线的数字，是树茎生长达各取样圆盘高度时的树龄，即各圆盘生成起始时的树龄）

B—同一上述样树逐龄生长鞘随高生长树龄的变化（标注分图 B 中曲线的数字，是各年生长鞘生成时的树龄）

C—同一上述样树不同高度、相同离髓心年轮数、异鞘年轮间的有序变化（标注分图 C 中曲线的数字，是离髓心年轮数。曲线系沿树高方向的变化）

Figure 8-1　Developmental change of the vessel cell length during secondary xylem elaboration (formation) in individual sample trees of three angiospermous species

Subfigure A—Radial change of successive rings at different heights in the same sample tree. (The numerical symbol in subfigure A is the tree age (a) when the stem grows to attain the height of each sample disc, and also the tree age (a) at the beginning of the disc formation.)

Subfigure B—The change of each successive growth sheath along with the stem length in the same above sample tree. (The numerical symbol in subfigure B is the tree age (a) during the growth sheath formation.)

Subfigure C—The change among rings in different sheaths, but with the same ring number from pith and at different heights in the same above sample tree. (The numerical symbol in subfigure C is the ring number from pith, and the curves show the change along with the stem length.)

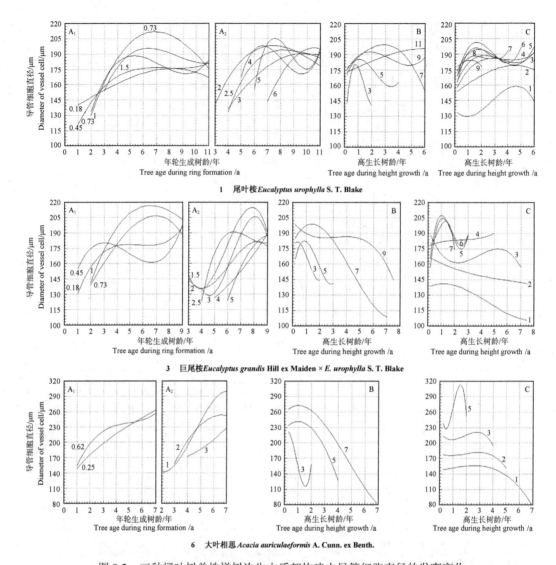

图 8-2　三种阔叶树单株样树次生木质部构建中导管细胞直径的发育变化

A—同一样树不同高度逐龄年轮的径向变化（标注分图 A 中曲线的数字，是树茎生长达各取样圆盘高度时的树龄，即各圆盘生成起始时的树龄）

B—同一上述样树逐龄生长鞘随高生长树龄的变化（标注分图 B 中曲线的数字，是各年生长鞘生成时的树龄）

C—同一上述样树不同高度、相同离髓心年轮数、异鞘年轮间的有序变化（标注分图 C 中曲线的数字，是离髓心年轮数。曲线示沿树高方向的变化）

Figure 8-2　Developmental change of the vessel cell diameter during secondary xylem elaboration (formation) in individual sample trees of three angiospermous species

Subfigure A—Radial change of successive rings at different heights in the same sample tree. (The numerical symbol in subfigure A is the tree age (a) when the stem grows to attain the height of each sample disc, and also the tree age (a) at the beginning of the disc formation.)

Subfigure B—The change of each successive growth sheath along with the stem length in the same above sample tree. (The numerical symbol in subfigure B is the tree age (a) during the growth sheath formation.)

Subfigure C—The change among rings in different sheaths, but with the same ring number from pith and at different heights in the same above sample tree. (The numerical symbol in subfigure C is the ring number from pith, and the curves show the change along with the stem length.)

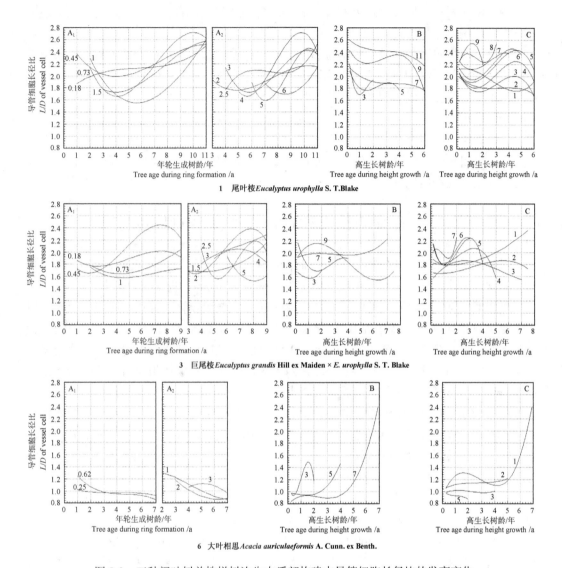

图 8-3　三种阔叶树单株样树次生木质部构建中导管细胞长径比的发育变化

A—同一样树不同高度逐龄年轮的径向变化（标注分图 A 中曲线的数字，是树茎生长达取样圆盘高度时的树龄，即各圆盘生成起始时的树龄）

B—同一上述样树逐龄生长鞘随高生长树龄的变化（标注分图 B 中曲线的数字，是各年生长鞘生成时的树龄）

C—同一上述样树不同高度、相同离髓心年轮数、异鞘年轮间的有序变化（标注分图 C 中曲线的数字，是离髓心年轮数。曲线示沿树高方向的变化）

Figure 8-3　Developmental change of the *L/D* of vessel cell during secondary xylem elaboration (formation) in individual sample trees of three angiospermous species

Subfigure A—Radial change of successive rings at different heights in the same sample tree. (The numerical symbol in subfigure A is the tree age (a) when the stem grows to attain the height of each sample disc, and also the tree age (a) at the beginning of the disc formation.)

Subfigure B—The change of each successive growth sheath along with the stem length in the same above sample tree. (The numerical symbol in subfigure B is the tree age (a) during the growth sheath formation.)

Subfigure C—The change among rings in different sheaths, but with the same ring number from pith and at different heights in the same above sample tree. (The numerical symbol in subfigure C is the ring number from pith, and the curves show the change along with the stem length.)

样树中心板在不同高度最外和邻近髓心的各两年轮上取样，测定结果图示在下述两种方式中选用。

（1）如样树同一高度最外年轮与邻近髓心间导管细胞长度和直径的差别小，避免它们沿树高变化的曲线相隔太近或交错，将同一样树最外生长鞘和邻近髓心异鞘年轮细胞形态因子发育变化曲线分别在两图中绘出（图 8-4）。内或外同一部位形态三因子长、径和长径比同列一图。

（2）如样树各同一取样位点导管长度和宽度差别大，将同一样树导管细胞形态三因子（长、径和长径比）发育变化曲线分别绘出（图 8-5）。同一形态因子最外生长鞘和邻近髓心异鞘年轮曲线同列一图中。

8.2 导管细胞长度和直径发育变化的共同趋势

图 8-1、图 8-2 用三种平面示出了三种阔叶树单株内导管细胞长度和直径随两向生长树龄的发育变化。其他六树种上述性状的发育变化在图 8-4、图 8-5 中示出。

图 8-4 将同一样树采伐前两年分别生成的同一生长鞘导管细胞长、径和长径比沿树高的变化与不同高度、离髓心第一（first）和第二（second）年轮数、异鞘年轮间差异的变化曲线分别绘于 A、B 两分图。A、B 两分图纵坐标尺度范围相同，但表达的变化在样树中发生的位置不同。只能在 A、B 两图对比中才能看出在相同高生长树龄下，导管细胞长度、直径和长径比的径向变化趋势。

图 8-5 为适应同一样树导管细胞长度和直径发育变化两曲线纵坐标尺度范围差别较大，而将同一样树导管细胞长度、直径和长径比的变化在图 8-5 分别绘于三个分图。这样，在同一分图能观察出相同高生长树龄条件下导管细胞同一形态因子的径向变化趋势。图 8-5 与图 8-4 表达效果完全相同。

图 8-4、图 8-5 表明，九种阔叶树导管细胞长度和直径随两向生长树龄变化的共同趋势是随径向生长树龄增大，随高生长树龄减小。

图 8-1、图 8-2C 示三种阔叶树同一样树不同高度、相同离髓心年轮数、异鞘年轮间导管细胞长度和直径的差异变化。不同离髓心年轮数曲线随高生长树龄变化的共同趋势是先有增大后转减小，同一高生长树龄导管细胞长度和直径随离髓心年轮数增大。

九种阔叶树只有在拥有共同的单株遗传控制条件下，导管细胞长度和直径才有可能具有相似发育变化趋势。

8.3 导管细胞长径比的发育变化

图 8-3 尾叶桉、巨尾桉（A）示导管细胞长径比随径向生长树龄的变化呈下弯后升（∽）；B 示不同树龄生长鞘导管细胞长径比随高生长树龄先减后升，并随径向生长树龄增大；C 示不同高度、相同离髓心年轮数、异鞘年轮间导管细胞长径比沿树高的差异变化呈∽，差异随离髓心年轮数增大。

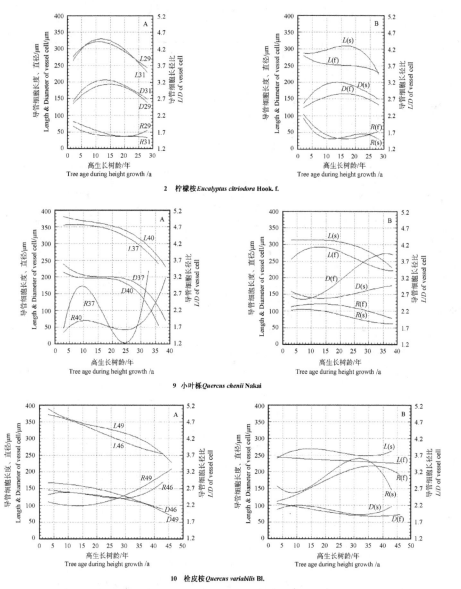

2 柠檬桉 *Eucalyptus citriodora* Hook. f.

9 小叶栎 *Quercus chenii* Nakai

10 栓皮栎 *Quercus variabilis* Bl.

图 8-4　三种阔叶树单株样树次生木质部构建中导管细胞形态因子（长、径和长径比）的发育变化

A—树茎外侧生长鞘沿树高方向的变化（*L*、*D*、*R* 三组曲线分别代表长、径和长径比，其后的数字是生长鞘生成时的树龄）

B—树茎内侧不同高度、相同离髓心取样序数、异鞘年轮间的有序变化（*L*、*D*、*R* 三组曲线的标注意义与 A 图相同，但其后括号内的 f（first）或 s（second）分别代表离髓心向外的取样序号。）单个样品在横截面上均为沿径向的全年轮。不同高度圆盘取样序号 f 均同为自髓心的第 1 年轮，但 f 与 s 两序号相隔的年轮数在不同高度间并不都相等，其中部分是相近。附表 8-1 列出各取样年轮生成时的树龄。

Figure 8-4　Developmental changes of the morphological factors (length, diameter and *L/D* of vessel cell during secondary xylem elaboration in individual sample trees of three angiospermous species

Subfigure A—The change of the outermost two sheaths along with the stem length. (Length, diameter and *L/D* are represented by *L*, *D* and *R* respectively, and the number behind them is the tree age during the sheath formation.)

Subfigure B—The systematic change among rings in different sheaths, but with the same ordinal number of sampling from pith and at different heights. (The notes for *L*, *D* and *R* is the same as those shown in subfigure A, but f (first) or s (second) in brackets behind them is the ordinal number of sampling position from pith.) A single sample is a whole ring radially in cross section. The rings with the ordinal number of "f" in discs at different heights are all the first ring from pith, but the ring numbers of the interval between the "f" ring and the "s" one at different heights are not equal while part of them is approximate. Appendix table 8-1 lists the tree age when every sampling ring formed.

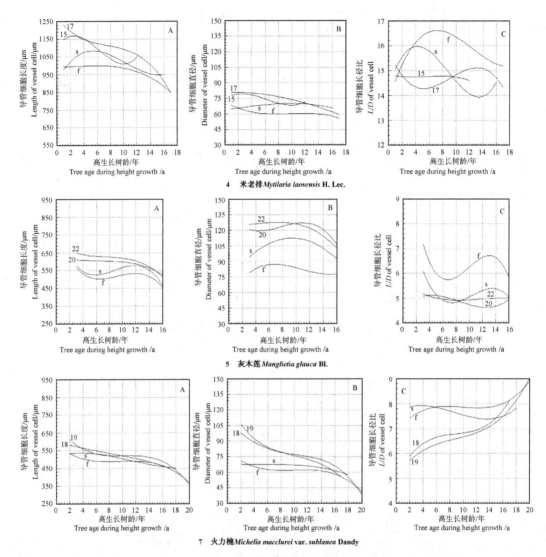

图 8-5 三种阔叶树单株样树次生木质部构建中导管细胞形态因子的发育变化

A—导管细胞长度；B—导管细胞直径；C—导管细胞长径比

图中仅具有数字的两曲线是树茎外围两生长鞘沿树高方向的变化，其数字是生长鞘生成时的树龄；图中具有 f、s 标注的另两曲线是树茎中心部位不同高度、相同离髓心向外的取样序号，是异鞘年轮间的有序变化。单个样品在横截面上均为沿径向全年轮。不同高度圆盘取样序数 f（first）都为自髓心的第 1 年轮，但 f 与 s（second）两序数相隔的年轮数在不同高度并不完全相等，其中部分间仅相近。附表 8-1 列出各取样年轮生成时的树龄

Figure 8-5 Developmental changes of the morphological factors of vessel cell during secondary xylem elaboration in individual sample tree of three angiospermous species

Subfigure A—length of vessel cell; Subfigure B—diameter of it; Subfigure C—ratio (L/D) of it.

The two curves only with numerical sign in the figure express the change of the outmost two sheaths along with the stem length, and the number is the tree age when the sheath formed. The other two curves with "f" or "s" sign show the systematic change among rings in different sheaths, but with the same ordinal number of sampling from pith and at different heights. A single sample is a whole ring radially in cross section. The rings with the ordinal number of "f" in discs at different heights are the first ring from pith, but the ring numbers of the interval between the "f" ring and the "s" one are not equal totally at different heights, while part of them is approximate. Appendix table 8-1 lists the tree age when every sampling ring formed.

图 8-3 大叶相思（A）示不同高度导管细胞长径比随径向生成树龄均呈稍减的变化；B 示不同树龄生长鞘导管细胞长径比随高生长树龄先缓降后转增；C 示不同高度、第 1 序离髓心年轮数、异鞘年轮间导管细胞长宽比沿树高的变化呈～，第 2 序缓升，向外第 3、第 5 序转为缓降，差异随离髓心年轮数减小。

图 8-4A 示柠檬桉、小叶桉和栓皮栎三树种样树各两 R（ratio）符号曲线是采伐前两年生长鞘导管细胞长径比随高生长树龄的变化，其中小叶桉变化呈～，栓皮栎经缓降后转增大；柠檬桉一直缓降。图 8-4B 示柠檬桉和小叶桉不同高度、相同离髓心年轮数、异鞘年轮间导管细胞长径比沿树高的变化均缓降，栓皮栎呈先升后降。

图 8-5C 示米老排、灰木莲和火力楠样树采伐前两年生长鞘导管细胞长径比随高生长树龄的变化和各同一样树中不同高度、相同离髓心第 1（first）、第 2（second）序年轮间沿树高的变化走向分别相同；同一高度导管细胞长径比随径向生成树龄减小。

8.4 逐龄生长鞘全高导管细胞平均长度、直径和长径比的发育变化

逐龄生长鞘全高性状平均值是一种表达次生木质部发育性状随两向生长树龄变化较简单的方式。

图 8-6 示尾叶桉、巨尾桉和大叶相思三树种样树各年生长鞘全高平均导管细胞长度（A 分图）、直径（B）和长径比（C）随生长鞘生成树龄的变化。导管细胞长度和直径均随生成树龄增大，但三树种生长鞘全高平均导管细胞长径比的变化都在前期有一明显洼谷。

附表 8-1 示其他六种阔叶树树茎最初生成的中心部位与采伐前两年生长鞘全高导管细胞平均长度和直径的差异。可以估计，在它们各自采伐树龄前的生长鞘全高导管细胞平均长度和直径随树龄的变化趋势为增大；这一趋势在采伐前两年间仍保持，除火力楠外均呈后一年略大于前一年。

8.5 导管细胞形态因子发育变化在树种间的差别

8.5.1 胸高（1.30m）邻髓心年轮导管细胞长、径和长径比

不同树龄样树胸高邻靠髓心年轮是树茎 1.30m 处次生木质部初始年份生成，它们的高、径生成树龄近于相同。这一取样年轮的导管细胞形态因子测定结果可在不同树种的不同样树间进行比较。

表 8-1 示树茎胸高次生木质部初始生成的导管细胞形态因子在树种间表现出较大差别。

8.5.2 导管细胞形态因子发育变化过程在树种间的差别

附表 8-1 示，尾叶桉第 1 龄生长鞘全高平均导管细胞长度较巨尾桉大 9.06%；这一

性状大小间的差别在 1～9 龄期一直保持着，在第 9 龄时相差增至 18.29%。图 8-6A 示尾叶桉导管细胞长度随生长鞘生成树龄发育变化曲线上扬程度高于巨尾桉。数字和图示都表明尾叶桉导管细胞长度的发育变化趋势与巨尾桉相同，但幅度高于巨尾桉。

图 8-6 示尾叶桉、巨尾桉和大叶相思三树种样树生长鞘全高导管细胞长、径和长径比随生成树龄变化间存在相似的总趋势，但细察会发现它们间同时具有变化中的差别。

图 8-4 与 8-5 纵坐标取值范围不同，表明六个树种中三树种与另三树种的变化范围有较大差别；同一类型图三树种发育曲线的位置高低还有不同。这些发育变化曲线的总趋势相同，但同时存在着差别。

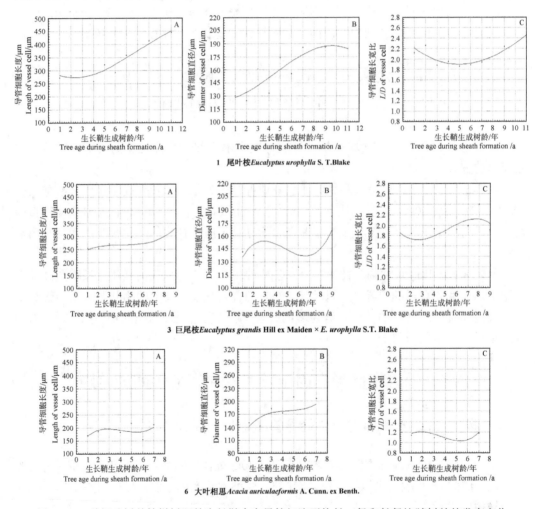

图 8-6　三种阔叶树单株样树逐龄生长鞘全高导管细胞平均长、径和长径比随树龄的发育变化

A—导管细胞长度；B—导管细胞直径；C—导管细胞长径比

Figure 8-6　Developmental changes of the mean vessel cell length, diameter and the *L/D* of vessel cell of the overall height of every successive growth sheath with tree age in individual sample trees of three angiospermous species

Subfigure A—length of vessel cell; Subfigure B—diameter of vessel cell; Subfigure C—*L/D* of vessel cell

表 8-1　胸高邻髓心年轮导管细胞长、径和长径比
Table 8-1　Vessel cell length, diameter and *L/D* of the ring next to the pith at the breast height

类别 Class	树种 Tree species		导管细胞形态因子 Morphological factors of vessel cell		
	目名 Order name	种名 Species name	长度/μm length/μm	直径/μm diameter/μm	长径比 *L/D*
第一类 The first class	金缕梅目 Hamamelidales	米老排 *Mytilaria laosensis* H. Lec.	982	69	14.23
	木兰目 Magnoliales	灰木莲 *Manglietia glauca* Bl.	564	79	7.14
		火力楠 *Michelia macclurei* var. *sublanea* Dandy	516	69	7.48
第二类 The second class	桃金娘目 Myrtales	柠檬桉 *Eucalyptus citriodora* Hook. f.	278	134	2.07
		尾叶桉 *Eucalyptus urophylla* S. T. Blake	263	143	1.84
		巨尾桉 *Eucalyptus grandis* Hill ex Maiden × *E. urophylla* S. T. Blake	243	128	1.90
	壳斗目 Balanopsidales	小叶栎 *Quercus chenii* Nakai	250	104	2.40
		栓皮栎 *Quercus variabilis* Bl.	243	183	1.33
第三类 The third class	豆目 Fabales	大叶相思 *Acacia auriculaeformis* A. Cunn. ex Benth.	157	153	1.03

8.6　导管细胞形态因子发育变化的遗传控制和演化

8.6.1　遗传控制的表现

图 8-1～图 8-3 示三种阔叶树单株内导管细胞长、径和长径比随树茎两向生长树龄变化具有程序性特征。这些是个体内发育变化受遗传控制的必然表现。

图 8-1～图 8-5 和附表 8-1 示，导管细胞长、径和长径的发育变化趋势在阔叶树间相似。阔叶树同在被子植物木本支，阔叶树种次生木质部发育变化呈现类同趋势表明其中存在着共同的遗传控制因素。

图 8-4A 和图 8-5 中具数字标志的两曲线示，同一样树采伐前两生长鞘导管细胞长度和直径随生成树龄的变化趋势相同，两曲线并非常邻近。图 8-1～图 8-6 同示，不同阔叶树种导管细胞形态因子的发育数量变化分别具有树种特征的差别范围。

8.6.2　演化现象

Hutchinson 系统的系统树中木本演化由木兰目初始，桃金娘目（本项目三种桉树散孔材）紧位于后五桠果目开始的一分支段落顶端，豆目（散孔材大叶相思）是紧接五桠果目后蔷薇目的一独立分支。

在这一系统树中，本项目实验树种所属另三目与木兰目演化序列是，木兰目（灰木莲和火力楠散孔材）→金缕梅目（米老排散孔材）→壳斗目（小叶栎和栓皮栎环孔材）→胡桃目（山核桃和枫杨半散孔材）。

表 8-1 示，米老排、灰木莲和火力楠导管细胞长度和长宽比在九种阔叶树种中列前三位。这非偶然，它们在分类上属木兰目和金缕梅目。大叶相思导管细胞长度最短、长宽比最小，它属进化树上一独立分支。三种桉树和两种栎树导管细胞形态数量因子在同属树种间彼此接近。导管细胞形态因子的上述演化关系与阔叶树纤维长、宽的表现一致。

8.7　结　　论

导管细胞形态数量因子是阔叶树次生木质部发育性状。

单株样树内次生木质部导管细胞长度、直径和长径比随两向生长树龄的变化呈程序性。导管细胞形态因子的发育变化过程在树种间保持着相对稳定的差别状态。这些都是遗传控制的表现。

由实验的九种阔叶树导管细胞形态因子数量的差别能觉察出它们间在次生木质部结构中存在的演化线索。

附表 8-1 9 种阔叶树单株样树不同高度部分年轮的导管细胞长度和直径（μm）

Appendix table 8-1 Vessel cell length and its diameter of partial rings at different heights in individual sample trees of nine angiospermous species

1 树种 Tree species：尾叶桉 *Eucalyptus urophylla* S. T. Blake [1]

DN	RN	HA	导管细胞长度/μm Vessel cell length/μm						Ave.	导管细胞直径/μm Vessel cell diameter/μm						Ave.
			年轮生成树龄/年 Tree age during ring formation/a							年轮生成树龄/年 Tree age during ring formation/a						
			1	3	5	7	9	11		1	3	5	7	9	11	
11	5	6				269	319	418	335				143	186	195	175
10	6	5			293[6]	319	398	460	368			155[6]	201	186	196	185
09	7	4			290	381	455	462	397			167	197	174	193	183
08	8	3		247[4]	292	386	383	473	356		140[4]	146	185	186	187	169
07	8	2.5		270[4]	317	327	462	442	364		127[4]	176	178	201	187	174
06	9	2		274	313	391	398	385	352		141	184	198	194	178	179
05	9	1.5		276	332	409	433	469	384		155	188	198	184	182	181
04	10	1	283[2]	322	325	325	420	451	354	120[2]	184	184	218	203	175	180
03	10	0.73	279[2]	301	321	396	451	482	372	130[2]	173	179	187	169	184	170
02	11	0.45	283	313	364	372	435	454	370	117	172	161	175	184	178	165
01	11	0.18	263	315	351	371	396	416	352	143	142	185	163	177	167	163
Ave.			277	290	320	359	414	447	365	127	154	172	186	186	184	174

2 树种 Tree species：柠檬桉 *Eucalyptus citriodora* Hook. [2]

DN	RN	HA	导管细胞长度/μm Vessel cell length/μm				Ave.	导管细胞直径/μm Vessel cell diameter/μm				Ave.
			自髓心向外取样年轮序号 Order of sampling ring from pith to outside		年轮生成树龄/年 Tree age during ring formation/a			自髓心向外取样年轮序号 Order of sampling ring from pith to outside		年轮生成树龄/年 Tree age during ring formation/a		
			first	second	29	31		first	second	29	31	
17	3	28	231[29]	223[31]	231	223	227	134[29]	150[31]	134	150	142
15	5	26	238[23]	262[29]	262	261	256	141[23]	159[29]	159	158	154
13	9	22	239[19]	287[25]	307	277	278	159[19]	177[25]	186	183	176
11	13	18	267[17]	311[21]	283	307	292	164[17]	202[21]	168	194	182
09	17	14	241[15]	320[17]	314	345	305	164[15]	201[17]	201	214	195
07	19	12	254[13]	289[15]	306	312	290	169[13]	190[15]	211	208	194
05	21	10	251[11]	297[13]	316	331	298	152[11]	190[13]	173	192	177
03	25	6	269[7]	293[9]	345	313	305	143[7]	186[9]	164	188	170
01	29	2	278[3]	286[5]	261	264	272	124[3]	132[5]	136	140	133
Ave.			252	285	292	292	280	150	176	170	181	169

续表

3　树种 Tree species：巨尾桉 *Eucalyptus grandis* Hill ex Maiden × *E. urophylla* S. T. Blake

DN	RN	HA	导管细胞长度/µm　Vessel cell length/µm					Ave.	导管细胞直径/µm　Vessel cell diameter/µm					Ave.
			年轮生成树龄/年 Tree age during ring formation/a						年轮生成树龄/年 Tree age during ring formation/a					
			1	3	5	7	9		1	3	5	7	9	
13	2	7.5				247[8]	245	246				103[8]	146	125
12	2	7				244	259	252				111	156	134
11	3	6				243	250	247				109	174	142
10	4	5			238[6]	255	301	265			124[6]	156	188	156
09	5	4			240	313	346	300			127	153	189	156
08	6	3		245[4]	255	398	426	331		135[4]	132	189	186	160
07	6	2.5		253[4]	271	369	363	314		123[4]	171	189	181	166
06	7	2		243	261	398	387	322		145	142	172	177	159
05	7	1.5		252	254	373	409	322		149	150	206	191	174
04	8	1	258[2]	252	368	335	354	314	141[2]	175	208	217	203	189
03	8	0.73	248[2]	268	326	366	385	319	135[2]	172	183	213	187	178
02	9	0.45	264	324	344	404	437	355	155	181	169	162	198	173
01	9	0.18	243	290	352	347	379	322	128	181	164	188	193	171
Ave.			254	266	291	330	350	310	140	158	157	167	182	165

4　树种 Tree species：米老排 *Mytilaria laosensis* H. Lec.

DN	RN	HA	导管细胞长度/µm　Vessel cell length/µm				Ave.	导管细胞直径/µm　Vessel cell diameter/µm				Ave.
			自髓心向外取样年轮序号 Order of sampling ring from pith to outside		年轮生成树龄/年 Tree age during ring formation/a			自髓心向外取样年轮序号 Order of sampling ring from pith to outside		年轮生成树龄/年 Tree age during ring formation/a		
			first	second	15	17		first	second	15	17	
10	1		830[17]	—	—	830	830	45[17]	—	—	45	45
09	1	16	832[17]	—	—	832	832	55[17]	—	—	55	55
08	2	15.5	900[16]	907[17]	900[16]	907	903	59[16]	67[17]	59[16]	67	63
07	2	15	925[16]	992[17]	925[16]	992	959	59[16]	65[17]	59[16]	65	62
06	5	12	940[13]	1048[15]	1048	1065	1025	59[13]	72[15]	72	70	68
05	7	10	996[11]	949[13]	1008	1093	1012	61[11]	68[13]	68	73	67
04	10	7	1008[8]	1041[9]	1061	1067	1044	60[8]	71[9]	74	75	70
03	12	5	971[6]	1096[7]	1137	1162	1092	62[6]	68[7]	75	81	71
02	14	3	1025[4]	1118[5]	1159	1201	1126	61[4]	65[5]	80	85	73
01	16	1	982[1]	942[3]	1149	1207	1070	69[1]	65[3]	77	78	73
Ave.			953	1012	1049	1058	1017	61	68	70	72	68

5　树种 Tree species：灰木莲 *Manglietia glauca* Bl.

DN	RN	HA	导管细胞长度/µm　Vessel cell length/µm				Ave.	导管细胞直径/µm　Vessel cell diameter/µm				Ave.
			自髓心向外取样年轮序号 Order of sampling ring from pith to outside		年轮生成树龄/年 Tree age during ring formation/a			自髓心向外取样年轮序号 Order of sampling ring from pith to outside		年轮生成树龄/年 Tree age during ring formation/a		
			first	second	20	22		first	second	20	22	
08	6	16	456[17]	463[18]	518	516	488	79[17]	95[18]	104	101	95
07	7	15	484[16]	534[18]	555	536	527	76[16]	97[18]	120	111	101
06	9	13	533[14]	522[16]	581	601	559	76[14]	100[16]	122	118	104
05	11	11	535[12]	605[14]	598	610	587	88[12]	113[14]	123	124	112
04	13	9	505[10]	576[12]	579	620	570	81[10]	120[12]	127	126	114
03	15	7	508[8]	509[10]	619	635	568	88[8]	108[10]	130	130	114
02	17	5	512[6]	520[8]	610	630	568	86[6]	98[8]	110	125	105
01	19	3	564[4]	584[6]	608	650	602	79[4]	97[6]	124	126	106
Ave.			512	539	583	600	559	82	104	120	120	106

续表

6			树种 Tree species：大叶相思 *Acacia auriculaeformis* A. Cunn ex Benth.										
			导管细胞长度/μm　Vessel cell length/μm					导管细胞直径/μm　Vessel cell diameter/μm					
DN	RN	HA	年轮生成树龄/年 Tree age during ring formation/a				Ave.	年轮生成树龄/年 Tree age during ring formation/a				Ave.
			1	3	5	7		1	3	5	7	
09	1	6.9				197	197				79	79
08	1	6				171	171				116	116
07	2	5			155	186	170			145	157	151
06	3	4			187	196	191			128	198	163
05	4	3		183	208	219	203		173	186	229	196
04	5	2		186	213	220	206		158	234	253	215
03	6	1	186[2]	189	241	259	219	143[2]	155	242	300	210
02	7	0.62	185	194	219	225	206	148	198	233	264	211
01	7	0.25	157	216	230	237	210	153	222	238	257	218
	Ave.		176	193	208	212	202	148	181	201	206	197

7			树种 Tree species：火力楠 *Michelia macclurei* var. *sublanea* Dandy										
			导管细胞长度/μm　Vessel cell length/μm					导管细胞直径/μm　Vessel cell diameter/μm					
DN	RN	HA	自髓心向外 取样年轮序号 Order of sampling ring from pith to outside		年轮生成树龄/年 Tree age during ring formation/a		Ave.	自髓心向外 取样年轮序号 Order of sampling ring from pith to outside		年轮生成树龄/年 Tree age during ring formation/a		Ave.
			first	second	18	20		first	second	18	20	
12	1	19	326[20]			326	326	37[20]			37	37
11	1	19	446[20]			446	446	49[20]			49	49
10	2	18	438[19]	430[20]	438	430	434	57[19]	58[20]	57	58	58
09	3	17	458[18]	484[20]	458	484	471	56[18]	59[20]	56	59	58
08	5	15	478[16]	455[18]	455	495	471	59[16]	62[18]	62	69	63
07	7	13	472[14]	490[16]	511	528	500	58[14]	67[16]	72	74	68
06	9	11	473[12]	500[14]	518	480	493	63[12]	68[14]	76	75	70
05	12	8	482[9]	506[10]	532	543	516	61[9]	64[12]	79	84	72
04	14	6	496[7]	501[8]	533	526	514	61[7]	69[10]	74	81	71
03	15	5	520[6]	519[8]	565	561	541	67[6]	67[8]	91	86	78
02	16	4	511[5]	617[6]	570	556	563	68[5]	70[6]	93	93	81
01	18	2	516[3]	505[4]	578	603	551	69[3]	67[4]	96	106	84
	Ave.		468	501	516	498	495	59	65	76	73	68

9			树种 Tree species：小叶栎 *Quercus chenii* Nakai										
			导管细胞长度/μm　Vessel cell length/μm					导管细胞直径/μm　Vessel cell diameter/μm					
DN	RN	HA	自髓心向外 取样年轮序号 Order of sampling ring from pith to outside		年轮生成树龄/年 Tree age during ring formation/a		Ave.	自髓心向外 取样年轮序号 Order of sampling ring from pith to outside		年轮生成树龄/年 Tree age during ring formation/a		Ave.
			first	second	37	40		first	second	37	40	
09	2	38.5	218[40]	—	—	218	218	65[40]	—	—	65	65
08	2	38	209[39]	239[40]	209[39]	239	224	80[39]	81[40]	80[39]	81	80
07	4	36	239[37]	280[39]	239	280	260	36[37]	111[39]	36	111	74
06	8	32	243[33]	248[34]	277	285	263	66[33]	83[34]	160	167	119
05	12	28	247[29]	294[31]	306	327	293	74[29]	116[31]	146	178	129
04	16	24	250[25]	312[28]	321	342	306	93[25]	110[28]	175	187	141
03	24	16	285[17]	316[19]	351	352	326	92[17]	119[19]	191	208	153
02	31	9	303[13]	302[16]	n	380	328	102[13]	119[16]	214	206	160
01	37	3	250[4]	319[7]	356	377	326	104[4]	113[7]	207	239	166
	Ave.		249	289	294	311	285	79	106	151	160	124

续表

10			树种 Tree species：栓皮栎 *Quercus variabilis* Bl.									
			导管细胞长度/μm Vessel cell length/μm					导管细胞直径/μm Vessel cell diameter/μm				
DN	RN	HA	自髓心向外取样年轮序号 Order of sampling ring from pith to outside		年轮生成树龄/年 Tree age during ring formation/a		Ave.	自髓心向外取样年轮序号 Order of sampling ring from pith to outside		年轮生成树龄/年 Tree age during ring formation/a		Ave.
			first	second	46	49		first	second	46	49	
10	2	46	222[49]	—	—	222	222	68[49]	—	—	68	68
09	6	43	227[44]	255[46]	255	256	248	76[44]	84[46]	84	83	82
08	10	39	238[40]	263[43]	265	290	264	69[40]	103[43]	108	96	94
07	21	28	224[29]	260[31]	288	311	270	69[29]	62[31]	112	127	92
06	27	22	236[23]	244[25]	327	330	284	74[23]	81[25]	140	154	112
05	31	18	240[19]	267[22]	329	346	295	88[19]	98[22]	123	154	116
03	39	10	243[11]	281[13]	353	364	310	98[11]	105[13]	144	158	127
01	40	3	243[4]	235[5]	373	387	309	103[4]	84[5]	145	170	126
Ave.			234	258	313	313	279	81	88	122	126	104

注：DN—树茎自下向上取样的圆盘序数；RN—圆盘年轮数；HA—高生长树龄（年）；Ave.—平均值

（1）取样圆盘的高生长树龄是它生成起始时的树龄，即树茎达到这一高度时的树龄。表中数据右上角内的数字是圆盘由树皮向内邻近髓心逢双序数被测年轮的生成树龄，由于表中未列其位置而加注。本注释应用于本表第1、第3、第6树种。

（2）自髓心向外取样年轮序数中的 first，都是各取样圆盘自髓心的第1年轮，但各高度取样圆盘的 first 和 second 序数相隔的年轮数并不相等。表中在它们测定值的右上角分别标注出各自年轮的径向生成树龄。本注释应用于本表第2、第4、第5、第7、第8、第9、第10树种。

Note: DN—Ordinal number of sampling disc that is from lower to upper part in the stem; RN—Ring number of sampling disc; HA—Height growth age (a); Ave.—Average.

(1) Height growth age of sampling disc is the tree age at the beginning of the disc formation, and also the tree age when the stem grows to attain the height. The number between brackets at the upper right corner of data is the tree age when the ring measured was formed, which is located next to the pith and at an even ring number from bark inward but the position of these data in this table doesn't be placed. This note applies to 1, 3, 6 species in this appendix table.

(2) The position of the first sampling ring in every disc is all the first ring from pith，but the interval ring number between the first and the second at different height isn't equal. The number between brackets at the upper right corner of each measured data indicates respectively the tree age during the sampling ring formation (That is diameter growth age.) This note applies to 2, 4, 5, 7, 8, 9, and 10 species in this appendix table.

9 次生木质部构建中基本密度的发育变化

摘 要

针叶树同一树种数样树基本密度在次生木质部生命构建中随两向生成树龄的变化具相似性，这一性状随两向生长树龄的变化受遗传控制和基本密度是发育性状得到了证明。在针叶树这一结论条件下，本章测定 12 种阔叶树单株内基本密度的发育表现。每一树种样树测定结果除以 4 种平面曲线（组）表达外，还给出生长鞘全高平均基本密度变化率随生成树龄的变化。它们显示阔叶树单株内次生木质部构建中基本密度随两向生长树龄发育变化同样具有遗传控制程序性。

次生木质部逐龄在外增添新木质鞘层。新分生的主要木材构成细胞都包封在薄膜状的初生壁内，细胞内充满生命物质的液状物。数月时间内，生命的绝大部分细胞要经历形体增大，胞壁内侧因沉积物而加厚，原液状生命物质最终消失。这些细胞最终成为具有加厚细胞壁和中空胞腔的死细胞。以上是处于生命状态下细胞的变化过程，是次生木质部细胞层次的发育。

木材由细胞构成，构成木材的细胞大多是中空纤维状（细胞腔和细胞壁）。木材密度是木材胞壁物质量的数字化指标。与其说木材密度是发育性状，不如说胞壁物质量是发育性状。两种表达在发育变化上的意义等同。

树茎不同部位木材密度的差异是先、后生成的细胞间随两向生长树龄存在变化的结果。这是次生木质部生命居于细胞层次之上的组织层次发育变化。用发育变化观点看待木材密度的差异，它是一个在次生木质部发育研究中具有测定价值的项目。

木材基本密度是全干材重量除以饱和水分时的体积。它的物理意义是，单位生材体积或含水最大体积时所含木材的实质量。全干材重量和水饱和状态体积的稳定性使测定结果确定，具有能符合发育研究精度要求的可测性。

木材生成后基本密度是确定值，其后抽提物生成对木材密度的影响是极轻微的。发育变化发生在生命过程中，单株内木材密度差异产生在树茎次生木质部的不同高、径位置上。

9.1 取样、测定和结果报告方式

9.1.1 取样

本项目测定木材密度是在树茎多个高度，并根据年轮宽、窄和手工取样可能性，在各高度圆盘同一南向沿木射线连续取样。多个高度分别有确定的高生长树龄，逐个年轮各有对应的径向生长树龄。这一取样在回归分析中能取得发育变化随两向生长树龄组合连续的结果。

表 9-1 示 12 种阔叶树不同高度排水法测定取样圆盘数和样品个数。

表 9-1　12 种阔叶树单株样树树茎不同高度的圆盘基本密度样品个数

Table 9-1　Sample numbers of every disc for basic density determination at different heights of the stem of individual sample trees of twelve angiospermous species

树种 Tree species	圆盘数 Disc number	不同茎高取样部位序号和样品个数 Ordinal numbers of disc and sample number of every sampling position at different heights															
		01	02	03	04	05	06	07	08	09	10	11	12	13	14	15	16	17
尾叶桉 *Eucalyptus urophylla* S. T. Blake	11	7	7	7	6	6	7	6	6	4	4	3						
柠檬桉 *Eucalyptus citriodora* Hook. f.	17	10	9	9	8	8	9	7	7	6	5	5	4	3	2	2	1	2
巨尾桉 *Eucalyptus grandis* Hill ex Maiden × *E. urophylla* S.T. Blake	13	9	8	7	8	7	6	6	5	5	4	2	1	1				
米老排 *Mytilaria laosensis* H. Lec.	10	16	13	12	9	6	5	2	2	1	1							
灰木莲 *Manglietia glauca* Bl.	8	9	8	8	7	6	5	4	3									
大叶相思 *Acacia auriculaeformis* A. Cunn. Ex. Benth.	8	6	5	5	4	3	2	1	1									
火力楠 *Michelia macclurei* var. *sublanea* Dandy	11	8	7	9	7	5	5	3	2	1	1	1						
红锥 *Castanopsis hystrix* Miq.	12	12	10	10	10	9	7	5	4	3	2	1	1					
小叶栎 *Quercus chenii* Nakai	9	16	11	11	6	5	3	1	1									
栓皮栎 *Quercus variabilis* Bl.	8	11	10	8	7	4	2	1	1									
山核桃 *Carya cathayensis* Sarg.	4	11	9	8	7													
枫杨 *Pterocarya stenoptera* C. DC.	10	8	11	4	7	6	3	3	1	1	1							

注：表 3-3 列有不同序号圆盘高度，并可察出每个试样取样位置和生成时的两向生长树龄。

试样表面制作光洁，对试样形状不作要求，共制得排水法试样 675 个。

9.1.2 测定

12 种阔叶树全部试样先经充分浸水，达尺寸稳定后，用排水法测饱水试样体积。用万分之一精度电子天秤，在午夜后电流平稳条件下进行称重。

试样在气干后烘干，开始温度 60℃保持 4 h，而后在 103℃±2℃ 8 h，并经试称确认达恒重。试样从烘箱中取出，放入密闭的器皿中，置于装有变色硅胶的玻璃干燥器内冷却。最后，快速称重，瞬即读数。

$$\rho_Y = m_0 / v_{max}$$

式中：ρ_Y——试样基本密度（ASTM 中符号 Sg；我国标准中为 ρ_Y），g/cm^3；

$\quad$ m_0——试样全干时的质量，g；

$\quad$ v_{max}——试样饱含水分时的体积，cm^3。

饱水和全干试样用同一台万分之一天秤称重。

每一试样自取样至取得基本密度数据有多个环节。

9.1.3 结果报告方式

次生木质部两向生长树龄和单株样树内取样分布的设计使本项目能在次生木质部发育研究中取得有关基本密度发育变化的结果。

将排水法取得的木材基本密度数据进行四种不同方式组合的回归分析。①不同高生长树龄横截面（样片）径向逐龄年轮基本密度的变化。取得这一结果的多个不同高度均匀分布在全树茎，不同高度横截面（片）邻髓心首位年轮径向生成树龄是生长达各截面的高生长树龄。这是报告次生木质部基本密度随两向生长树龄的发育变化，它与以离髓心年轮数报告树茎数个高度基本密度径向差异的结果不同；②逐龄生长鞘基本密度沿树高（随高生长树龄）的变化；③不同高度、相同离髓心年轮数、异鞘年轮间基本密度沿树高的变化。它的报告重点是树茎中心部位相同离髓心年轮数木材在不同高度间的差异趋势性。④逐龄生长鞘全高平均基本密度随径向生成树龄的变化。这些都是从不同侧面观察单株内次生木质部发育，由此取得木材密度随两向生长树龄发育变化的全面认识。

同一样树基本密度在不同表达方式中都呈现出随两向生长树龄变化的有序性。这一结果只在具备下述两个条件下才能取得：单株内木材密度是遗传控制的发育性状，以及测定中的实验误差尚未达影响规律性表达的程度。

9.2　不同高度径向逐龄年轮基本密度的发育变化

图 9-1（分图 A）示树茎不同高度横截面逐龄年轮基本密度的变化。各高度横截面相邻髓心第一年轮的径向生长树龄与横截面高生长树龄相同，向外逐轮径向生成树龄依序增加。树茎由下向上横截面年轮数逐减，基本密度变化曲线长度渐短。如图示中曲线过多，将部分树种同一图示 A 拆分成 A_1、A_2、…、A_n。A_1 位于树茎基部，曲线长；A_2 或 A_3 位

于树茎中段或上区间，曲线缩短。

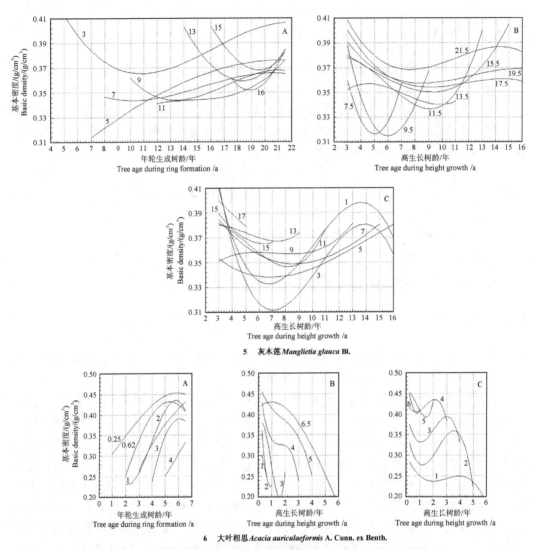

5 灰木莲*Manglietia glauca* Bl.

6 大叶相思*Acacia auriculaeformis* A. Cunn. ex Benth.

图 9-1 12 种阔叶树单株样树次生木质部构建中基本密度的发育变化

A—同一样树不同高度逐龄年轮的径向变化（标注分图 A 中曲线的数字，是树茎生长达各取样圆盘高度时的树龄，即各圆盘生成起始时的树龄）

B—上述同一样树各年生长鞘随高生长树龄的变化（标注分图 B 中曲线的数字，是各年生长鞘生成时的树龄）

C—上述同一样树不同高度、相同离髓心年轮数、异鞘年轮间的有序变化（标注分图 C 中曲线的数字，是离髓心年轮数，曲线示沿树高方向的变化）

Figure 9-1   Developmental change of the basic density during secondary xylem elaboration (formation) in individual sample trees of twelve angiospermous species

Subfigure A—Radial change of successive rings at different heights in the same sample tree. (The numerical symbol in subfigure A is the tree age when the stem grows to attain the height of every sample disc, also the tree age at the beginning of their formation.)

Subfigure B—The change of every successive growth sheath along with the stem length in the same sample tree. (The numerical symbol in subfigure B is the tree age during every growth sheath formation.)

Subfigure C—The change among the rings in different sheaths, but with the same ring number from pith and at different heights in the same sample tree. (The numerical symbol in subfigure C is the ring number from pith, and the curves show the change along with the stem length.)

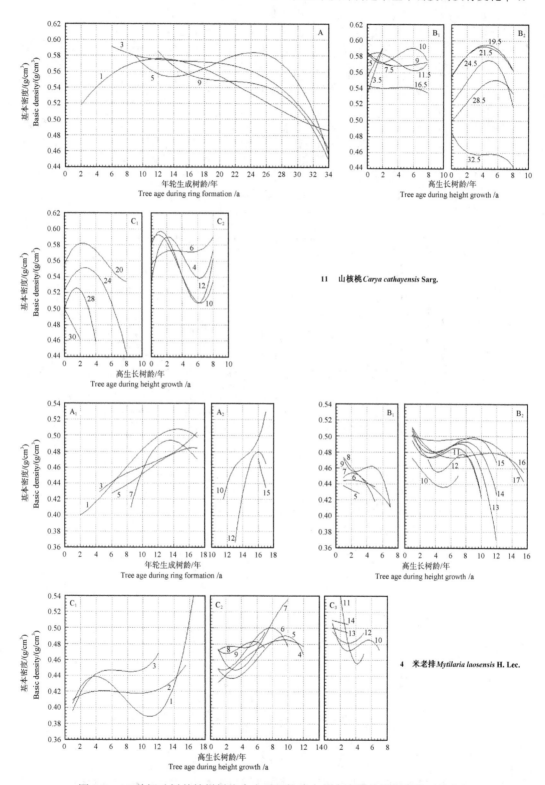

11　山核桃 *Carya cathayensis* Sarg.

4　米老排 *Mytilaria laosensis* H. Lec.

图 9-1　12 种阔叶树单株样树次生木质部构建中基本密度的发育变化（续Ⅰ）

Figure 9-1　Developmental change of the basic density during secondary xylem elaboration (formation) in individual sample trees of twelve angiospermous species (Continued Ⅰ)

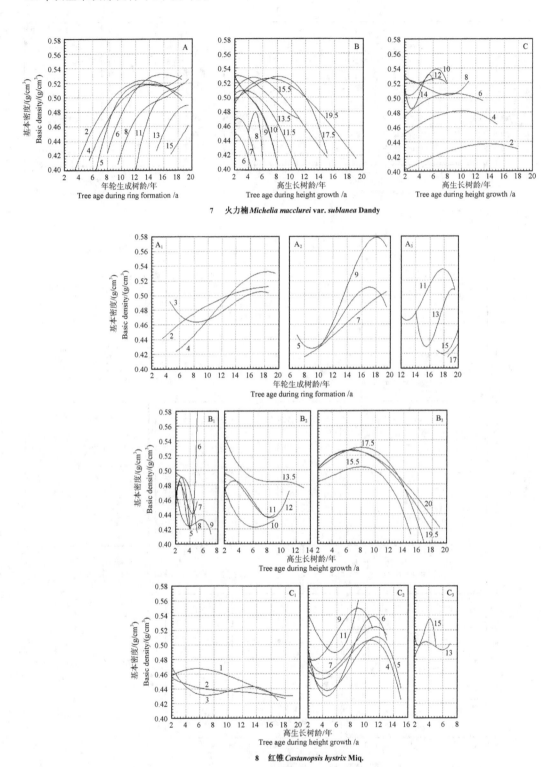

7　火力楠 *Michelia macclurei* **var. *sublanea* Dandy**

8　红锥 *Castanopsis hystrix* Miq.

图 9-1　12 种阔叶树单株样树次生木质部构建中基本密度的发育变化（续Ⅱ）

Figure 9-1　Developmental change of the basic density during secondary xylem elaboration (formation) in individual sample trees of twelve angiospermous species (Continued Ⅱ)

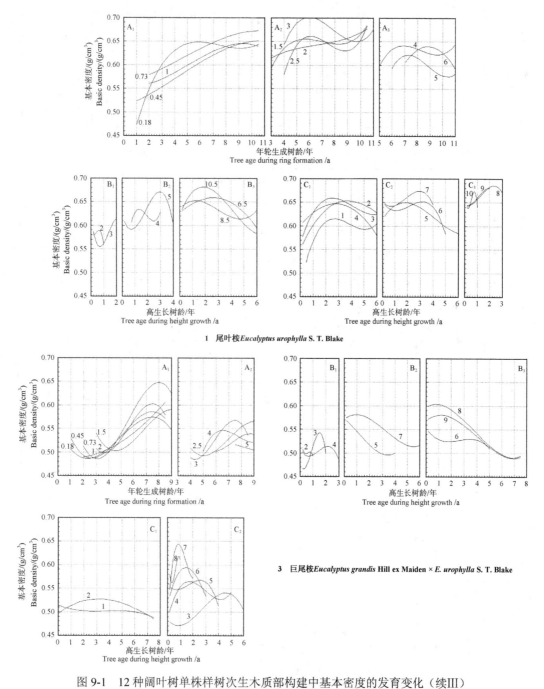

图 9-1 12 种阔叶树单株样树次生木质部构建中基本密度的发育变化（续Ⅲ）

Figure 9-1 Developmental change of the basic density during secondary xylem elaboration (formation) in individual sample trees of twelve angiospermous species (Continued Ⅲ)

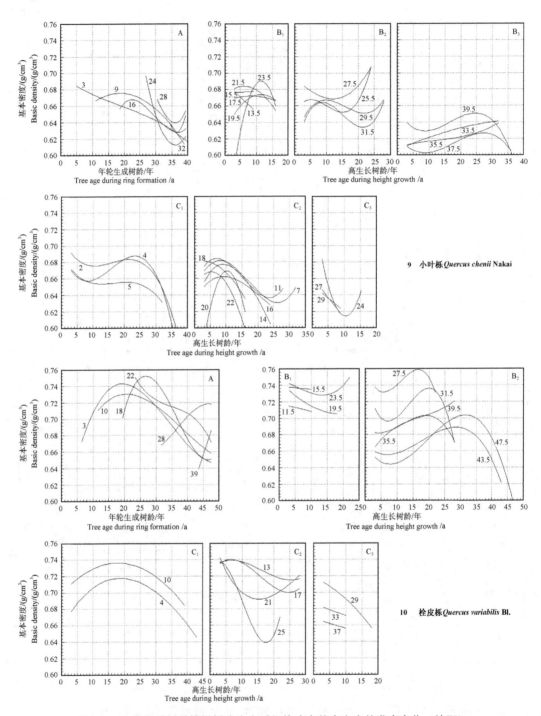

图 9-1　12 种阔叶树单株样树次生木质部构建中基本密度的发育变化（续Ⅳ）

Figure 9-1　Developmental change of the basic density during secondary xylem elaboration (formation) in individual sample trees of twelve angiospermous species (Continued Ⅳ)

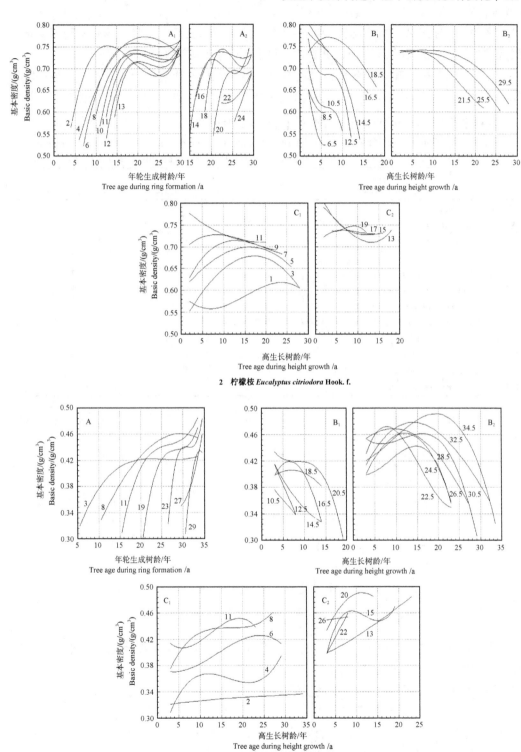

2 柠檬桉 *Eucalyptus citriodora* Hook. f.

12 枫杨 *Pterocarya stenoptera* C. DC.

图 9-1　12种阔叶树单株样树次生木质部构建中基本密度的发育变化（续 Ⅴ）

Figure 9-1　Developmental change of the basic density during secondary xylem elaboration (formation) in individual sample trees of twelve angiospermous species (Continued Ⅴ)

图 9-1（分图 A）示不同树种单株内不同高度横截面径向逐龄年轮基本密度变化曲线趋势的共同特点是有序有律，并在 12 种阔叶树间具有差别特点的类型。

本项目 12 种阔叶树样树采伐树龄不等，表 9-2 是各样树生长龄期不同高度逐龄年轮基本密度变化的曲线类型。①变化曲线保持向上的五树种样树生长龄期都短，在长龄

表 9-2　12 种阔叶树单株样树内不同高度生长树龄横截面径向逐龄年轮基本密度变化曲线
Table 9-2　The curve of basic density change of successive rings on cross section at different height growth ages within individual sample trees of twelve angiospermous species

树种 Tree species	曲线趋势类型 Type of curve tendency	各龄曲线位置的关系 Position relationship of curves
灰木莲 *Manglietia glauca* Bl.	Ⅲ	Ⅱ
大叶相思 *Acacia auriculaeformis* A. Cunn. ex Benth.	Ⅰ	Ⅰ
山核桃 *Carya cathayensis* Sarg.	Ⅱ	Ⅲ
米老排 *Mytilaria laosensis* H. Lec.	Ⅰ	Ⅰ
火力楠 *Michelia macclurei* var. *sublanea* Dandy	Ⅰ	Ⅰ
红锥 *Castanopsis hystrix* Miq.	Ⅰ	Ⅳ
尾叶桉 *Eucalyptus urophylla* S. T. Blake	Ⅰ	Ⅲ
巨尾桉 *Eucalyptus grandis* Hill ex Maiden × *E. urophylla* S. T. Blake	Ⅳ	Ⅳ
小叶栎 *Quercus chenii* Nakai	$V_{(1)} \rightarrow$ Ⅲ	Ⅰ
栓皮栎 *Quercus variabilis* Bl.	Ⅱ	Ⅰ
柠檬桉 *Eucalyptus citriodora* Hook. f.	$V_{(2)}$	Ⅴ
枫杨 *Pterocarya stenoptera* C. DC.	$V_{(2)}$	Ⅴ

表 9-2 中，图 9-1（分图 A）单株内不同高生长树龄横截面基本密度随年轮生成树龄变化曲线走向类型的代码如下：

曲线趋势类型		代码
⌒	保持向上	Ⅰ
⌒	抛物线	Ⅱ
⌐	先降后转增	Ⅲ
∽	先稍降后转显增再呈降	Ⅳ
～	先升后转降再呈升	$V_{(1)}$
⌒	先升后转短时降再陡升	$V_{(2)}$

曲线上翘——基本密度增大；曲线下弯——基本密度减小

表 9-2 中，图 9-1（分图 A）单株内不同高生长树龄横截面基本密度随年轮生成树龄变化曲线位置关系的代码如下：

各龄曲线位置随高生长树龄增加的变动	代码
随高生长树龄增加依龄序下移	Ⅰ
高生长早龄曲线在上，而后曲线位置下移，再转逐抬高	Ⅱ
高生长早龄曲线在下，而后曲线位置上移，再转下移	Ⅲ
高生长早龄曲线在上，而后曲线位置下移，在转抬高后，再转下移	Ⅳ
高生长早龄曲线在径向生长中最先折下，各龄曲线随高生长树龄增加位置下移	Ⅴ

曲线上移——基本密度增大；下移——基本密度减小

期中将发生的变化尚值得考虑。两树种呈抛物线。②五树种单株内各龄曲线位置随高生长树龄增加依龄序下移。

9.3　各龄生长鞘基本密度沿树高的发育变化

图 9-1 分图 B 示单株内各年生长鞘基本密度随高生长树龄的变化。各年生长鞘的起点都同于根颈（树茎 0.00m 处），鞘顶高生长树龄则分别与各生长鞘的径向生长树龄相同。树茎自内向外，逐龄生长鞘基本密度变化曲线渐长。将部分树种分图 B 进行拆分，B_1 中曲线的发育变化发生在树茎中心部位各年生长鞘上，高生长树龄短；B_2 或 B_3 发生在树茎向外推的位置上，生长鞘高生长树龄增长。B_1、B_2 和 B_3 横坐标取不同高生长树龄区间。

图 9-1 分图 B 示不同树种单株内各年生长鞘基本密度随高生长树龄变化的共同特点是，多条曲线趋势间的调整表现出内在的规律性。这是长历史时代自然选择下次生木质部发育过程形成中累积的适应现象。分图 A、B 是单株内次生木质部基本密度同一发育变化的表现。A 图是在确定高生长树龄下观察生长鞘间年轮基本密度随径向生长树龄的变化，而 B 图是各年同一生长鞘随高生长树龄的变化。遗传控制是次生木质部基本密度随两向生长树龄协调变化的条件。

12 种阔叶树次生木质部基本密度发育变化在种间存在类型差别。这与种内个体间的遗传变异有本质不同。

表 9-3 示，12 种阔叶树单株内各年生长鞘基本密度沿鞘高变化的 II、IV 和 V 类型约合占 7/10，它们在一定高生长树龄后都转为减小；生长鞘基本密度随其径向生成树龄增加的树种比例约为 3/4。12 树种中两对同属树种（小叶栎和栓皮栎；尾叶桉和巨尾桉）生长鞘基本密度沿鞘高和在不同径向树龄生成生长鞘间的变化相同。

表 9-3　12 种阔叶树单株样树内不同生成树龄生长鞘基本密度沿鞘高变化的曲线
Table 9-3　The curve of basic density change along with sheath length of every successive growth sheath at different formation ages within individual sample trees of twelve angiospermous species

树种 Tree species	曲线趋势类型 Type of curve tendency	各龄生长鞘曲线位置的关系 Positional relationship of curves
灰木莲 *Manglietia glauca* Bl.	I	I
大叶相思 *Acacia auriculaeformis* A. Cunn. ex Benth.	II	I
山核桃 *Carya cathayensis* Sarg.	III	II
米老排 *Mytilaria laosensis* H. Lec.	IV	I
火力楠 *Michelia macclurei* var. *sublanea* Dandy	II	I
红锥 *Castanopsis hystrix* Miq.	II 转IV再V	I
尾叶桉 *Eucalyptus urophylla* S. T. Blake	IV转V	I
巨尾桉 *Eucalyptus grandis* Hill ex Maiden × *E. urophylla* S.T. Blake	IV转II	I
小叶栎 *Quercus chenii* Nakai	V转 I 再IV	III
栓皮栎 *Quercus variabilis* Bl.	I 转IV	III
柠檬桉 *Eucalyptus citriodora* Hook. f.	II	I
枫杨 *Pterocarya stenoptera* C. DC.	II	I

表 9-3 中，图 9-1（分图 B）单株内各年生长鞘基本密度随高生长树龄变化曲线走向类型的代码如下：

曲线趋势类型	代码
⌒ 先降后转增	I
⟍ 保持向下	II
初龄生长鞘向上增；后生成的生长鞘转呈⌒、∽、～；接着抛物线形	III
⌒⟍ 先稍降后转升高再陡降	IV
⌒ 先升后转降	V

表 9-3，图 9-1（分图 B）单株内各年生长鞘基本密度随高生长树龄变化曲线位置关系的代码如下：

曲线位置随生长鞘生成树龄（即径向生长树龄）增加的变动	代码
随生长鞘生成树龄增加上移	I
随生长鞘生成树龄增加上移后转下降	II
随生长鞘生成树龄增加下移	III

不同树种各龄样树生长鞘基本密度在生成当年都已为可测的不变值，可不受树种和树龄限制，能对不同树种样树逐龄生长鞘基本密度直接进行发育变化的比较。这是次生木质部在生物类别中一种特殊的表现。

9.4　树茎中心部位相同离髓心年轮数、不同高度、异鞘年轮间基本密度发育差异的变化

图 9-1 分图 A、B 和 C 是各树种同一样树次生木质部基本密度发育变化在不同观察条件下的图示。A、B 两图同一曲线上各点的两向生长树龄，一为相同确定数，而另一为变数；C 图同一离髓心年轮数曲线上的两向生长树龄互不相同。树茎不同高度相同离髓心年轮数位点间两向生长树龄存在着一增一减的数学关系。次生木质部随两向生长树龄发育变化的图示是三维空间曲面，绘制 A、B 和 C 利用的测定数据全部相同，只是数据处理中它们的组合方式不同。C 图单株内多条曲线趋势间存在有序的推进性转换，同样具有遗传控制的必然性。

图 9-1 分图 C 示单株内不同高度、相同离髓心年轮数、异鞘年轮间基本密度差异变化曲线。

图 9-1 分图 C 示 12 种阔叶树样树不同高度、相同离髓心年轮数、异鞘年轮间基本密度差异的发育变化存在种间类型差别，表 9-4 对此进行了总结：邻近髓心曲度大（I）类型在 12 树种中约占 3/4；曲线趋势先降后转高再降（I）类型约占 1/2；曲线位置随离髓心年轮数序增高（II）类型约占 2/3。

表9-4　12种阔叶树单株内不同高度、相同离髓心年轮数年轮基本密度差异的变化曲线

Table 9-4　The curves of differential change of basic density among the rings at different heights, but with the same ring number from pith within individual sample trees of twelve angiospermous species

树种 Tree species	邻近髓心曲线曲度 Curvature of the curve that is close to pith	曲线趋势类型 Type of curve tendency	离髓心不同年轮数曲线位置的关系 Curve positional relationship among curves with different ring number from pith
灰木莲 *Manglietia glauca* Bl.	I	I	I
大叶相思 *Acacia auriculaeformis* A. Cunn. ex Benth.	I	I	II
山核桃 *Carya cathayensis* Sarg.	I	II转III	IV
米老排 *Mytilaria laosensis* H. Lec.	I	III转I	II
火力楠 *Michelia macclurei* var. *sublanea* Dandy	II	IV转I	II
红锥 *Castanopsis hystrix* Miq.	II转I	I	II
尾叶桉 *Eucalyptus urophylla* S. T. Blake	I	III转I	II
巨尾桉 *Eucalyptus grandis* Hill ex Maiden × *E. urophylla* S.T. Blake	II转I	IV	II
小叶栎 *Quercus chenii* Nakai	I	I转IV	IV
栓皮栎 *Quercus variabilis* Bl.	I	IV转V	III
柠檬桉 *Eucalyptus citriodora* Hook. f.	I	IV转V	II
枫杨 *Pterocarya stenoptera* C. DC.	I	I和III交替	II

表9-4中，曲度代码如下：

邻近髓心曲线曲度	代码
曲度大	I
稍呈曲度	II
几乎平直	III

表9-4中，走向类型代码如下：

曲线趋势类型	代码
⌣ 先降后转高再降	I
⌇ 先稍增而后降	II
∼ 先升后转降再升	III
⌒ 抛物线	IV
⌣ 先降后升	V

表9-4中，位置关系代码如下：

不同离髓心年轮数曲线位置间的关系	代码
初始序数曲线位置高，而后曲线转由低位逐序增高	I
曲线依序增高	II
初始序数曲线位置由低增高，而后转逐序降低	III
曲线逐序降低	IV

9.5 逐龄生长鞘全高平均基本密度
随生成树龄的发育变化

逐龄和随生成树龄与全树树龄三者数字相同，它们在次生木质部发育研究中的意义同是树茎径向生长树龄。

图 9-2 和表 9-5 同示，12 种阔叶树样树逐龄生长鞘全高平均基本密度随生成树龄的变化，在有序范围内都保持其趋势性。

生长鞘全高平均基本密度值取决于次生木质部主要构成的厚壁细胞胞壁物质量。这部分细胞在生成的当年就成为具有细胞形态的中空壳体。不同树种异龄样树间可进行逐龄生长鞘全高平均密度的比较。

附表 9-1 示，12 种阔叶树样树多个高度横截面（片）南向连续取样的年轮基本密度和逐龄生长鞘全高平均值。表 9-6 列出各树种不同采伐树龄生长中不同龄段全树茎加权平均基本密度。

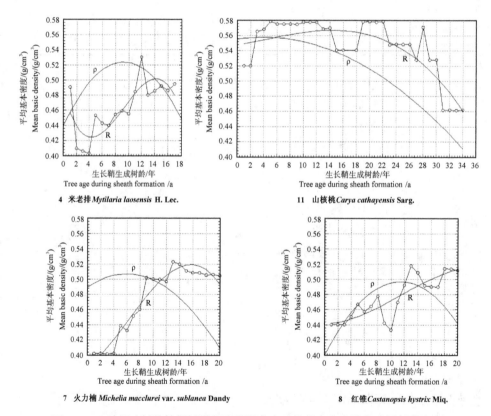

图 9-2 12 种阔叶树单株样树逐龄生长鞘全高平均基本密度随生成树龄的变化

图中标记的 R 曲线是实测值的回归结果，标记 ρ 的曲线示回归曲线斜率的变化

Figure 9-2   Developmental change of the mean basic density of the overall height of every successive growth sheath with tree age in individual sample trees of twelve angiospermous species

The curve with mark R in the every subfigure is the regressive result and the signal points of its measured data. The other one with ρ shows the change of slope of the above regression curve

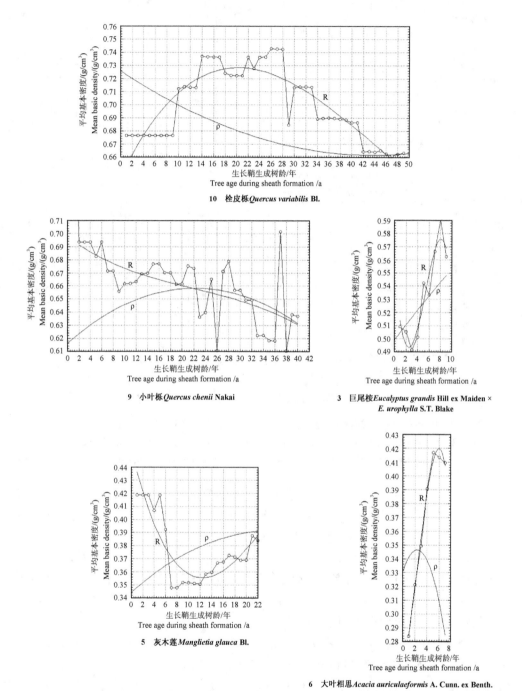

图 9-2　12 种阔叶树单株样树逐龄生长鞘全高平均基本密度随生成树龄的变化（续 Ⅰ）

Figure 9-2　Developmental change of the mean basic density of the overall height of every successive growth sheath with tree age in individual sample trees of twelve angiospermous species (continued Ⅰ)

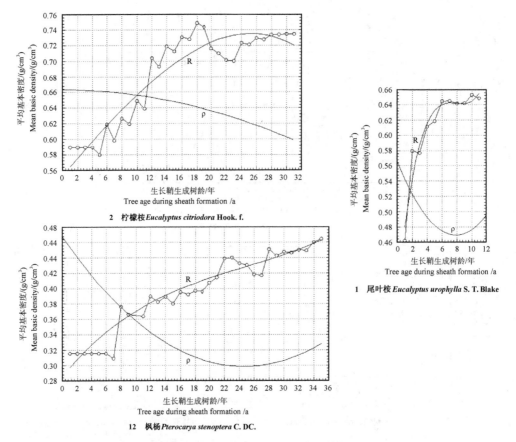

图 9-2　12种阔叶树单株样树逐龄生长鞘全高平均基本密度随生成树龄的变化（续 II）

Figure 9-2　Developmental change of the mean basic density of the overall height of every successive growth sheath with tree age in individual sample trees of twelve angiospermous species (continued II)

　　表 9-6 示，12 树种最初生长鞘密度大小排序的序位与 1～7 龄段全样树的序位相同的树种占 1/2，序位相互仅差一位占 1/3，两者合占 5/6。可见，最初生长鞘全高平均基本密度的树种差别序列在 1～7 龄段发育变化中改变不大。

　　表 9-6 示，12 种阔叶树有 1/3 树种所测树龄期中全树平均基本密度随树龄一直增加；1/4 树种样树生长初期基本密度呈降而后转增，两者合超 1/2 树种。两树种（栓皮栎、山核桃）全树平均基本密度先增后转降（抛物线形）；小叶栎全树基本密度随树龄减小。这一结果与图 9-2 曲线所示变化一致。

　　12 树种中栓皮栎和山核桃采伐树龄相对较长。图 9-2 示栓皮栎和山核桃曲线分别在 26 龄和 22 龄才显转折。柠檬桉采伐树龄为 31 年，其曲线仍在上扬。应认为，对采伐树龄短而基本密度一直呈增的树种样树，其基本密度变化的结论仅限适用于它的这一生长期。

　　图 9-2 中逐龄生长鞘全高平均基本密度变化率的曲线图示，是对同图回归曲线一次求导的结果。12 树种样树中 1/2 变化率呈抛物线，1/3 为一致减小。两树种（巨尾桉和灰木莲）保持增加，但采伐树龄短，分别为 9 龄和 22 龄。

表 9-5　12 种阔叶树单株样树生长鞘全高平均基本密度与生成树龄的回归方程

Table 9-5　The regression equation between the mean basic density of every sheath and the tree age of its formation in individual sample trees of twelve angiospermous species

	树种 Tree species	回归方程 Regression equation [x—生长鞘生成树龄/年　Tree age during sheath formation/a; y—生长鞘平均全高基本密度/（g/cm^3）　Mean basic density within sheath height/（g/cm^3）]	x 值有效 范围 Effective range of x	相关系数* Correlation Coefficient
1	尾叶桉 *Eucalyptus urophylla* S. T. Blake	$y=0.000517462x^3-0.0122374x^2+0.0954864x+0.396296$	1～11	0.81[0.63]
2	柠檬桉 *Eucalyptus urophylla* S. T. Blake	$y=-5.50117\times10^{-6}x^3-7.20474\times10^{-6}x^2+0.0108832x+0.553645$	1～31	0.88[0.35]
3	巨尾桉 *Eucalyptus grandis* Hill ex Maiden × *E. urophylla* S.T. Blake	$y=-0.000940283x^3+0.0149582x^2-0.057094x+0.556896$	1～9	0.86[0.67]
4	米老排 *Mytilarialaosensis* H. Lec.	$y=-0.000160879x^3+0.00447006x^2-0.0296568x+0.482004$	1～11	0.69[0.60]
5	灰木莲 *Manglietia glauca* Bl.	$y=-1.30437\times10^{-5}x^3+0.000962399x^2-0.0178233x+0.453278$	1～22	−0.46[0.42]
6	大叶相思 *Acacia auriculaeformis* A. Cunn. ex Benth.	$y=-0.000949611x^3+0.00670544x^2+0.0210678x+0.257277$	1～7	0.93[0.75]
7	火力楠 *Michelia macclurei* var. *sublanea* Dandy	$y=-4.10688\times10^{-5}x^3+0.000735346x^2+0.00726556x+0.38262$	1～20	0.88[0.44]
8	红锥 *Castanopsis hystrix* Miq.	$y=-1.23691\times10^{-5}x^3+0.000423527x^2+5.14209\times10^{-5}x+0.441543$	1～20	0.84[0.44]
9	小叶栎 *Quercus chenii* Nakai	$y=-1.41212\times10^{-6}x^3+9.4153\times10^{-5}x^2-0.00317702x+0.697355$	1～40	−0.66[0.33]
10	栓皮栎 *Quercus variabilis* Bl.	$y=2.24988\times10^{-6}x^3-0.000294457x^2+0.00916548x+0.644854$	1～49	−0.29[0.29]
11	山核桃 *Carya cathayensis* Sarg.	$y=-5.42699\times10^{-6}x^3+6.48579\times10^{-5}x^2+0.00152155x+0.547704$	1～34	−0.52[0.35]
12	枫杨 *Pterocarya stenoptera* C. DC.	$y=4.63538\times10^{-6}x^3-0.000342946x^2+0.0113692x+0.286438$	1～35	0.88[0.35]

*相关系数右上角括号内数字是各栏回归方程自由度下 α=0.05 的显著值。

The number in brackets on the top-right corner of correlation coefficient is the significant value (α=0.05) at the degree of freedom of each equation.

表 9-6　12 种阔叶树不同龄段全茎基本密度加权平均值

Table 9-6　The weighted mean basic density of whole stem wood in different growth periods of sample trees of twelve angiospermous species

树种 Tree species	加权平均值序位 A	加权平均值序位 B	7	9	11	17	20	22	31	34	35	40	49
尾叶桉 *Eucalyptus urophylla* S. T. Blake	5	3	0.6147	0.6190	0.6232								
柠檬桉 *Eucalyptus citriodora* Hook. f.	3	4	0.5834	0.5986	0.6099	0.6666	0.6856	0.6864	0.6954				
巨尾桉 *Eucalyptus grandis* Hill ex Maiden × *E. urophylla* S.T. Blake	4	6	0.5247	0.5348									
米老排 *Mytilaria laosensis* H. Lec.	8	8	0.4391	0.4354	0.4412	0.4666							
灰木莲 *Manglietia glauca* Bl.	10	10	0.3660	0.3541	0.3523	0.3585	0.3592	0.3617					
大叶相思 *Acacia auriculaeformis* A. Cunn. Ex. Benth.	12	11	0.3416										
火力楠 *Michelia macclurei* var. *sublanea* Dandy	9	9	0.4256	0.4457	0.4603	0.4810	0.4832						
红锥 *Castanopsis hystrix* Miq.	7	7	0.4627	0.4561	0.4551	0.4755	0.4804						
小叶栎 *Quercus chenii* Nakai	1	1	0.6826	0.6736	0.6702	0.6708	0.6692	0.6697	0.6656	0.6606	0.6562	0.6471	
栓皮栎 *Quercus variabilis* Bl.	2	2	0.6765	—	0.7028	0.7168	—	0.7215	0.7251	0.7205	—	0.7152	0.6980
山核桃 *Carya cathayensis* Sarg.	6	5	0.5661	0.5684	0.5715	0.5675	0.5682	0.5687	—	0.5547			
枫杨 *Pterocarya stenoptera* C. DC.	11	12	0.3153	—	0.3515	0.3704	0.3776	0.3853	0.4043	0.4113			

注：序位 A 是表 9-6 中 12 树种最初生长鞘全高平均基本密度的大小序位；序位 B 是 7 年龄段全树基本密度加权平均值的大小序位。

Note: The number of ordinal positions A is accordance with the magnitude of the mean specific gravity of the initial growth sheath of individual sample trees of twelve angiospermous species; B is that of the growth period of seven years.

9.6 结 论

12 种阔叶树样树各年生长鞘内基本密度随高生长树龄和生长鞘间随径向生成树龄变化表现出的程序性，是单株内次生木质部发育变化受同一遗传物质调控的结果。树种间次生木质部基本密度发育变化趋势存在差别是由遗传物质差异造成。在树种间可进行次生木质部相同生成年限内发育性状连续变化的比较。

附表9-1　12种阔叶树单株样树不同高度逐龄年轮的炉干法基本密度

Appendix table 9-1　Basic density of every successive ring at different heights in individual sample trees of twelve angiospermous species (measured by oven-drying method)

1　　　　　　　树种 Tree species：尾叶桉 *Eucalyptus urophylla* S. T. Blake

DN	RN	HA	基本密度/(g/cm³)　Basic density/(g/cm³) 年轮生成树龄/年　Tree age during ring formation/a									Ave.
			1	2	3	4	5	6	7	8、9	10、11	
11	5	6							0.6050	0.6399	0.5918	0.6137
10	6	5						0.5937	0.6210	0.5952	0.5822	0.5949
09	7	4					0.5991	0.6414		0.6250	0.6443	0.6135
08	8	3				0.6341	0.7119	0.6906	0.6830	0.6627	0.6729	0.6739
07	8	2.5				0.5910	0.6104	0.6862	0.6578	0.6211	0.6850	0.6447
06	9	2			0.6150	0.6287	0.6329	0.6288	0.6633	0.6443	0.6784	0.6460
05	9	1.5			0.5870	0.6534	0.6422	0.6480		0.6506	0.6822	0.6494
04	10	1		0.5594	0.5888		0.5916	0.6252		0.6428	0.6398	0.6137
03	10	0.73		0.5867	0.5700	0.6253	0.6156	0.6414		0.6612	0.6733	0.6349
02	11	0.45	0.5001	0.5858	0.5428	0.5484		0.6309		0.6399	0.6496	0.5969
01	11	0.18	0.4587	0.5790	0.5936	0.6268		0.6476		0.6443	0.6410	0.6137
Ave.			0.4794	0.5777	0.5817	0.6121	0.6199	0.6434	0.6422	0.6388	0.6491	0.6427

2　　　　　　　树种 Tree species：柠檬桉 *Eucalyptus citriodora* Hook.

DN	RN	HA	基本密度/(g/cm³)　Basic density/(g/cm³) 年轮生成树龄/年　Tree age during ring formation/a												Ave.
			18	19	20	21	22	23	24	25	26	27	28、29	30、31	
17	3	28												0.6229	0.6229
16	4	27											0.6066	0.6134	0.6100
15	5	26										0.6324	0.6689		0.6616
14	7	24								0.5914			0.6841		0.6444
13	9	22						0.6193	0.6288				0.6880		0.6541
12	11	20				0.5802	0.6527		0.6945				0.6930		0.6760
11	13	18		0.6370	0.7114		0.5249		0.7176				0.7291		0.6843
10	15	16	0.7349		0.7066				0.7405				0.7280		0.7205
09	17	14	0.7055	0.6884			0.7165				0.7247				0.6987
08	18	13	0.7294	0.7028		0.6624			0.7145				0.7349		0.6950
07	19	12	0.7054	0.6891					0.6956	0.7367			0.7284		0.6958
06	20	11	0.7675		0.7583		0.6988		0.6995		0.7312		0.7450		0.7079
05	21	10	0.7678		0.7360				0.7252				0.7582		0.7169
04	23	8	0.7645		0.7168				0.7258				0.7257		0.7016
03	25	6	0.7540		0.7479				0.7516				0.7607		0.7182
02	27	4	0.7950		0.7328				0.7638				0.7392		0.7093
01	29	2	0.7207		0.6033				0.7217				0.7338		0.6949
Ave.			0.7445	0.7347	0.7085	0.6978	0.6823	0.6775	0.7150	0.7062	0.7120	0.7067	0.7155	0.7105	0.6972

续表

2　树种 Tree species：柠檬桉 *Eucalyptus citriodora* Hook.

DN	RN	HA	基本密度/(g/cm³) Basic density/(g/cm³) 年轮生成树龄/年 Tree age during ring formation/a													
			3、4	5	6	7	8	9	10	11	12	13	14	15	16	17
10	15	16														0.6366
09	17	14												0.5318	0.6717	
08	18	13											0.5800		0.6814	
07	19	12										0.5473	0.6579		0.7504	
06	20	11										0.5984	0.6612		0.6743	
05	21	10								0.5598	0.6578		0.6775		0.7059	
04	23	8						0.5911			0.6785		0.7017		0.7004	
03	25	6			0.5252		0.5996		0.6306		0.6955		0.7608		0.7540	
02	27	4		0.5534			0.6094		0.6175		0.6914		0.7651		0.7950	
01	29	2	0.5892			0.6515			0.7107		0.7694		0.7776		0.7934	
Ave.			0.5892	0.5713	0.6025	0.5767	0.6202	0.6129	0.6375	0.6219	0.6818	0.6626	0.6977	0.6793	0.7202	0.7118

3　树种 Tree species：巨尾桉 *Eucalyptus grandis* Hill ex Maiden × *E. urophylla* S.T. Blake

DN	RN	HA	基本密度/(g/cm³) Basic density/(g/cm³) 年轮生成树龄/年 Tree age during ring formation/a									Ave.
			1	2	3	4	5	6	7	8	9	
14												
13	2	7.5								0.4950		0.4950
12	2	7								0.4753		0.4753
11	3	6							0.5164		0.5048	0.5125
10	4	5						0.5025	0.5160	0.5348	0.5377	0.5228
09	5	4					0.5003	0.5489	0.5347	0.5360	0.5205	0.5281
08	6	3				0.4898	0.4883	0.5383	0.5583	0.5368		0.5247
07	6	2.5				0.4982	0.5304	0.4614	0.5396	0.5647	0.5604	0.5258
06	7	2			0.5026	0.5177	0.5120	0.5666	0.6050	0.5768		0.5511
05	7	1.5			0.5262	0.5449	0.4846	0.5138	0.5442	0.6074	0.5783	0.5428
04	8	1		0.4939	0.5521	0.4083	0.6073	0.5741	0.5928	0.6929	0.6105	0.5665
03	8	0.73		0.5017	0.4599	0.5298	0.5476	0.5030	0.5771	0.6058		0.5413
02	9	0.45	0.5289	0.4983	0.4705	0.5314	0.5321	0.5340	0.6068	0.5670		0.5373
01	9	0.18	0.4994	0.5119	0.4709	0.4811	0.5790	0.5482	0.5544	0.5810	0.5470	0.5303
Ave.			0.5142	0.5015	0.4970	0.5002	0.5313	0.5291	0.5587	0.5608	0.5474	0.5348

4　树种 Tree species：米老排 *Mytilaria laosensis* H. Lec.

DN	RN	HA	基本密度/(g/cm³) Basic density/(g/cm³) 年轮生成树龄/年 Tree age during ring formation/a															Ave.
			2	3	4	5	6	7	8	9	10	11	12	13	14	15	16	17	
10	1	16																0.5228	0.5228
09	1	16																0.5594	0.5594
08	2	15															0.4473	0.4613	0.4543
07	2	15															0.4705	0.4351	0.4528
06	5	12												0.3665	0.4259	0.4672	0.4789	0.4650	0.4407
05	7	10											0.4229	0.4491	0.4797	0.4939	0.4763	0.5358	0.4687
04	10	7							0.4111		0.4508	0.4870	0.4753	0.4995	0.4905	0.4942	0.4751	0.4727	0.4667
03	12	5					0.4366	0.4186	0.4338	0.4610	0.4362	0.4740	0.4575	0.4761	0.4818	0.4830	0.4678	0.4938	0.4600
02	14	3			0.4280		0.4438	0.4505	0.4505	0.4564	0.4482	0.4767	0.4707	0.4718	0.4806	0.4814	0.4941	0.5046	0.4632
01	16	1	0.4098	0.4061	0.3928	0.4319	0.4439	0.4483	0.4732	0.4714	0.4724	0.5063	0.6372	0.4958	0.5002	0.5095	0.5074	0.4988	0.4753
Ave.			0.4098	0.4061	0.4104	0.4300	0.4414	0.4391	0.4422	0.4500	0.4519	0.4734	0.4927	0.4598	0.4765	0.4882	0.4772	0.4949	0.4666

续表

树种 Tree species：灰木莲 *Manglietia glauca* Bl.

DN	RN	HA	基本密度/（g/cm³）Basic density/(g/cm³)　年轮生成树龄/年 Tree age during ring formation/a															Ave.
			4、5	6	7	8	9	10	11	12	13	14	15	16	17、18	19、20	21、22	
08	6	16													0.3616	0.3536	0.3850	0.3667
07	7	15												0.4032	0.3812	0.3679	0.3826	0.3809
06	9	13										0.4036	0.3772		0.3627	0.3615	0.3845	0.3750
05	11	11								0.3434	0.3320		0.3462		0.3516	0.3521	0.3778	0.3512
04	13	9						0.3674		0.3388	0.3425		0.3539		0.3683	0.3479	0.3740	0.3552
03	15	7				0.3573	0.3215		0.3533		0.3562		0.3566		0.3516	0.3637	0.3622	0.3525
02	17	5		0.3165			0.3224		0.3540		0.3535		0.3655		0.3739	0.3692	0.3789	0.3520
01	19	3	0.4187		0.3596		0.3881		0.3529		0.3819		0.3803		0.3893	0.3998	0.4086	0.3883
Ave.			0.4187	0.3676	0.3381	0.3445	0.3440	0.3499	0.3498	0.3485	0.3532	0.3616	0.3633	0.3690	0.3675	0.3645	0.3817	0.3668

树种 Tree species：大叶相思 *Acacia auriculaeformis* A. Cunn ex Benth.

DN	RN	HA	基本密度/（g/cm³）Basic density/(g/cm³)　年轮生成树龄/年 Tree age during ring formation/a							Ave.
			1	2	3	4	5	6	7	
08	1	6							0.1870	0.1870
07	2	5						0.2300		0.2300
06	3	4					0.2511	0.3324		0.3053
05	4	3				0.2370	0.3483	0.3847		0.3387
04	5	2			0.2638	0.3288	0.3766	0.4320		0.3666
03	6	1		0.2285	0.2716	0.3199	0.4194	0.4084		0.3427
02	7	0.62		0.2503	0.3449	0.3928	0.4338	0.4070		0.3552
01	7	0.25	0.3015	0.3614	0.3785	0.4210	0.4524	0.4488		0.4018
Ave.			0.2759	0.2801	0.3147	0.3399	0.3803	0.3776	0.3538	0.3456

树种 Tree species：火力楠 *Michelia macclurei* var. *sublanea* Dandy

DN	RN	HA	基本密度/（g/cm³）Basic density/(g/cm³)　年轮生成树龄/年 Tree age during ring formation/a																	Ave.
			3、4	5	6	7	8	9	10	11	12	13	14	15	16	17	18	19	20	
11	1	19																	0.4174	0.4174
10	2	18																0.4378	0.4378	0.4378
09	3	17															0.4286	0.4286	0.4286	0.4286
08	5	15													0.4225	0.4225	0.4225	0.4615	0.4615	0.4381
07	7	13											0.4267	0.4267	0.4267	0.4771	0.4771	0.4894	0.4894	0.4590
06	9	11									0.3956	0.4711	0.4711	0.4886	0.4886	0.5208	0.5208	0.5229	0.5229	0.4892
05	12	8						0.4088	0.4088	0.4619	0.4619	0.4859	0.4859	0.4973	0.4973	0.5188	0.5188	0.5188	0.5188	0.4819
04	14	6				0.4140	0.4140	0.4711	0.4727	0.5000	0.5000	0.5162	0.5162	0.5400	0.5400	0.5229	0.5229	0.5229	0.5229	0.4983
03	15	5			0.3762	0.4129	0.4793	0.4929	0.4945	0.5017	0.5017	0.5217	0.5217	0.5220	0.5220	0.5278	0.5278	0.5278	0.5278	0.4972
02	16	4		0.4161	0.4161	0.4503	0.4503	0.4996	0.4996	0.5057	0.5057	0.5162	0.5162	0.5176	0.5176	0.5024	0.5024	0.5024	0.5024	0.4888
01	18	2	0.4025	0.4499	0.4499	0.4681	0.4681	0.5288	0.5288	0.5059	0.5059	0.5314	0.5314	0.5136	0.5136	0.4972	0.4972	0.4972	0.4972	0.4883
Ave.			0.4025	0.4330	0.4141	0.4363	0.4529	0.4802	0.4809	0.4950	0.4785	0.5071	0.4956	0.5008	0.4910	0.4987	0.4909	0.4909	0.4842	0.4825

续表

8 树种 Tree species: 红锥 *Castanopsis hystrix* Miq.

DN	RN	HA	基本密度/（g/cm³）Basic density/(g/cm³) 年轮生成树龄/年 Tree age during ring formation/a																		Ave.
			3	4	5	6	7	8	9	10	11	12	13	14	15	16	17	18	19	20	
12	1	19																	0.4316	0.4316
11	2	18																0.4397		0.4397
10	3	17															0.4150		0.4323	0.4208
09	5	15														0.4241		0.4294		0.4526	0.4309
08	7	13										0.4777		0.4291			0.4727		0.5068		0.4707
07	9	11									0.4712		0.4665		0.5079		0.5316		0.5085		0.5000
06	11	9								0.4314	0.4380		0.5251		0.5271		0.5952		0.5605		0.5178
05	13	7						0.4191	0.4128	0.4255	0.4524	0.4453	0.4446		0.4779		0.4966		0.5023		0.4614
04	15	5				0.5520	0.4572	0.4154	0.4333	0.4214	0.4433		0.4985		0.4955		0.4832		0.4978		0.4744
03	16	4			0.4199	0.4453	0.4731	0.4173	0.4367	0.5186	0.5186	0.5254	0.5254	0.4989	0.4989	0.5296	0.5296	0.5339	0.5339		0.4891
02	17	3		0.4884		0.4710	0.4748	0.4900	0.4381	0.4536	0.4691		0.5199		0.4816		0.5055				0.4863
01	18	2	0.4402		0.4632	0.4501	0.4673	0.4969	0.4717	0.4745	0.4742	0.4983		0.5396	0.4882		0.5125				0.4879
Ave.			0.4402	0.4643	0.4572	0.4733	0.4612	0.4589	0.4346	0.4405	0.4659	0.4691	0.5028	0.4997	0.4883	0.4811	0.5027	0.4966	0.4920	0.4903	0.4804

9 树种 Tree species: 小叶栎 *Quercus chenii* Nakai

DN	RN	HA	基本密度/（g/cm³）Basic density/(g/cm³) 年轮生成树龄/年 Tree age during ring formation/a																		Ave.
			4~6	7、8	9	10~12	13、14	15、16	17、18	19、20	21、22	23、24	25、26	27、28	29、30	31、32	33、34	35、36	37、38	39、40	
09	2	38.5																		0.5768	0.5768
08	2	38																	0.5796		0.5796
07	4	36																0.5963			0.5963
06	8	32														0.6378		0.6299		0.6487	0.6386
05	12	28											0.6674	0.6500	0.6327		0.6466		0.6529		0.6528
04	16	24										0.7076	0.6523	0.6321		0.6239		0.6041		0.6271	0.6473
03	24	16							0.6667	0.6544	0.6601	0.6524	0.6719	0.6589	0.6521	0.6353	0.6191	0.5981		0.6540	0.6491
02	31	9				0.6764	0.6560	0.6776	0.6720	0.6720	0.6815	0.6815	0.6623	0.6705	0.6665	0.6597	0.6167		0.6234		0.6577
01	37	3	0.6936	0.6715	0.6558	0.6558	0.6782	0.6764	0.6695	0.6502	0.6811	0.5858	0.6652	0.6838	0.6466	0.6424	0.6121		0.6024	0.6400	0.6524
Ave.			0.6936	0.6715	0.6558	0.6661	0.6671	0.6770	0.6694	0.6630	0.6723	0.6425	0.6719	0.6835	0.6583	0.6507	0.6293	0.6237	0.6144	0.6221	0.6477

10 树种 Tree species: 栓皮栎 *Quercus variabilis* Bl.

DN	RN	HA	基本密度/（g/cm³）Basic density/(g/cm³) 年轮生成树龄/年 Tree age during ring formation/a														Ave.
			4~9	10	11~13	14~17	18~21	22	23~25	26~28	29	30~33	34~37	38~41	42~45	46~49	4~9	
10	2	47															0.5849	0.5849
09	6	43														0.6313		0.6313
08	10	39													0.6932	0.6859		0.6903
07	21	28									0.6712	0.6712	0.7196	0.7024		0.7210		0.6958
06	27	22							0.7493	0.7311	0.7272	0.7022	0.7123	0.6986		0.6699		0.7116
05	31	18					0.7053	0.7331	0.7572	0.7405		0.7008	0.6966		0.6389	0.6568		0.7036
03	39	10			0.7083	0.7352	0.7150		0.7305	0.7407		0.6988	0.6898	0.6918	0.6715	0.6562		0.7037
01	46	3	0.6765	0.7152		0.7378	0.7340		0.7423		0.7377	0.7120	0.6819	0.6645	0.6565	0.6498		0.7002
Ave.			0.6765	0.7152	0.7118	0.7231	0.7365	0.7245	0.7181	0.7353	0.7388	0.7417	0.7276	0.7099	0.6892	0.6970 0.6963 0.6769 0.6703 0.6673	0.6570	0.6980

11　树种 Tree species：山核桃 *Carya cathayensis* Sarg.

基本密度/（g/cm³）　Basic density/(g/cm³)；年轮生成树龄/年　Tree age during ring formation/a

DN	RN	HA	1、2	3、4	5	6	7、8	9	10	11、12	13、14	15~18	19、20	21、22	23~26	27~30	31~34	Ave.
03	26	8						0.5728	0.5728		0.5898	0.5344	0.5628		0.5174	0.5339	0.4432	0.5322
02	30	4			0.5682			0.5819	0.5720		0.5357	0.5413	0.5943	0.5923	0.5725	0.5437	0.4581	0.5491
01	32	2		0.5899			0.5720		0.5833		0.5901	0.5406	0.5817		0.5495	0.5232	0.4614	0.5506
00	34	0	0.5200	0.5340	0.5548			0.5853		0.5793	0.5726	0.5438	0.5555		0.5231	0.4996	0.4852	0.5380
Ave.			0.5200	0.5620	0.5724	0.5710	0.5752	0.5746	0.5780	0.5769	0.5721	0.5400	0.5736	0.5731	0.5406	0.5251	0.4620	0.5428

12　树种 Tree species：枫杨 *Pterocarya stenoptera* C. DC.

基本密度/（g/cm³）　Basic density/(g/cm³)；年轮生成树龄/年　Tree age during ring formation/a

DN	RN	HA	4~7	8	9~11	12、13	14	15	16、17	18、19	20、21	22	23	24、25	26、27	28	29	30、31	32	33	34、35	Ave.
10	2	33																			0.3233	0.3233
09	2	33																		0.3397		0.3397
08	3	32																	0.3553			0.3553
07	6	29															0.3073		0.4116		0.4319	0.3836
06	8	27														0.3497			0.3971		0.4598	0.3891
05	12	23												0.3544	0.4188	0.4167		0.4471	0.4407		0.4834	0.4163
04	16	19									0.3038	0.3595		0.4349	0.4272	0.4270		0.4460	0.4693			0.4171
03	21	14					0.3278		0.3818	0.4013		0.4465		0.4437	0.4362	0.4496			0.4855			0.4258
02	27	8			0.3384	0.3631		0.4158		0.4058	0.4193	0.4619		0.4588	0.4212	0.4815	0.4593		0.4538			0.4170
01	32	3	0.3153	0.3762		0.4151		0.3982			0.4339			0.3983			0.4493		0.4160			0.4003
Ave.			0.3153	0.3762	0.3573	0.3768	0.3891	0.3687	0.3806	0.3953	0.3896	0.4255	0.4112	0.4180	0.4075	0.4293	0.4253	0.4155	0.4391	0.4287	0.4218	0.4065

注：DN—树茎自下向上取样的圆盘序数；RN—圆盘年轮数；HA—取样圆盘高生长树龄（年）；Ave.—平均值。取样圆盘的高生长树龄是它生成起始时的树龄，即树茎达到这一高度时的树龄。

Note: DN—ordinal number of sampling discs which are from lower to upper in the stem; RN—Ring number of sampling disc; HA—tree age during height growth of sampling disc (a); Ave.—Average. Tree age of height growth of sampling disc is the time at the beginning of its formation, and also as the tree age when the stem grows to attain the height.

10 次生木质部构建中木材力学性能的发育变化

摘　　要

发育变化是次生木质部生命中的动态现象。测定木材力学性能的目的是，通过次生木质部生命变化中形成的一类固着性状研究其生命变化过程。

木材的主要有机成分、细胞形态、排列和胞壁超微结构都充分适应树茎在行使输导机能的同时还具有支持功能。木材力学性能在本项目中属树茎支持功能，而不再看作是材料应用性能。树茎的木材部位在次生木质部生命中的逐年构建间生成。次生木质部随两向生长树龄的发育变化在树茎的木材力学性能差异中得到显示。这是树木在长历史时代中难以计算突变里形成的生命动态适应。

对 12 种阔叶树，采用国际和我国木材物理力学性质试验标准中的试样尺寸；按次生木质部发育研究需要，在树茎南、北两向连续的不同高度自外向内 1~3 个或 4 个径向部位取样。抗弯、抗压和基本密度试样横截面尺寸相同，抗压和基本密度试样短。同一短木条 3 种试样纵向相连。把短木条中央在树茎的高度看作它们的共同的名义高度，由此推算出近似的高生长树龄。树茎不同高度取样木条的名义高度和径向位置序列无误。对测定结果进行随高生长树龄和径向位置变化的分析。

利用取得的同一实验结果，尚进行次生木质部上、下和内、外部位对木材力学性能和基本密度相关性影响的研究。

发育研究中采用一般木材材性测定的标准试样，限制了结果的作用。

10.1 有关测定的事项

10.1.1 测定的指标

木材力学材性指标有多个（抗弯、抗压、抗剪、抗劈、冲击弯曲和硬度等），静力弯曲和顺纹抗压在木材用作结构材中的作用最大。可推论，这两个指标在立木支持功能中的作用也最大。

静力弯曲和顺纹抗压试样横截面都为 20mm×20mm 的正方形，静曲试样顺纹长300mm，但顺纹抗压长仅 30mm。纵向相连的两种试样可看作同一取样高度，高生长树龄相同。两种试样沿树高都符合确定间距连续取样的要求。两种试样在样树长向和水平径向上都易实施机械加工。

同时，木材力学指标间存在着相关关系。本项目只选择静力弯曲和顺纹抗压作为次生木质部发育研究的测定项目。

静力弯曲和顺纹抗压都是缓慢而均匀的施载形式。顺纹抗压强度是单位负荷面积能承受的最大荷载。超过这一极限，即使在荷载减小的情况下，变形将继续加大。静力弯曲中的木材抗力（应力）同时存在抗压和抗张两部分，其强度计算比顺纹抗压复杂，但在发育变化研究上仍作为单一指标。

同一静力抗弯试验取得两项测定结果——静力抗弯强度和抗弯弹性模量。材料弹性表示在不超过一定荷载条件下受力变形后尚可恢复原有形状的能力。弹性模量是衡量这一能力的指标。这两项测定结果与立木树茎抗风弯曲有关。

10.1.2 测定中必须考虑的一些因子和解决途径

1）样树内的取样

研究次生木质部构建中随两向生长树龄的发育变化，与要测出单株内木材力学性能差异，或以能给出木材树种材性指标为目的的测定是完全不同性质的主题。它们在试验方法上的差别首先表现在样树内取样上。

2）水分影响

木材试验多个准备环节对水分影响都要考虑。

试材运回后，用于木材力学试验的木段须候气干后方可加工。以免试样尺寸和形状会有变化，甚至产生干裂。

试样制作后，在试验前要经过等湿存放，调湿至含水率15%。强度值的含水率校正范围越小，结果越准确。

3）试样尺寸

顺纹抗压试验前需测试样中央的宽度和厚度；静力弯曲试验前需测试样中央的宽度和高度。

4）木材的各向异性

测定抗弯强度和弹性模量采用弦向施力。

5）施荷速度影响强度值

施荷快将人为提高测定的强度值。木材试验的国家标准对施荷速度有规定。

10.1.3　试验机

本项目采用岛津电子自控试验机（AG-5000A）。

该型试验机借助计算机提供了加载控制到数据处理等各方面的自动程序。只需输入试样尺寸和设定的试验条件，在按下控制器的启动键后，试验过程全自动处理。荷载位移曲线在每个试样试验中进行自动描绘，要求提供的试验数据在每个试样试验结束时即刻打印在记录纸上。

该型试验机配置有 5t 载荷传感器，这并非试验中的实际满量程。记录器上的满刻度载荷由载荷量程键（1、2、5、10、20、50）来设定。记录器上的满刻度载荷等于载荷传感器容量 5t 除以载荷量程键选用数字。由此可知，5t 载荷传感器的实际满刻度载荷可为 5000kg、2500kg、1000kg、500kg、250kg、100kg。选用适当满刻度载荷目的是提高试验结果精度（该试验机由载荷量程键 1～50 确定的载荷测量精度为指示值的±0.5%或满量程的±0.25%两者中的较大者）。试验机运作中施荷超过载荷量程键的设定时，自动转入高一档满刻度载荷。

试验机给出的弹性模量是按试验材料性质设定的载荷点 P_1、P_2 间的斜率。

该试验机加荷由横梁移动速度控制。横梁速度（mm/min）0.5～500，分 13 挡。横梁精度±0.1%。实验操作中，用数据输入指定采用的横梁速度。

10.2　实　　验

10.2.1　取样和试样准备

本项目木材力学测定由样树根颈向上 1.30m，而后再向上每隔 2.00m 各截为一段，连续取样。每段在下端取圆盘后，沿南向、北向锯制厚 50mm 中心板，而后在剔除木材缺陷中，将每一中心板截断为 3 段或 4 段。平行尖削方向把南、北中心板短段自茎周至髓心依序锯解为用罗马数字编序的试条。在截分的每一木条上制取木材物理力学性能试样一套三件。全部试样横截面为正方形。每一中心板短段中央的树茎高度是其上试样相同的名义取样高度。这样取样的测定结果，经数学处理可反映出随高生长树龄的变化趋势。次生木质部发育是相随两向生长树龄的变化，而由此绘出同一随高生长树龄变化曲线上的试样径向生长树龄相近而非相同。

由每一试样编号可查辨出样树株别、取样高度和径向位置序号。取样高度和径向位置序列准确，但试样名义高度是近似值，共取抗弯强度试样 242 个、顺纹抗压试样 383 个。12 种树种两种类型力学强度试样数见表 10-1。

表 10-1　12 种阔叶树单株样树木材力学性能发育变化测定取样位置和试样数

Table 10-1　The sampling positions and the number of samples for the determination of developmental change of wood mechanical properties of individual sample trees of twelve angiospermous species

样树种别 Tree species	抗弯强度和弹性模量试样 径向位置和试样数 The sampling radial position and the number of samples for the bending strength and elasticity modulus tests				顺纹抗压强度试样 径向位置和试样数 The sampling position and the number of samples for the compression parallel to grain tests			
	I	II	III	合计	I	II	III	合计
尾叶桉 Eucalyptus urophylla S. T. Blake	39	18	1	58	22	16	1	39
柠檬桉 Eucalyptus citriodora Hook. f.	41	28		69	22	16	3	41
巨尾桉 Eucalyptus grandis Hill ex Maiden × E. urophylla S. T. Blake	21	14	5	40	12	8	4	24
米老排 Mytilaria laosensis H. Lec.	32	26		58	19	14	1	34
灰木莲 Manglietia glauca Bl.	22	16	9	47	13	9	5	27
大叶相思 Acacia auriculaeformis A. Cunn. Ex Benth.	18	12	1	31	11	7	1	19
火力楠 Michelia macclurei var. sublanea Dandy	21	17	2	40	15	10	2	27
红锥 Castanopsis hystrix Miq.	24	15	1	40				
小叶栎 Quercus chenii Nakai					3	3	2	8
栓皮栎 Quercus variabilis Bl.					4	2	1	7
山核桃 Carya cathayensis Sarg.					4	3	1	8
枫杨 Pterocarya stenoptera C. DC.					5	3		8

注：抗弯强度和弹性模量在同一试样测出。

抗弯试样尺寸为 20mm×20mm×300mm，顺纹抗压为 20mm×20mm×30mm，长度均顺纹方向。全部试样无明显木材缺陷，端部相对的两边棱为弦向，并与另一对径向边棱相垂直。

试样经过充分气干。

在抗弯试样长度中央，测量径向尺寸为宽度，弦向为高度；在顺纹抗压试样长度中央，测量宽度及厚度，以上均准确至 0.01mm（读至 0.005mm）。

本章利用在第 11 章木材尺寸稳定性试样上测出的基本密度数据，其试样处理程序与本章木材力学性能测定部分有差别，待第 11 章详述。

10.2.2　对试样含水率的要求

国际标准（ISO 3129）木材—物理力学试验方法中规定，木材在锯制成试样前，应干燥（在低于 60℃ 温度条件下）至含水率接近平衡状态；而后应以温度（20±2）℃ 和相对湿度（65±3）% 进行平衡含水率调节处理。使木材含水率达到平衡；之后，应在能够保证其含水率在试验前保持不变的条件下保存。

我国国家标准木材物理力学试验方法总则（GB1928—91）中规定，制成的试样，应置于相当于木材平衡含水率为 12% 的环境条件中，调整试样含水率到平衡。国际标准把要求试验结果校正至含水率为 12% 时的值。这是国外考虑木结构长时处于空调条件下而做出的要求。我国标准参照采用国际标准。

国际标准（ISO 3129）中明确，试验的目的是测定样树质量、成批锯材质量，要保证样品对成批木材具有代表性。我国标准适用于研究各树种木材物理力学性质。本项目要求通过测定单株内木材差异，研究次生木质部随两向生长树龄的发育变化。次生木质部发育研究的性质与木材性能代表性指标值的测定要求不同。

本项目采用我国大部分地域气干平衡含水率 15% 为发育研究要求的试样含水率。

10.2.3　设定试验机运作的主要条件

试验机启动前，按全自动处理要求输入试验条件。

本项目阔叶树实验采用的主要试验条件有如下几个。

1）满刻度载荷

适合的满刻度载荷与测定精度有关。

静力弯曲极限强度和弹性模量（弦向施荷）：

3 种桉树和米老排 5kN（≈500kg）；

其他 4 树种（灰木莲、大叶相思、火力楠和红锥）2.5kN（≈250kg）。

试验机载荷测量精度为满量程 ±0.25%，以 5kN 计为 12.5N，2.5kN 计为 6.25N（我国静曲试验国家标准精度要求为 10N）；或为试验机指示值的 ±0.5% 计，则高于我国标准（GB1928—91）和 ISO 标准中示值误差不得超过 ±1.0% 的要求。

顺纹抗压强度（试样在球面滑动支座的中心位置）：

8 试验树种均为 50kN（≈5000kg）（我国顺纹抗压国家标准精度要求为 100N）。

2）弹性模量载荷点 P_1、P_2

尾叶桉、柠檬桉　取 500N、1000N；

巨尾桉、米老排、灰木莲　　取 250N、1000N；

大叶相思、火力楠、红锥　　取 250N、750N。

3）横梁移动速度

8 树种抗弯均 5.00mm/min；

抗压均 1.00mm/min。

ISO 和我国国家标准均要求以等速均匀加荷。抗弯强度在加荷后（1.5±0.5）min 内破坏，顺纹抗压强度在 1.5～2.0min 内破坏。

本试验加荷以横梁移动速度控制。采用的速度能符合上述破坏时间的要求。

4）加荷方式

ISO 和我国国家标准均规定，抗弯强度在支座间中央施加弯曲荷载；抗弯弹性模量采用两点加荷，在确定的荷载范围内反复四次加荷，测出后三次上限、下限变形差，计算弹性模量。

我国国家标准规定允许与抗弯强度试验用同一试样，先测弹性模量，后进行抗弯强度试验。

本项目抗弯弹性模量和抗弯强度在连续的当次试验中进行，自动给出弹性模量。

本试验结果供发育研究用，对试验的首位要求是精度，其次是相比数据的试验条件相同。树种间根据各自的强度情况，为提高试验精度而在设定的试验条件中有差别。

10.2.4 测定含水率和校正

全部试样在各自试验结束后，立即在试样中部截取长约 10mm 的木块一个进行含水率测定。对各试样分别按下式进行强度的含水率校正：

$$\sigma_{15} = \sigma_W\,[1 + \alpha(W - 15)]$$

式中：σ_{15}——试样含水率为 15% 时的力学性能指标；

σ_W——试样含水率为 W% 时的力学性能指标；

W——试样含水率，%。

抗弯强度 $\alpha = 0.04$；

抗弯弹性模量 $\alpha = 0.015$；

顺纹抗压强度 $\alpha = 0.15$。

含水率校正使本项目试验结果能在相同含水率条件下进行比较。

10.3 3 种木材力学性质和基本密度随高生长树龄的发育变化

图 10-1 示，8 树种各单株样树内 3 种木材力学性质和基本密度随高生长树龄和径向部位变化曲线的四幅图示分别列一纵行。这能表现出木材强度性状间，以及与基本密度间存在的相关关系，并具有相互校验的作用。

第 9 章基本密度发育变化研究中测定饱水试样体积，并且是在确定取样高度圆盘南向自外向内连续取样。本章基本密度以立方体测长确定饱水试样体积，是在各同一名义高度力学试样上或下相连处取样。

10.3.1 图示中的两向生长树龄和坐标范围

本章全部图示横坐标为高生长树龄，曲线标注 I、II 或 III。每个取样木条的中央位点都有它在树茎上的近似高度。由树高和高生长树龄的回归关系可知逐个名义高度取样木条上样品的高生长树龄。I、II 或 III 是相同名义高度试样自茎周向髓心的径向位置。

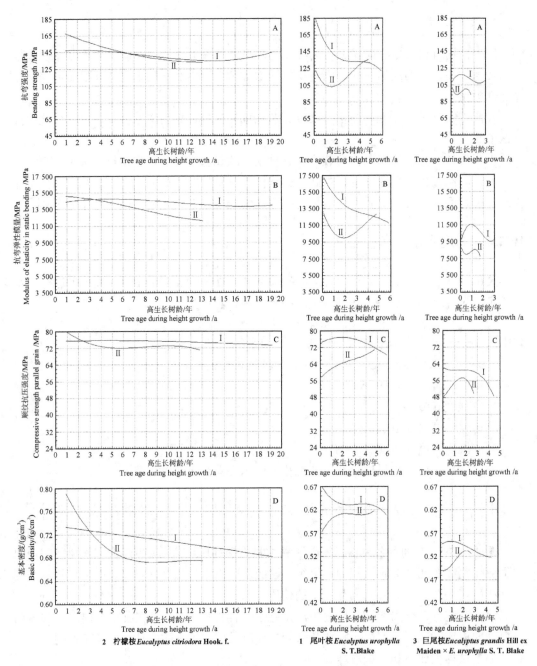

图 10-1　8 种阔叶树单株样树 3 种力学性质和基本密度随高生长树龄和径向部位的发育变化

Ⅰ、Ⅱ、Ⅲ系在同一取样高度范围内，自树皮向内试样的径向依序位置。随高生长树龄变化曲线（Ⅰ、Ⅱ或Ⅲ）上的
试样径向生长树龄相近而非相同

Figure 10-1　Developmental changes of three wood mechanical properties and basic density with height
growth age and radial positions in individual sample trees of eight angiospermous species

Ⅰ、Ⅱ and　Ⅲ are the serial positions of specimen inwards from bark of the same range of sampling height. The radial growth
ages of sample in the same curve designating the change with height growth age are approach rather than equivalent

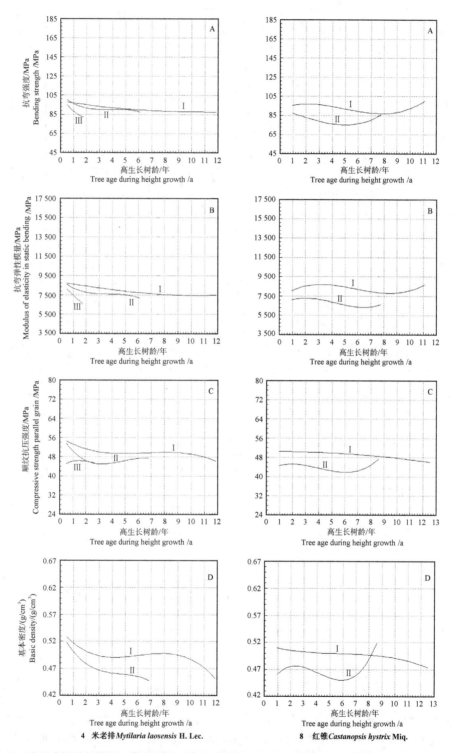

图 10-1　8 种阔叶树单株样树 3 种力学性质和基本密度随高生长树龄和径向部位的发育变化（续Ⅰ）

Figure 10-1　Developmental changes of three wood mechanical properties and basic density with height growth age and radial positions in individual sample trees of eight angiospermous species (continued Ⅰ)

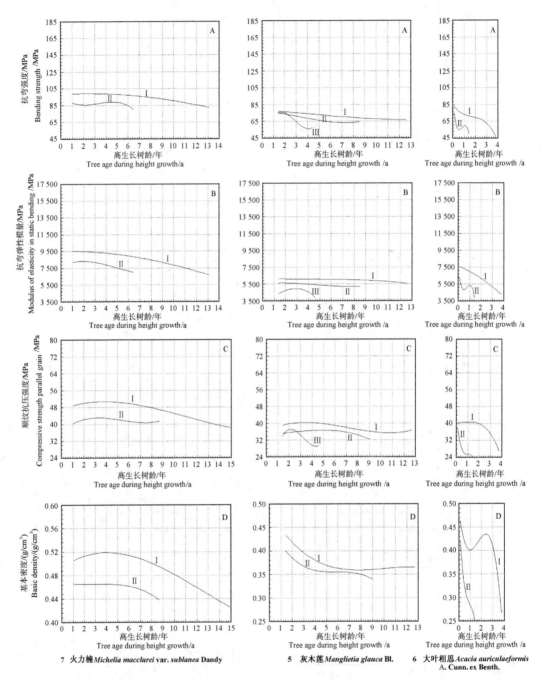

7　火力楠 *Michelia macclurei* var. *sublanea* Dandy　　　5　灰木莲 *Manglietia glauca* Bl.　　　6　大叶相思 *Acacia auriculaeformis* A. Cunn. ex Benth.

图 10-1　8 种阔叶树单株样树 3 种力学性质和基本密度随高生长树龄和径向部位的发育变化（续Ⅱ）

Figure 10-1　Developmental changes of three wood mechanical properties and basic density with height growth age and radial positions in individual sample trees of eight angiospermous species (continued Ⅱ)

由于采用了与一般木材材性测定相同尺寸的试样,样树上的取样数受到限制,但本章图 10-1 尚能表达出力学性能和基本密度随高生长树龄和径向部位的发育变化趋势。

为了增进不同树种图示间的比较效果,3 种力学性质示值范围在不同树种间相同。但基本密度纵坐标全范围在树种间有差别,示值级差也有不同。

10.3.2　发育趋势性变化呈现的条件

生物体内随生命时间的趋势性变化必定在遗传物质控制下才会出现,生物体中离开遗传物质控制的任何变化都不可能具有趋势性(程序性)。

图 10-1 示单株内次生木质部构建中不同力学性质和基本密度间呈相同的趋势性变化。这是在次生木质部不同性质具有相关关系性状间的共同相似变化趋势,它与上述种内个体间同一性状发育变化的遗传相似在性质上不同。顺纹抗压和抗弯是同在强度方面的性质,而基本密度是产生木材强度的物质基础。它们在单株次生木质部构建中表现出共同变化趋势。这一方面是单株树木遗传物质控制的结果,另一方面是它们间具有相关性。测定结果要分别能表现出它们原该具有的共同趋势,尚取决于对它们的测定精度能符合发育研究的要求。

图 10-1 示 3 种木材力学性质和基本密度随高生长树龄和径向部位的变化趋势在树种间有差别。

10.3.3　树种间 3 种力学性质和基本密度发育变化的共同趋势

图 10-1 示 8 树种随高生长树龄变化的共同趋势:图中曲线 I 均呈降;曲线 II 有升或降;曲线 II 变化幅度较 I 大。木材科学将树茎不同高度相同离髓心 5～15 年轮数的中心部位称为幼龄材。本项目样树三种力学性质和基本密度 II 取样部位并不完全符合幼龄材定义。但由实验结果能估计,8 种阔叶树幼龄材在树茎不同高度间的差别比外围部位大。

8 树种随径向位置向外变化的共同趋势均增高,换言之,向内均减小。

10.3.4　3 种力学性质和基本密度发育变化趋势在树种间的差别

图 10-1 示 8 树种基本密度纵坐标范围不同;3 种力学性质的纵坐标取值范围虽相同,但不同树种曲线在图示中的位置高度有差别。

8 树种中尾叶桉、巨尾桉、红锥三树种基本密度 II 随高生长树龄呈增大趋势,而另五树种 II 则呈减小趋势;3 种力学性质在树种间均有相应的差别。

附表 11-1 示尾叶桉基本密度 I 平均值为 0.643、II 为 0.602;柠檬桉基本密度 I 为 0.709、II 为 0.698。图 10-1 示尾叶桉基本密度变化曲线范围明显低于柠檬桉,但两树种的 3 种木材力学性质范围相当或相差不大。这可能是由于柠檬桉木材斜纹的斜度较大的原因。

山核桃基本密度较相同径向取样部位枫杨高(附表 11-1),但两树种顺纹抗压强度相差不大。

10.3.5 两种取样方式在基本密度测定结果上的比较

次生木质部发育研究中基本密度的专项测定是在树茎各确定高度（有确定高生长树龄）圆盘上自外向内逐个年轮上取样。可取得逐龄生长鞘发育性状随高生长树龄变化的结果。

在力学性质发育变化研究中，同时测定了 20mm×20mm×20mm 试样的基本密度。这种试样较大，人工林样树径向一般只能取得 2～3 个取样区间。高向以名义高度作为样品的取样高度（可推计出近似的高生长树龄）。由此绘出本章基本密度图示中（Ⅰ）、（Ⅱ）、（Ⅲ）随高生长树龄和径向部位发育变化的曲线。

两种取样方法测定出不同树种各同一单株样树基本密度的发育变化。图 9-1B 和图 10-1 对比结果表明，两种取样方法图示出的同一发育变化趋势相同，但图 9-1B 单株内逐龄生长鞘随高生长树龄变化图示中的曲线多，可细察其中的变化。图 10-1 尚能与图 9-1B 相符的原因是，图 10-1 测定沿树茎高向和径向的取样序列准确，进而未对发育变化的近似表达产生影响。

10.4 树茎次生木质部上、下和内、外部位对木材力学性能与基本密度相关性的影响

木材科学已认识到，木材力学性质与基本密度存在相关关系，并确定为直线相关。直线相关是近似现象，相关因子间并非符合绝对的比例关系。

树茎上、下和内、外部位生成有早、晚之别，单株内木材基本密度随两向生成树龄存在发育变化。本项目木材 3 种力学性质和基本密度在树茎不同高度和不同径向部位取样，由此而具备了研究单株内次生木质部上、下和内、外部位对木材力学性能与基本密度相关性影响的条件。

图 10-2～图 10-4 中曲线 Ⅰ、Ⅱ 仍代表外、内的径向部位，但横坐标是基本密度。Ⅰ、Ⅱ 两部位全部试样测定结果，不考虑高生长树龄，而是以基本密度为 X、力学性质为 Y，分别进行回归处理。

图 10-2～图 10-4 中 U（upper）、L（lower）两曲线在回归处理中，不考虑径向部位，而是以树茎高向中央为界面把树茎次生木质部区分为上、下两部分。上（U）、下（L）两部位全部测定结果，不考虑径向位置差别，而是以基本密度为 X、力学性质为 Y，分别进行回归处理。

图 10-2～图 10-4 采用左、右双纵坐标，左用于外（Ⅰ）、内（Ⅱ），右用于上（U）、下（L）。Ⅰ、Ⅱ 与 U、L 是相同实验数据不同处理的结果。各树种纵坐标的取值范围相同，但基本密度范围不同。上述图示曲线横向的起点、终点均有差别。

如果 Ⅰ、Ⅱ 或 U、L 两曲线分别重合，则可认为单株内木材力学性质与基本密度的回归关系不受树茎内、外或上、下部位的影响。反之，则表现出它们间的回归关系存在影响发育变化的成分。

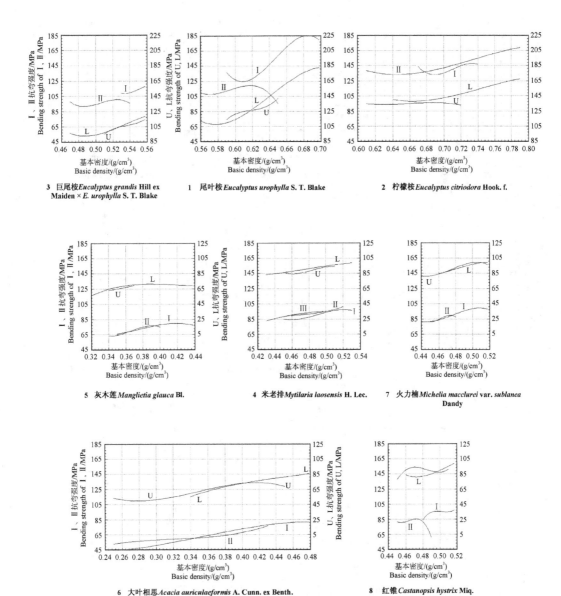

图 10-2 8 种阔叶树单株样树不同高度区间和径向部位的抗弯强度与基本密度的相关关系

Ⅰ、Ⅱ、Ⅲ分别是自树皮向内相同依序位置的试样；U、L 是树茎中央界面的上、下部分

Figure 10-2 The correlation between bending strength and basic density in different height ranges and at radial positions of individual sample trees of eight angiospermous species

Ⅰ, Ⅱ and Ⅲ are respectively the specimens at the same height positions serial inwards from bark;

U, L are respectively the parts above and below the central plane of a stem

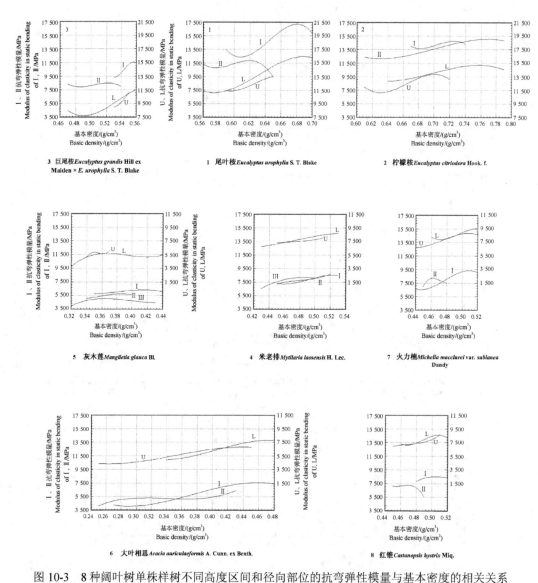

图 10-3　8 种阔叶树单株样树不同高度区间和径向部位的抗弯弹性模量与基本密度的相关关系

Ⅰ、Ⅱ、Ⅲ分别是自树皮向内相同依序位置的试样；U、L 是树茎中央界面的上、下部分

Figure 10-3　The correlation between bending strength and basic density in different height ranges and at different radial positions of individual sample trees of eight angiospermous species

Ⅰ, Ⅱ and Ⅲ are respectively the specimens at the same height positions serial inwards from bark; U, L are respectively the parts above and below the central plane of a stem

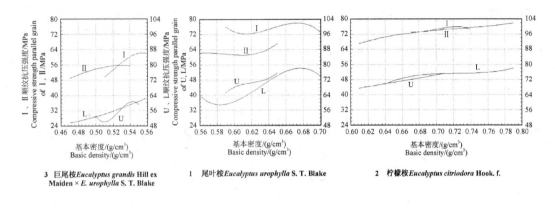

3　巨尾桉 *Eucalyptus grandis* Hill ex Maiden × *E. urophylla* S. T. Blake

1　尾叶桉 *Eucalyptus urophylla* S. T. Blake

2　柠檬桉 *Eucalyptus citriodora* Hook. f.

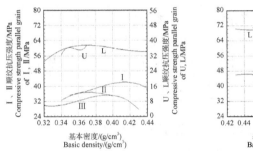

5　灰木莲 *Manglietia glauca* Bl.

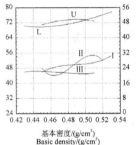

4　米老排 *Mytilaria Laosensis* H. Lec.

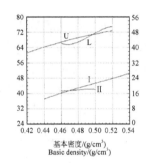

7　火力楠 *Michelia macclurei* var. *sublanea* Dandy

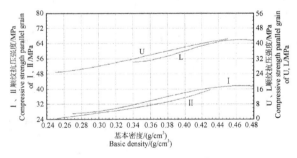

6　大叶相思 *Acacia auriculaeformis* A. Cunn. ex Benth.

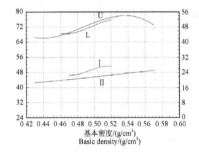

8　红锥 *Castanopsis hystrix* Miq.

图 10-4　8 种阔叶树单株样树不同高度区间和径向部位的顺纹抗压强度与基本密度的相关关系

Ⅰ、Ⅱ、Ⅲ分别是自树皮向内相同依序位置的试样；U、L 是树茎中央界面的上、下部分

Figure 10-4　The correlation between bending strength and basic density in different height ranges and at different radial positions of individual sample trees of eight angiospermous species

Ⅰ, Ⅱ and Ⅲ are respectively the specimens at the same height positions serial inwards from bark;

U, L are respectively the parts above and below the central plane of a stem

木材力学性质	木材力学性质与基本密度回归关系在树茎部位间的差别（图10-2～图10-4）	
	U（upper 上）和 L（lower 下）	I（outer 外）和 II（inner 内）
抗弯强度	一般 L 曲线在 U 之上，但差别不大。表明在相同基本密度条件下，树茎下部木材的抗弯强度稍高于上部。但红锥例外，火力楠与红锥略同	8 种树种中有四种树种 I 曲线明显在 II 之上；仅一树种 I 曲线在 II 之下；其他树种差别不大
抗弯弹性模量	8 种树种中仅三种树种 L 曲线在 U 之上。说明有的树种上、下部位对回归关系的影响在抗弯强度和抗弯弹性模量间有差别	8 种树种 I 曲线均在 II 曲线之上。表明在相同基本密度条件下，树茎外部的抗弯弹性模量稍高于内部
顺纹抗压强度	8 种树种中仅三种树种 L 曲线在 U 之上	与抗弯弹性模量同

木材力学性质与基本密度有强相关关系。在相同基本密度条件下，木材强度尚受它在树茎中木材部位的影响。一般在相同基本密度条件下，树茎下部抗弯强度稍高于上部，但抗弯弹性模量和顺纹抗压强度有相反的情况；树茎外部 3 种力学强度在相同基本密度条件下稍高于内部。影响虽有一般规律性，但尚与树种有关。

10.5 次生木质部发育研究中对进行木材力学性能测定的思考

本项目首次以发育为理念研究次生木质部构建中的变化。次生木质部木材力学性质随两向生成树龄变化的性质和一般趋势是有待确定的内容。

针叶树研究中已察出木材材性测定的试样尺寸不适合用于发育研究，其结果所报告的发育变化研究受到的限制较大。该研究中尝试在发育研究中用基本密度估算力学性能。这表明在发育研究中已产生放弃直接测定力学性质的打算。

次生木质部发育研究对试样的首位要求是具有较为确定的高、径两向生成树龄。缩小试样尺寸才能符合这一要求。目前实验设备中已有小载荷试验机，采用小尺寸试样的力学性质试验并非不可行。

次生木质部构建中木材力学强度变化的发育性质已被确定。在力学性质与基本密度间存在强相关关系的条件下，一般用于林业生产的发育研究可考虑不把力学性列为测定项目。但这并不意味着在次生木质部发育研究中通过基本密度就可无误地估计出木材力学性质。

10.6 结　论

12 种阔叶树株内次生木质部力学性能呈现随高生长树龄和径向位置变化的协调和

有序性；树种间在差异中具有相似性。这些都是发育性状的表现。阔叶树实验树种树茎外侧木材力学性能随高生长树龄变化的共同趋势为减小；多数树种树茎中心部位沿树高呈减小，但尾叶桉、巨尾桉树茎基部中心部位随高生长树龄短时减小后转增强。不同阔叶树种树茎木材力学性能随径向生长树龄变化的共同趋势均增高。

木材力学性质与基本密度虽有强相关关系，但在相同基本密度条件下，木材强度尚受树茎中木材部位的影响。

树株内木材力学性质和基本密度在同一遗传物质调控下发生；种内株间的变化相似性和差异是同一基因池遗传物质不同组合的表现。

次生木质部发育研究中的木材力学性质试样尺寸可根据两向生长树龄和具备的实验条件另行设计，以求取得更符合发育研究要求的结果。但林业生产研究在考虑栽培树种次生木质部发育过程中可不把力学性质列为测定项目，由树茎基本密度的发育过程可近似估计出力学性能在其中的变化。

附表 10-1　8 种阔叶树单株样树次生木质部不同高度和径向部位的 3 种主要木材强度性质
Appendix table 10-1　Three wood strength properties at different heights and radial positions of secondary xylem in individual sample trees of eight angiospermous species

1　　　　　　　　　　　　　　树种 Tree species：尾叶桉 *Eucalyptus urophylla* S. T. Blake

H	HA	静曲抗弯强度/MPa Static bending strength/MPa P				静曲弹性模量/MPa Modulus elasticity in static bending/MPa P				顺纹抗压强度/MPa Compressive strength parallel to grain/MPa P			
		I	II	III	Ave.	I	II	III	Ave.	I	II	III	Ave.
20.95	5.83	129.47[1]			129.47	12 096[1]			12 096	68.3			68.3
20.30	5.46	130.74[1]			130.74	11 961[1]			11 961	67.8			67.8
19.65	5.10	108.36[1]			108.36	11 719[1]			11 719	69.4			69.4
18.95	4.74	135.67	136.89[1]		136.08	12 516	13 004[1]		12 679	77.7	70.3		74.0
18.30	4.42	132.50	—		132.50	12 480	—		12 480	71.9	—		71.9
15.05	3.07	132.60	—		132.60	13 452	—		13 452	76.4	—		76.4
14.55	2.89	145.24	117.06[1]		135.85	13 531	10 597[1]		12 553	73.6	68.4		71.0
14.05	2.72	144.49	—		144.49	14 064	—		14 064	77.2	64.8		71.0
13.55	2.56	133.73	—		133.73	13 351	—		13 351	74.8	—		74.8
11.05	1.86	141.03	—		141.03	13 942	—		13 942	78.3	68.7		73.5
10.55	1.74	134.49	98.59[1]		122.52	13 707[1]	9 844[1]		11 776	77.3	54.7		66.0
10.05	1.62	137.39	—		137.39	13 372	—		13 372	76.5	66.2		71.4
9.55	1.51	141.02	—		141.02	14 378	—		14 378	71.0	67.5		69.3
7.05	1.02	145.20[1]	102.88		116.99	14 529	10 217		12 373	73.0	65.2		69.1
6.55	0.94	144.04	98.35		121.20	14 590	9 792		12 191	80.9	64.6		72.8
6.05	0.85	143.56	107.09[1]		131.40	14 034	10 082[1]		12 717	77.7	64.6		71.2
5.55	0.77	187.70	126.61		157.16	18 470	13 294		15 882	80.7	58.9		69.8
3.05	0.41	189.06[1]	107.47		134.67	18 172[1]	11 641		13 818	76.8	60.5		68.7
2.55	0.34	180.86	124.16		152.51	17 436	12 535		14 986	78.3	61.5		69.9
2.05	0.27	188.50	130.65		159.58	15 743	12 535		14 139	76.8	61.2		69.0
1.55	0.21	172.86	—		172.86	17 486	—		17 486	66.3	49.6		58.0
0.65	0.09	174.86	113.86	108.18[1]	137.12	15 978	12 324	10 393[1]	13 399	73.6	59.6	42.6	58.6
Ave.		149.84	114.87	108.18	138.27	14 522	11 567	10 393	13 534	74.7	62.9	42.6	69.6

2		树种 Tree species：柠檬桉 *Eucalyptus citriodora* Hook. f.									
H	HA	静曲抗弯强度/MPa Static bending strength/MPa *P*			静曲弹性模量/MPa Modulus elasticity in static bending/MPa *P*			顺纹抗压强度/MPa Compressive strength parallel to grain/MPa *P*			
		I	II	Ave.	I	II	Ave.	I	II	III	Ave.
22.95	19.22	140.03[1]		140.03	13 693[1]		13 693	72.4			72.4
22.30	18.57	—		—				74.0			74.0
21.65	17.96	141.00		141.00	13 897		13 897	73.9			73.9
19.05	15.81	141.72		141.72	14 103		14 103	74.3			74.3
18.55	15.44	143.16		143.16	14 278		14 278	75.5			75.5
15.05	13.11	134.62	129.58[1]	132.94	14 080	12 359[1]	13 506	71.6			71.6
14.55	12.81	138.26	—	138.26	14 234	—	14 234	74.6	67.6		71.1
14.05	12.50	138.70	140.03[1]	139.14	14 319	11 545[1]	13 394	73.0	75.1		74.1
13.55	12.19	113.77	126.58[1]	118.04	13 147	12 441[1]	12 912	75.6	71.6		73.6
11.05	10.64	140.98	139.04	140.01	13 697	12 980	13 339	76.0	74.8		75.4
10.55	10.32	135.04	128.47[1]	132.85	14 572	12 445[1]	13 863	75.6	68.5		72.1
10.05	9.99	135.04	133.31	134.18	14 386	13 033	13 710	75.0	74.5		74.8
9.55	9.65	138.59	143.08	140.84	14 833	14 088	14 461	78.4	77.7		78.1
7.05	7.79	141.96	136.06	139.01	14 764	12 472	13 618	76.2	70.2		73.2
6.55	7.38	144.71	141.42	143.07	14 547	13 279	13 913	73.8	70.8		72.3
6.05	6.95	146.34	138.17	142.26	14 622	12 941	13 782	74.1	72.4		73.3
5.55	6.50	142.97	150.37	146.67	14 419	14 036	14 228	75.4	71.2		73.3
3.05	3.96	148.87	151.88	150.38	14 972	14 657	14 815	76.5	70.5		73.5
2.55	3.38	152.18	150.43	151.31	15 060	14 871	14 966	75.4	77.4	56.9	69.9
2.05	2.77	140.85	163.67	152.26	14 573	15 500	15 037	75.1	74.0	55.5	68.2
1.55	2.14	152.17	161.57	156.87	14 710	15 019	14 865	76.4	78.7	57.9	71.0
0.65	0.93	143.90	166.62	155.26	14 117	14 630	14 374	75.1	78.1	—	76.6
Ave.		140.72	145.58	142.69	14 350	13 707	14 089	74.9	73.3	56.8	73.3

3		树种 Tree species：巨尾桉 *Eucalyptus grandis* Hill ex Maiden × *E. urophylla* S. T. Blake									
H	HA	静曲抗弯强度/MPa Static bending strength/MPa *P*			静曲弹性模量/MPa Modulus elasticity in static bending/MPa *P*			顺纹抗压强度/MPa Compressive strength parallel to grain/MPa *P*			
		I	II	Ave.	I	II	Ave.	I	II	III	Ave.
18.3	4.44							49.9			49.9
17.65	4.12							50.8			50.8
15.05	3.01	110.10		110.10	10 000		10 000	57.3			57.3
14.55	2.83	104.61		104.61	8 916		8 916	58.1			58.1
14.05	2.67	113.41		113.41	9 835		9 835	58.8	50.6		54.7
13.55	2.51	111.48[1]		111.48	10 108[1]		10 108	73.0	—		73.0
11.05	1.83	110.33[1]		110.33	9 733[1]		9 733	57.9	53.4		55.7
10.55	1.71	107.90	96.92[1]	104.24	12 083	8 040[1]	10 735	57.8	53.4		55.6
10.05	1.60	110.16	—	110.16	10 455	—	10 455	60.2	67.6		63.9
9.55	1.50	111.17	95.36[1]	105.9	10 211	8 128[1]	9 517	60.6	55.1		57.9
7.05	1.05	116.90	95.70	106.30	11 729	8 561	10 145	56.6	57.0		56.8
6.55	0.97	122.31	100.54[1]	115.05	11 556	8 133[1]	10 415	63.1	54.8		59.0
6.05	0.89	118.30	99.68	108.99	11 560	8 379	9 970	58.3	53.6		56.0
5.55	0.81	120.92	97.80[1]	116.21	11 721	8 607[1]	10 683	65.4	51.4		58.4
3.05	0.45	117.07	94.27	105.67	11 311	8 188	9 750	64.3	54.7		59.5
2.55	0.37	115.38	93.06	104.22	11 061	8 100	9 580	63.9	48.1		56.0
2.05	0.30	104.58	89.96[1]	99.71	10 156	7 577[1]	9 286	62.5	50.2		56.4
1.55	0.22	113.73	98.32[1]	108.59	10 560	8 297[1]	9 806	63.0	48.5		55.8
0.65	0.07	110.28	105.03	107.66	9 701	9 082	9 392	57.2	49.9	44.5	50.5
Ave.		112.98	97.15	107.70	10 673	8 338	9 895	59.9	53.5	44.5	57.1

4		树种 Tree species：米老排 *Mytilaria laosensis* H. Lec.											
H	HA	静曲抗弯强度/MPa Static bending strength/MPa *P*				静曲弹性模量/MPa Modulus elasticity in static bending/MPa *P*				顺纹抗压强度/MPa Compressive strength parallel to grain/MPa *P*			
		I	II	III	Ave.	I	II	III	Ave.	I	II	III	Ave.
11.05	11.88	83.92[1]			83.92	7 246[1]			7 246	46.1			46.1
10.55	11.22	86.29			86.29	7 448			7 448	47.6			47.6
10.05	10.58	95.16[1]			95.16	7 857[1]			7 857	49.0			49.0
9.55	9.95	88.40[1]			88.40	7 494[1]			7 494	48.7			48.7
6.95	6.82	85.50			85.50	7 403			7 403	50.9	46.5		48.7
6.3	6.08	92.99	88.55		90.77	7 947	7 285		7 616	49.0	48.4		48.7
5.65	5.37	83.12	88.15		85.64	7 396	7 266		7 331	48.5	47.8		48.2
3.05	2.69	96.83	90.85		93.84	8 235	7 740		7 988	49.9	39.7	45.4	45.0
2.55	2.21	102.95	94.32		98.64	9 097	8 017		8 557	52.7	47.9	46.0	48.9
2.05	1.75	94.91	90.01	82.48[1]	90.46	8 409	7 687	6 568[1]	7 752	51.8	50.0	—	50.9
1.55	1.29	91.50	92.05	85.43	89.66	8 261	7 715	7 114	7 697	51.3	50.2	46.4	49.3
0.65	0.51	97.07	101.54	95.02	97.88	8 582	8 739	8 078	8 466	54.8	51.9	45.1	50.6
Ave.		91.90	92.21	88.68	91.60	8 007	7 778	7 390	7 850	50.0	47.8	45.8	48.5

5		树种 Tree species：灰木莲 *Manglietia glauca* Bl.											
H	HA	静曲抗弯强度/MPa Static bending strength/MPa *P*				静曲弹性模量/MPa Modulus elasticity in static bending/MPa *P*				顺纹抗压强度/MPa Compressive strength parallel to grain/MPa *P*			
		I	II	III	Ave.	I	II	III	Ave.	I	II	III	Ave.
11.05	12.68									40.7			40.7
10.55	12.25	68.10			68.10	5 660			5 660	30.9			30.9
10.05	11.81	66.00			66.00	5 694			5 694	35.1			35.1
9.55	11.36	65.72			65.72	5 394			5 394	36.1			36.1
7.05	9.00	64.88[1]			64.88	5 833[1]			5 833	36.4	32.2		34.3
6.55	8.50	69.39	63.07		66.23	6 040	5 099		5 569	37.5	32.5		35.0
6.05	7.99	73.13	65.10		69.12	6 435	5 395		5 915	37.3	36.1		36.7
5.55	7.46	71.40[1]	62.44		65.43	5 806[1]	5 085		5 325	37.4	34.7		36.1
3.05	4.59	68.79	65.69	57.99[1]	65.39	5 812	5 315	3 945[1]	5 240	39.8	36.2	29.9	35.3
2.55	3.97	74.85	69.45	58.01	67.44	6 023	5 569	4 500	5 364	38.2	35.3	27.8	33.8
2.05	3.32	73.75	71.51	58.40	67.89	6 100	5 569	4 987	5 552	41.5	37.4	35.0	38.0
1.55	2.66	78.58	71.06	69.89	73.18	6 283	5 575	4 880	5 579	40.8	36.6	34.7	37.4
0.65	1.42	76.33	74.82	75.06	75.40	6 055	5 599	4 341	5 332	38.9	34.8	34.1	35.9
Ave.		71.16	67.89	64.52	68.78	5 938	5 401	4 596	5 498	37.7	35.1	32.3	35.8

续表

6 　树种 Tree species：大叶相思 *Acacia auriculaeformis* A. Cunn. ex Benth.

H	HA	静曲抗弯强度/MPa Static bending strength/MPa P				静曲弹性模量/MPa Modulus elasticity in static bending/MPa P				顺纹抗压强度/MPa Compressive strength parallel to grain/MPa P			
		I	II	III	Ave.	I	II	III	Ave.	I	II	III	Ave.
10.30	3.37	46.31[1]			46.31	4 256[1]			4 256	27.1			27.1
9.65	3.00	59.45			59.45	4 799			4 799	31.7			31.7
7.05	1.72	—			—	—			—	34.6			34.6
6.55	1.52	67.11			67.11	6 574			6 574	42.4			42.4
6.05	1.32	67.37	50.01[1]		61.58	6 171	3 869[1]		5 404	39.9	24.6		32.3
5.55	1.14	80.57[1]	59.68[1]		70.13	7 291[1]	5 165[1]		6 228	39.8	25.1		32.5
3.05	0.45	77.75	51.95		64.85	7 428	4 718		6 073	40.7	29.3		35.0
2.55	0.35	81.60	64.09		72.85	7 585	5 175		6 380	41.1	31.2		36.2
2.05	0.27	78.04	63.44		70.74	7 201	5 402		6 302	39.7	32.6		36.2
1.55	0.20	80.36	65.45		72.91	7 385	5 329		6 357	39.8	31.9		35.9
0.65	0.11	85.51	75.81	67.60[1]	78.05	7 748	6 331	5 738[1]	6 779	41.4	39.8	33.5	38.2
Ave.		73.40	62.60	67.60	69.03	6 741	5 245	5 738	6 129	38.0	30.6	33.5	34.7

7 　树种 Tree species：火力楠 *Michelia macclurei* var. *sublanea* Dandy

H	HA	静曲抗弯强度/MPa Static bending strength/MPa P				静曲弹性模量/MPa Modulus elasticity in static bending/MPa P				顺纹抗压强度/MPa Compressive strength parallel to grain/MPa P			
		I	II	III	Ave.	I	II	III	Ave.	I	II	III	Ave.
14.95	14.91									37.0			37.0
14.3	13.96									40.9			40.9
13.65	13.07	81.82[1]			81.82	6 626[1]			6 626	40.7			40.7
10.95	9.94	93.98[1]			93.98	8 057[1]			8 057	46.7			46.7
10.3	9.30	89.24			89.24	8 076			8 076	44.6			44.6
9.65	8.68	—			—	—			—	46.1	41.5		43.8
7.05	6.48	99.74	79.17		89.46	8 976	7 022		7 999	48.5	40.1		44.3
6.55	6.08	93.30[1]	83.47		86.75	8 564[1]	6 976		7 505	48.8	41.8		45.3
6.05	5.68	96.99	89.43[1]		94.47	8 716	7 398[1]		8 277	51.2	41.9		46.6
5.55	5.29	97.88	87.45		92.67	9 265	7 476		8 370	50.8	42.3		46.6
3.05	3.26	99.01	81.15		90.08	9 432	7 918		8 675	49.5	42.9		46.2
2.55	2.83	97.28	90.96		94.12	9 313	8 373		8 843	51.0	43.5		47.3
2.05	2.38	100.28	85.79		93.04	9 666	8 025		8 845	50.8	42.1		46.5
1.55	1.92	104.44	86.09		95.27	9 860	8 649		9 255	51.9	42.0	36.5	43.5
0.65	1.04	95.58	87.37	81.44	88.13	9 153	8 116	6 705[1]	8 249	47.0	40.4	36.9	41.4
Ave.		96.67	85.43	81.44	91.13	8 960	7 795	6 705	8 394	47.0	41.9	36.7	44.1

8		树种 Tree species：红锥 *Castanopsis hystrix* Miq.											
		静曲抗弯强度/MPa Static bending strength/MPa *P*				静曲弹性模量/MPa Modulus elasticity in static bending/MPa *P*				顺纹抗压强度/MPa Compressive strength parallel to grain/MPa *P*			
H	HA	I	II	III	Ave.	I	II	III	Ave.	I	II	III	Ave.
14.95	12.51									46.1			46.1
14.3	11.80									47.0			47.0
13.65	11.11	101.40[1]			101.40	8 716[1]			8 716	47.0[3]			47.0
11.05	8.60	78.32[1]			78.32	7 276[1]			7 276	48.6[2]	49.1		48.9
10.55	8.16	96.21[1]			96.21	8 664[1]			8 664	48.9	43.2		46.1
10.05	7.73	85.28[1]	84.47[1]		84.88	7 535[1]	6 432[1]		6 984	46.0[5]	43.6		44.8
9.55	7.31	86.83	—		86.83	7 666	—		7 666	50.1	43.4		46.8
7.05	5.35	95.96	—		95.96	8 585	—		8 585	53.4	42.1		47.8
6.55	4.98	94.00	80.10		87.05	8 701	7 085		7 893	52.1[5]	41.1		46.6
6.05	4.62	86.84	59.89[1]		77.86	8 146	5 494[1]		7 262	45.1[2]	43.8		44.5
5.55	4.26	94.72	77.86		86.29	8 755	6 891		7 823	51.7	44.9		48.3
3.05	2.55	94.41	86.84[1]		91.89	8 376	7 902[1]		8 218	48.5	45.0		46.8
2.55	2.21	100.53	80.61		90.57	8 717	6 971		7 844	51.0	44.3		47.7
2.05	1.88	95.02	80.99		88.01	8 540	7 282		7 911	49.5[5]	44.9		47.2
1.55	1.55	93.46	85.26		89.36	8 123	7 159		7 641	50.0[6]	44.0		47.0
0.65	0.95	98.26	86.94	80.58[1]	90.20	8 221	7 078	6 284[1]	7 376	52.0[6]	45.8	45.4	47.7
Ave.		93.39	80.98	80.58	88.41	8 327	6 984	6 284	7 772	49.2	44.2	45.4	46.9

注：*H*—名义取样高度（m）；HA—名义取样高度生成树龄（年），由样树树龄和生长高度回归方程计算得出；*P*—（I、II、III）在同一取样高度范围内，自树皮向内的试样依序位置；Ave.—平均值。表中静曲抗弯强度和静曲弹性模量数据均为算术平均值，右上角中括号内的数字是试样数；静曲抗弯强度和静曲弹性模量在同一试样上测出，如在同一取样位点试样数为2，则免去这一注解；顺纹抗压强度试样数均为1。

Note: *H*—Nominal height of sampling(m); HA—Tree age (a) when growing at nominal sampling height that is obtained from calculation by regression equation between successive tree ages and growing heights; *P*(I, II, III)—Serial positions of specimen inwards from bark at the same range of sampling height; Ave.—average. The numbers between brackets at right corner of data in this table are the numbers of specimen and the data are arithmetic mean of them; Static bending strength and modulus elasticity are measured at the same specimen, if the specimen number of them is two for a datum, the number will not be marked with additional number, and the specimen numbers of compressive strength parallel to grain are all one.

附表 10-2   4 种阔叶树单株样树次生木质部不同高度和径向部位的木材顺纹抗压强度

Appendix table 10-2   Wood compressive strength parallel to grain at different heights and radial positions of secondary xylem in individual sample trees of four angiospermous species

树种 Tree species		小叶栎 *Quercus chenii* Nakai				树种 Tree species		栓皮栎 *Quercus variabilis* Bl.			
		顺纹抗压强度/MPa Compressive strength parallel to grain/MPa						顺纹抗压强度/MPa Compressive strength parallel to grain/MPa			
H	HA	I	II	III	Ave.	*H*	HA	I	II	III	Ave.
8.60	16.34	60.5	60.5		60.5	11.30	22.69	61.4			61.4
4.60	8.84	61.7	62.7	58.5	61.0	9.30	17.72	59.0			59.0
1.30	2.69	59.1	62.8	62.7	61.5	5.30	10.20	62.7	71.6		67.2
						1.30	2.98	59.2	69.0	61.0	63.1
Ave.		60.4	62.0	60.6	61.1	Ave.		60.6	70.3	61.0	63.44

续表

树种 Tree species		山核桃 *Carya cathayensis* Sarg.				树种 Tree species		枫杨 *Pterocarya stenoptera* C. DC.		
H	HA	顺纹抗压强度/MPa Compressive strength parallel to grain/MPa				*H*	HA	顺纹抗压强度/MPa Compressive strength parallel to grain/MPa		
		Ⅰ	Ⅱ	Ⅲ	Ave.			Ⅰ	Ⅱ	Ave.
5.30	8.00	47.3			47.3	14.60	23.03	43.4		43.4
3.30	4.00	47.7	46.9		47.3	12.60	20.02	45.6		45.6
1.30	2.00	45.4	45.1		45.3	8.60	13.94	49.4	45.6	47.5
0.00	0.00	38.9	41.3	40.9	40.4	4.60	7.75	47.9	47.7	47.8
Ave.		44.8	44.4	40.9	44.21	1.30	2.54	41.0	41.8	41.4
						Ave.		45.5	45.0	45.3

注：同附表 10-1。

Note: The same as appendix table 10-1.

11　次生木质部构建中木材干缩性的发育变化

摘　要

　　干缩和湿胀是木材化学组成和结构特点决定的木材性能。木材化学组成和结构在次生木质部构建中生成。树茎中木材干缩性的差异是次生木质部生命中发育变化的表现。次生木质部发育研究把木材干缩性看作是次生木质部构建中的一个动态变化的性状因子。测定它在单株内的差异是手段，目的是揭示这种差异在形成中的变化过程。

　　本章以全干缩率为指标，研究次生木质部构建中生成木材的干缩性变化。三向全干缩率和基本密度在同一试样上测出。第 10 章采用的基本密度数据取自本章干缩性研究中的测定结果。干缩性测定试样横截面尺寸与抗弯、顺纹抗压力学强度试样相同，样树上它们取样位置相连。干缩性与力学性质发育变化研究的取样和图示表达方式类似。单株内同一取样位置干缩性测定取样数一般为 4 个，以平均值进行数据处理。附表 11-1 测定数据中列有纵向全干缩率，但未进行图示。

　　12 种阔叶树木材径向、弦向全干缩率随两向生成树龄的变化显示有类同趋势性，并具有树种差异。单株内不同位点全干缩率与基本密度相关曲线在不同树种间的差别是差异的遗传控制生成的木材结构因素对它们作用的结果。不同树种样树上、下和内、外部位径向、弦向全干缩率与基本密度的相关曲线表明，发育性状间的相关关系同样存在着遗传控制的变化差异。这些认识只能在次生木质部发育研究观点设计的实验中取得。

尺寸稳定性（干缩和湿胀）是影响木材使用的一个重要性能。但次生木质部发育研究把它看作是木材结构随两向生成树龄变化的一种表现。从发育的角度看，木材结构在次生木质部生命过程中的变化有微观方面：胞壁厚薄和层次结构的比例等；超微方面：微纤丝方向、水能进入的微细空隙量（水不能进入结晶区）和不同亲水性成分比例（半纤维素和纤维素亲水性有差别）等。树茎不同部位木材干缩性的差别是这些结构因子随两向生长树龄变化在木材材性上的一种综合反映。

干缩和湿胀是相同木材结构下的相逆物理过程，理论上全干缩率和全湿胀率应相同。由于全干过程易于产生难以消除的干燥应力，全干缩率测定的准确性较湿胀率高。次生木质部发育研究只选择全干缩率。

11.1 测定

我国国家标准木材干缩性测定方法（GB1932—91）有如下规定。

（1）干缩性与力学性能试材在共同样木相同部位上截取（干缩性试样长 20mm，抗弯力学试样长 300mm、顺纹抗压试样长 30mm）。它们的断面尺寸相同（20mm×20mm），在各取样木条上的位置上、下相连。

（2）试样各面均应平整，端部相对的两个边棱均应与试样端面的年轮大致平行，并与另一相对的边棱相垂直，试样上不允许有明显的可见缺陷。

（3）测定尺寸准确至 0.01mm。

（4）测定前，将试样浸泡于水中至尺寸稳定后再测定。在每试样各相对面的中心位置，分别测量试样的径向和弦向尺寸。

（5）将测定尺寸后的试样放在烘箱中，开始温度 60℃保持 6h。然后，在（103±2）℃的温度下烘 8h，后从中选定 2～3 个试样进行第一次试称，以后每隔 2h 试称一次，至最后两次称量之差不超过 0.002g 时，即认为试样达到全干。置密闭瓶中在干燥器内冷却，而后再测全干试样径向、弦向尺寸。

（6）按下式计算试样径向、弦向全干缩率，精度 0.1%：

$$\beta_{max}=(l_{max}-l_0)/\,l_{max}\times100$$

式中：β_{max}——试样径向或弦向全干缩率；

$\quad$ l_{max}——试样湿材时径向或弦向的尺寸，mm；

$\quad$ l_0——试样全干时径向或弦向的尺寸，mm；

以上各项在本研究中均得到采用。发育研究尚须另作如下一些要求。

（1）取样方面——次生木质部发育研究和一般木材材性测定最大的差别在取样。次生木质部发育研究取样的原则是，要在测定数据回归分析中能取得两向生长树龄组合符合连续的要求。

自根颈向上在树茎高向连续逐个短段的南、北中心板上取样。树茎中干缩性与木材力学性质试样位置相接，第 10 章有详述。受试样尺寸的限制，虽然测定不能做到不同高度沿径向逐龄取样，但可在自茎周向内连续锯剖的木条上取样。取样高度和径向位置准确，但试样名义高度是近似值。

12 种阔叶树木材干缩性取样数如表 11-1 所示。

表 11-1　12 种阔叶树单株样树木材干缩性能发育变化测定取样位置和取样数

Table 11-1　Sampling positions and the sample number for the determination of developmental change of wood shrinkage from individual sample trees of twelve angiospermous species

样树树种 Tree species	树茎全高不同径向位置试样个数 The sample number of different radial positions along with the stem length			
	I	II	III	IV
尾叶桉 *Eucalyptus urophylla* S.T. Blake	83	46	2	
柠檬桉 *Eucalyptus citriodora* Hook. f.	82	59	6	
巨尾桉 *Eucalyptus grandis* Hill ex Maiden × *E.urophylla* S. T. Blake	66	41	2	
米老排 *Mytilaria laosensis* H. Lec.	48	32	14	
灰木莲 *Manglietia glauca* Bl.	52	36	16	
大叶相思 *Acacia auriculaeformis* A. Cunn. Ex Benth.	43	22	2	
火力楠 *Michelia macclurei* var. *sublanea* Dandy	57	40	4	2
红锥 *Castanopsis hystrix* Miq.	54	41	5	
小叶栎 *Quercus chenii* Nakai	35	17	7	
栓皮栎 *Quercus variabilis* Bl.	23	7		
山核桃 *Carya cathayensis* Sarg	23	8	1	1
枫杨 *Pterocarya stenoptera* C. DC.	25	13	1	

共取木材干缩试样 1014 个。

（2）确定试样的高生长树龄和径向位置的编号——短木段中央高度是名义取样高度。由它和高生长树龄的关系（表 3-7），可确定出各取样木段上试样的高生长树龄。附表 11-1 除列出不同高度和径向部位的三向全干缩率外，尚给出各高度的高生长树龄。

各高度自茎周向内径向取样用罗马数字编序为 I、II、III、IV。干缩性试样编序与力学试样完全相同。

（3）纵向干缩性列入测定范围。同时测出干缩性每一试样的基本密度。

（4）测定每个试样饱水和全干状态径向、弦向和纵向尺寸各两次，准确至 0.01mm（读至 0.005mm），取平均值。共测长 6084 次，称重 2028 次。

（5）计算饱水至全干两极端条件间的全干缩率和基本密度。

11.2　径向、弦向全干缩率的发育变化

图 11-1 横坐标为高生长树龄，I、II、III 是不同高度自茎周向髓心水平径向取样的序号，R、T 是各试样的径向和弦向。T-I、T-II 和 R-I、R-II 曲线分别示出树茎内、外不同径向位置弦向和径向全干缩率随高生长树龄的变化；I、II 两线的离差示径向生长树龄的影响。

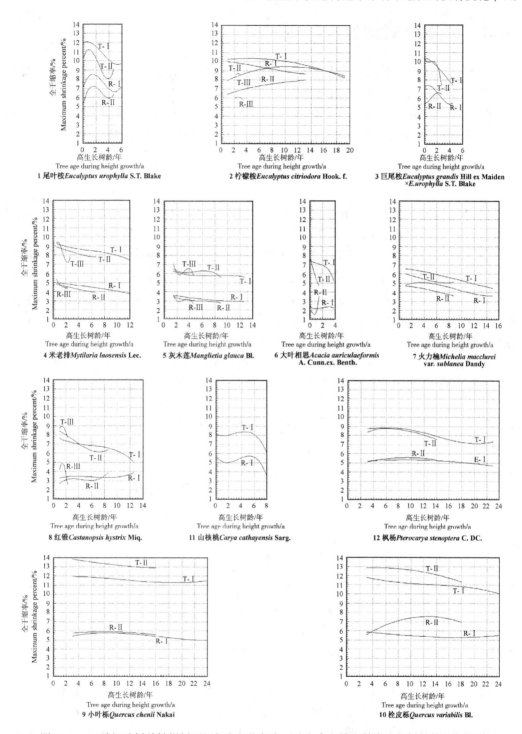

图 11-1　12种阔叶树单株样树不同径向部位径向、弦向全干缩率随高生长树龄的发育变化

图中Ⅰ、Ⅱ、Ⅲ系样品在树茎由外至内的径向部位；R、T是各同一部位的径、弦方向

Figure 11-1　Developmental changes of the maximum radial and tangential shrinkage percentage at different radial positions with height growth age in individual sample trees of twelve angiospermous species

Ⅰ, Ⅱ and Ⅲ in the figure are the radial positions of samples inwards from the outside in a stem; R and T indicate the radial and tangential directions determined at every sampling position, respectively

11.2.1 不同树种共同趋势和遗传控制

如图 11-1 所示 8 种阔叶树 R 和 T 各Ⅰ、Ⅱ两曲线分别相近但不相交，并在树种间具有类似趋向。这一现象在回归的数学分析中共同出现，表明有它存在的必然性。

图 11-1、图 11-2 同示 12 种阔叶树弦向全干缩率均高于径向，各树种弦、径全干缩率之比都大于 1。这是树木生命过程中生成的木材结构特点所决定的性能表现。

11.2.2 树种间的差别

图 11-1、图 11-2 在各树种分图纵坐标范围和横坐标单位相同条件下，示出 12 种阔叶树全干缩率发育变化的树种差别。

弦向全干缩率相比：两种环孔材（小叶栎、栓皮栎）＞3 种桉树（尾叶桉、柠檬桉、巨尾桉）＞3 种半散孔材（红锥、山核桃、枫杨）＞4 种散孔材（米老排、灰木莲、大叶相思、火力楠）。它们间差别形成因素中有基本密度（图 11-2），而不能误认为只与管孔分布有关。木材基本密度、木射线类型和管孔分布等的树种差别都受遗传控制，由此确定了弦向全干缩率的树种差别。

弦、径全干缩率比在树种间有明显差别。发育研究须在相同或相近生长年限间进行比较，在此将 12 种树种样树测定结果依据采伐时生长年限区分为 4 组列出：

树种	采伐树龄	Ⅰ	Ⅱ	Ⅲ	AVE	树种	采伐树龄	Ⅰ	Ⅱ	Ⅲ	AVE
尾叶桉	11	1.45	1.36	1.66	1.50	米老排	17	1.90	1.90	1.75	1.88
巨尾桉	9	1.41	1.64	2.02	1.78	灰木莲	22	1.84	2.01	2.07	1.93
大叶相思	7	3.05	3.03	3.40	3.06	火力楠	20	1.26	1.27	1.35	1.27
						红锥	20	1.96	2.22	2.30	2.07

注：Ⅰ、Ⅱ、Ⅲ是径向自外向内序列不同部位纵向多个高度样品弦、径全干缩比率加权平均值；AVE 为全样树弦、径全干缩加权平均比率。

树种	采伐树龄	Ⅰ	Ⅱ	Ⅲ	Ⅳ	AVE	树种	采伐树龄	Ⅰ	Ⅱ	Ⅲ	Ⅳ	AVE
柠檬桉	31	1.08	1.24	1.43		1.15	小叶栎	40	2.15	2.32	2.32	2.30	2.22
山核桃	34	1.55	1.57	1.50	1.66	1.55	栓皮栎	49	1.98	1.85			1.95
枫杨	35	1.55	1.56	1.66		1.56							

12 树种弦、径全干缩比率单株加权平均值范围为 1.15～3.06，高低几乎相差 2 倍。其中有九树种弦、径全干缩比率随径向生长树龄（Ⅲ—Ⅱ—Ⅰ）呈减小趋势。

图 11-1 示，①径、弦两向全干缩率Ⅰ、Ⅱ两曲线间的离差，是在随径向生长树龄的发育变化中形成。3 种桉树、栓皮栎、火力楠和大叶相思这一离差较大，其他 6 树种小；②12 种树种中 2/3 树种弦向全干缩率随径向生长树龄增大，小叶栎和栓皮栎呈明显减小，灰木莲也稍呈减小趋势；③3/4 树种径向全干缩率随径向生长树龄增大，栓皮栎明显减小，小叶栎和枫杨稍呈减小。

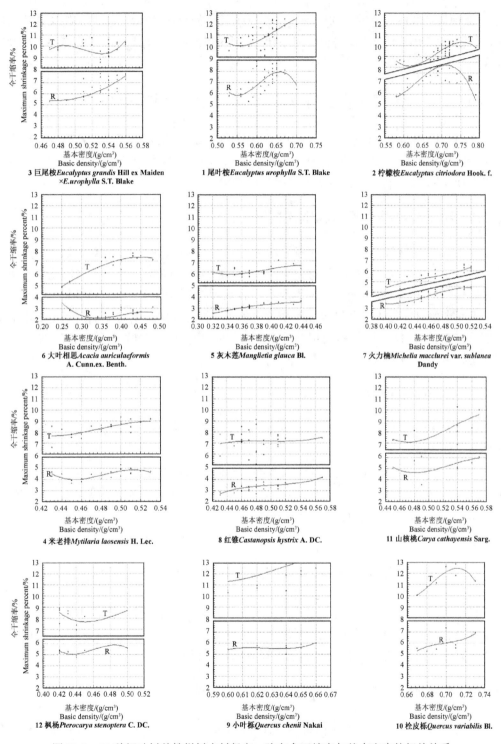

图 11-2　12 种阔叶树单株样树木材径向、弦向全干缩率与基本密度的相关关系

R、T 分别是径、弦向

Figure 11-2　The correlation between the maximum radial or tangential shrinkage percentage and basic density of wood in individual sample trees of twelve angiospermous species

R, T are the radial and tangential directions of wood, respectively

12 种树种径向两位置弦向全干缩率随高生长树龄变化（T-I、T-II）的总趋势为减小，但树种间程度不同；径向全干缩率随高生长树龄变化（R-I、R-II）趋势在树种间和在径向两位置间存在差别。

11.3 遗传控制在全干缩率与基本密度相关关系中的作用

木材干缩率和基本密度是遗传控制下生成的两性状。发育研究须以各树种单株内木材全干缩率和基本密度间均存在趋势性的相关关系来证明。这一关系只能在同一遗传控制下形成。图 11-2 示出符合这一证明要求的结果。

11.3.1 不同树种共同趋势和遗传控制

图 11-2 示 12 种阔叶树单株样树内次生木质部木材径、弦全干缩率与基本密度的相关关系。横坐标为基本密度。各同一试样径向、弦向全干缩率分别是图 11-2 上、下两部分相同横坐标（同一基本密度）的两个点。各树种实测点的分布示，随同横坐标变化，上、下两点的对应位置均呈趋势性改变。这表明单株内径向、弦向全干缩率与基本密度间都具有相关关系。这一单株内相关关系在树种间具有共同表现，随基本密度增大，径、弦全干缩率均呈增大趋势。

11.3.2 树种间的差别

各树种木材基本密度变化范围有差别，可以在树种间进行全干缩率随基本密度变化曲线斜度的比较。

图 11-2 示，12 种树种相同基本密度变化区段，树种间弦向全干缩率大小的序列：尾叶桉≈巨尾桉＞柠檬桉（3 种桉树）；大叶相思＞米老排＞灰木莲＞火力楠（4 种散孔材）；小叶栎＞栓皮栎（两种环孔材）；枫杨＞山核桃≈红锥（3 种半散孔材）。

在 4 种散孔材相同基本密度区段中，火力楠弦、径全干缩率差值最小。

11.4 木材干缩率在次生木质部发育中变化的因素

基本密度相同条件下，如果不同部位木材全干缩率存在差别，则表明它在次生木质部发育中随两向生长树龄的变化除受基本密度的影响外，还存在其他结构因素作用。这一作用只能在测定结果特定组合的回归分析中方可得到显示。

11.4.1 树茎不同径向生长树龄生成的内、外部位

图 11-2 示将 8 树种各一树茎全部试样径向、弦向全干缩率和基本密度测定数据，不分上、下，只按内、外部位进行它们间相关关系的回归分析。

图 11-3A 示树茎内（II）、外（I）部位径、弦向全干缩率与基本密度的相关关系。8 树种中 3/4 弦向全干缩率曲线 II 在 I 之上，表明树茎开始生成的木材弦向全干缩率在相同基本密度比较条件下较而后生成的木材大；径向全干缩率曲线（I）与（II）的上、

下位置关系各占 8 树种中的 1/2。

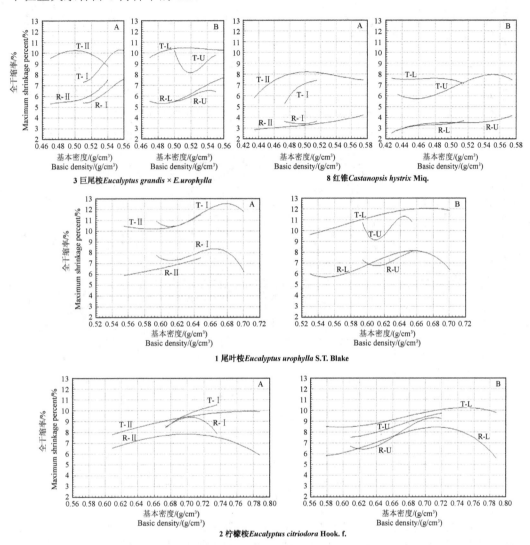

图 11-3　8 种阔叶树单株样树不同高度区间和径向部位径向、弦向全干缩率与基本密度的相关关系

R、T 是各同一部位的径、弦方向。分图 A、B 分别示一种类型的相关关系。A 中 I、II、III,
是试样在树茎自树皮向内的不同径向部位；B 中 U、L 是树高中央界面的上、下部分

Figure 11-3　The correlation between the maximum radial or tangential shrinkage percentage and the basic density of wood at different heights and radial positions of individual sample trees of eight angiospermous species

R and T indicate the radial and tangential directions at every sampling position, respectively. The subfigure A and B show respectively one type of correlation. I, II and III in A are the different radial positions of specimen inwards from outside in a stem; U and L in B are the upper and lower parts demarcated with the central plane of the tree stem

11.4.2　树茎不同高生长树龄生成的上、下部位

将八种树种各一树茎全部试样径向、弦向全干缩率和基本密度测定数据，不分内、外，只按上、下部位进行它们间相关关系的回归分析。

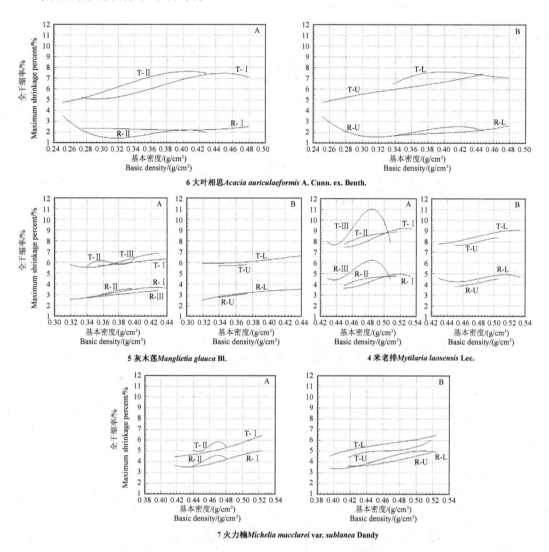

6 大叶相思*Acacia auriculaeformis* A. Cunn. ex. Benth.

5 灰木莲*Manglietia glauca* Bl.　　　　　　4 米老排*Mytilaria laosensis* Lec.

7 火力楠*Michelia macclurei* var. *sublanea* Dandy

图 11-3　8种阔叶树单株样树不同高度区间和径向部位径向、弦向全干缩率与基本密度的相关关系（续）
Figure 11-3　The correlation between the maximum radial or tangential shrinkage percentage and the basic density of wood at different heights and radial positions of individual sample trees of eight angiospermous species (continued)

　　图 11-3B 示树茎上（U）、下（L）部位，径（R）、弦（T）向全干缩率与基本密度的相关关系。八种树种弦向全干缩率 L 曲线均在 U 之上，表明树茎下半部木材高度弦向全干缩率在相同基本密度比较条件下较上半部木材大；径向全干缩率曲线 U 与 L 曲线的上、下位置关系各占八种树种中的 1/2。

　　不同树种木材全干缩率的大小主要与基本密度有关；木材径向、弦向干缩率的差异主要由细胞显微结构层次差别造成；估计在基本密度相同比较条件下，木材全干缩率在单株内上、下或内、外部位间存在差异的因素中胞壁超显微结构层次的作用增加。树茎上、下或内、外部位全干缩率与基本密度间相关关系的差别在次生木质部构建的变化过程中形成，其中存在的规律性只能发生在遗传控制下。这一差别的性质是发育变化。

11.5　结　　论

本章研究阔叶树次生木质部径向、弦向全干缩率随两向生长树龄的发育变化。试样采用的尺寸与基本密度测定同，在全样树均匀分布多个高度的径向内、外部位上取样。试样的高、径位置序列准确。以曲线形式报告不同径向部位木材全干缩率随高生长树龄的变化趋势。

12种阔叶树单株样树取样位置符合发育研究要求。各树种均能给出符合树木生命共同特征的木材全干缩率变化却非偶然。木材全干缩率发育变化尚存在树种差异。这些都是发育变化受遗传控制的结果。

木材全干缩率和基本密度都是次生木质部发育性状。单株内它们间存在遗传控制下的相关性得到了证明。

单株内上、下或内、外部位木材全干缩率和基本密度回归关系间存在差别。这是次生木质部构建中细胞显微和超显微结构变化差异造成。

附表 11-1　12 种阔叶树单株样树次生木质部不同高度和径向部位的三向全干缩率和基本密度

Appendix table 11-1　The maximum shrinkage percentage in three directions and basic density at different heights and radial positions of secondary xylem in individual sample trees of twelve angiospermous species

1　　　　　树种 Tree species：尾叶桉 *Eucalyptus urophylla* S. T. Blake

| | | 全干缩率/%　Maximum shrinkage/% | | | | | | | | | | | | 基本密度/（g/cm³）Basic density/（g/cm³）P | | | |
| | | 弦向 tangential P | | | | 径向 radial P | | | | 纵向 longitudinal P | | | | | | | |
H	HA	I	II	III	Ave.	I	II	III	Ave.	I	II	III	Ave.	I	II	III	Ave.
20.95	5.83	9.70[3]			9.70	7.08			7.08	0.66			0.66	0.622			0.622
20.3	5.46	9.61			9.61	6.66			6.66	0.30			0.30	0.605			0.605
19.65	5.10	9.18			9.18	6.27			6.27	0.29			0.29	0.625			0.625
18.95	4.74	10.20	9.13		9.67	7.46	6.28		6.87	0.25	0.24		0.24	0.619	0.616		0.618
18.3	4.42	9.80	—		9.80	6.91	—		6.91	0.27	—		0.27	0.639	—		0.639
15.05	3.07	10.86	—		10.86	7.47	—		7.47	0.34	—		0.34	0.623	—		0.623
14.55	2.89	10.72	8.91[2]		10.12	7.62	6.73		7.32	0.35	0.30		0.33	0.654	0.600		0.627
14.05	2.72	11.10	8.48[1]		10.58	7.87	6.73		7.64	0.21	0.25		0.22	0.628	0.602		0.615
13.55	2.56	11.05	—		11.05	7.68	—		7.68	0.21	—		0.21	0.637	—		0.637
11.05	1.86	11.52	10.96[2]		11.33	8.73	6.77		8.08	0.24	0.28		0.25	0.652	0.634		0.643
10.55	1.74	11.70	10.58[1]		11.48	8.25	6.55		7.91	0.24	0.45		0.28	0.657	0.594		0.626
10.05	1.62	11.66	11.60[2]		11.64	8.27	7.59		8.04	0.22	0.27		0.22	0.637	0.648		0.643
9.55	1.51	11.45	10.82[2]		11.24	8.22	7.31		7.92	0.22	0.10		0.18	0.651	0.641		0.646
7.05	1.02	12.41	10.89		11.65	8.70	7.02		7.86	0.26	0.26		0.26	0.637	0.582		0.610
6.55	0.94	11.97	9.99		10.98	8.36	6.41		7.39	0.25	0.20		0.23	0.652	0.563		0.608
6.05	0.85	12.30	10.96		11.63	8.67	7.04		7.86	0.27	0.30		0.29	0.637	0.594		0.626
5.55	0.77	12.31	12.04[3]		12.19	8.67	8.17		8.46	0.27	0.50		0.37	0.648	0.622		0.635
3.05	0.41	11.84	10.26		11.05	7.77	5.96		6.87	0.40	0.29		0.35	0.671	0.558		0.615
2.55	0.34	12.06	10.75[3]		11.50	7.99	5.73		7.02	0.27	0.28		0.27	0.636	0.555		0.596
2.05	0.27	12.45	10.93		11.69	8.12	5.67		6.90	0.36	0.22		0.29	0.670	0.689		0.680
1.55	0.21	11.54[2]	11.65[2]		11.60	7.11	5.96		6.54	0.30	0.27		0.29	0.639	0.612		0.626
0.65	0.09	11.96	10.01	9.59[2]	10.71	6.38	5.29	5.77	5.82	0.37	0.35	0.94	0.48	0.701	0.576	0.530	0.602
Ave.		11.26	10.52	9.59	10.98	7.76	6.49	5.77	7.29	0.29	0.28	0.94	0.30	0.643	0.602	0.530	0.627

2　　　　　树种 Tree species：柠檬桉 *Eucalyptus citriodora* Hook. f.

| | | 全干缩率/%　Maximum shrinkage/% | | | | | | | | | | | | 基本密度/（g/cm³）Basic density/（g/cm³）P | | | |
| | | 弦向 tangential P | | | | 径向 radial P | | | | 纵向 longitudinal P | | | | | | | |
H	HA	I	II	III	Ave.	I	II	III	Ave.	I	II	III	Ave.	I	II	III	Ave.
22.95	19.22	8.73			8.73	8.74			8.74	0.26			0.26	0.682			0.682
22.30	18.57	8.18[2]			8.18	8.58			8.58	0.20			0.20	0.694			0.694
21.65	17.96	8.42[1]			8.42	8.48			8.48	0.25			0.25	0.674			0.674
19.05	15.81	8.86[3]			8.86	8.95			8.95	0.22			0.22	0.700			0.700
18.55	15.44	9.07			9.07	9.06			9.06	0.15			0.15	0.707			0.707
15.05	13.11	9.78	9.60[2]		9.69	9.58	9.08		9.41	0.11	0.22		0.15	0.687	0.720		0.698
14.55	12.81	9.72	7.48[2]		8.97	9.39	6.67		8.48	0.24	0.20		0.23	0.695	0.609		0.667
14.05	12.50	9.84	8.51[1]		9.57	9.41	7.78		9.08	0.20	0.22		0.20	0.696	0.673		0.691

续表

2　树种 Tree species：柠檬桉 _Eucalyptus citriodora_ Hook. f.

H	HA	弦向 tangential P I	II	III	Ave.	径向 radial P I	II	III	Ave.	纵向 longitudinal P I	II	III	Ave.	基本密度 Basic density/(g/cm³) P I	II	III	Ave.
13.55	12.19	9.68	8.82[2]		9.39	9.25	7.78		8.76	0.27	0.15		0.23	0.696	0.686		0.693
11.05	10.64	10.09	8.98		9.54	9.66	8.17		8.92	0.33	0.21		0.27	0.700	0.686		0.693
10.55	10.32	10.03	8.88[2]		9.65	9.74	7.68		9.05	0.27	0.25		0.26	0.706	0.658		0.690
10.05	9.99	10.13	9.43[6]		9.71	9.68	8.32		8.86	0.18	0.25		0.22	0.702	0.678		0.688
9.55	9.65	10.39	9.39		9.89	9.26	8.37		8.82	0.24	0.21		0.23	0.708	0.704		0.706
7.05	7.79	10.21	8.87		9.54	9.19	7.28		8.24	0.23	0.31		0.27	0.721	0.653		0.687
6.55	7.38	10.39	9.16		9.78	9.30	6.90		8.10	0.31	0.20		0.26	0.718	0.637		0.678
6.05	6.95	10.26	8.70		9.48	9.40	7.15		8.28	0.21	0.24		0.23	0.716	0.675		0.696
5.55	6.50	10.15	9.48		9.82	9.15	7.31		8.23	0.20	0.12		0.16	0.723	0.708		0.716
3.05	3.96	10.42	9.88		10.15	8.53	7.16		7.85	0.19	0.24		0.22	0.729	0.724		0.727
2.55	3.38	10.21	9.97	8.27[2]	9.73	8.53	7.04	5.84	7.40	0.09	0.17	0.17	0.14	0.726	0.704	0.579	0.688
2.05	2.77	10.05	9.94	8.67[2]	9.73	8.70	7.22	6.08	7.58	0.15	0.14	0.20	0.16	0.722	0.747	0.594	0.706
1.55	2.14	10.27	9.96	8.56[2]	9.80	8.44	7.07	5.99	7.40	0.16	0.10	0.10	0.12	0.724	0.745	0.596	0.707
0.65	0.93	10.58	9.81	—	10.20	7.93	5.99	—	6.96	0.22	0.14	—	0.18	0.736	0.788	—	0.762
Ave.		9.79	9.23	8.50	9.62	9.08	7.44	5.97	8.29	0.21	0.20	0.16	0.20	0.709	0.698	0.590	0.700

3　树种 Tree species：巨尾桉 _Eucalyptus grandis_ Hill ex Maiden × _E. urophylla_ S. T. Blake

H	HA	弦向 tangential P I	II	III	Ave.	径向 radial P I	II	III	Ave.	纵向 longitudinal P I	II	III	Ave.	基本密度 Basic density/(g/cm³) P I	II	III	Ave.
18.30	4.44	7.36			7.36	5.41			5.41	0.24			0.24	0.510			0.510
17.65	4.12	7.82[2]			7.82	5.28			5.28	0.12			0.12	0.530			0.530
15.05	3.01	9.02			9.02	6.33			6.33	0.24			0.24	0.540			0.540
14.55	2.83	8.54			8.54	6.12			6.12	0.21			0.21	0.530			0.530
14.05	2.67	8.80[2]	7.51[2]		8.16	6.26	6.49		6.38	0.17	0.10		0.14	0.530	0.530		0.530
13.55	2.51	9.09	—		9.09	5.83	—		5.83	0.05	—		0.05	0.540	—		0.540
11.05	1.83	9.37	10.16[2]		9.63	6.33	5.39		6.02	0.16	0.10		0.14	0.540	0.500		0.527
10.55	1.71	9.72[3]	9.46[2]		9.62	6.17	7.57		6.73	0.07	0.07		0.07	0.550	0.540		0.546
10.05	1.60	9.72[3]	9.54[2]		9.65	7.04	6.73		6.92	0.22	0.12		0.17	0.540	0.530		0.536
9.55	1.50	9.68[3]	10.01[2]		9.81	6.47	6.19		6.34	0.28	0.12		0.22	0.550	0.510		0.534
7.05	1.05	10.26	10.59		10.43	7.78	5.75		6.77	0.19	0.12		0.16	0.560	0.510		0.535
6.55	0.97	10.33[3]	10.27[3]		10.30	7.74	5.66		6.70	0.30	0.23		0.27	0.560	0.510		0.535
6.05	0.89	10.33[3]	10.09		10.19	7.69	6.59		7.06	0.22	0.15		0.18	0.550	0.520		0.533
5.55	0.81	10.13	—		10.13	7.63	—		7.63	0.19	—		0.19	0.560	—		0.560
3.05	0.45	10.19[3]	9.67		9.89	7.67	5.44		6.40	0.23	0.21		0.22	0.550	0.480		0.510
2.55	0.37	10.20	9.85		10.03	7.29	5.41		6.35	0.26	0.14		0.20	0.550	0.480		0.515
2.05	0.30	10.21	9.63		9.92	7.24	5.44		6.34	0.25	0.21		0.23	0.540	0.480		0.510
1.55	0.22	10.36	9.85		10.11	7.31	5.30		6.31	0.21	0.19		0.20	0.560	0.470		0.515
0.65	0.07	10.58	10.76	10.92[2]	10.72	6.81	5.67	5.40	6.97	0.26	0.21	0.32	0.25	0.540	0.520	0.490	0.522
Ave.		9.56	9.80	10.92	9.74	6.78	5.86	5.40	6.41	0.21	0.16	0.32	0.19	0.544	0.502	0.490	0.527

4 　　　　　　　　　树种 Tree species：米老排 *Mytilaria laosensis* H. Lec.

| H | HA | 全干缩率/% Maximum shrinkage/% | | | | | | | | | | | | 基本密度/（g/cm³） Basic density/（g/cm³） P | | | |
| | | 弦向 tangential P | | | | 径向 radial P | | | | 纵向 longitudinal P | | | | | | | |
		I	II	III	Ave.	I	II	III	Ave.	I	II	III	Ave.	I	II	III	Ave.
11.05	11.88	7.52			7.52	3.65			3.65	0.21			0.21	0.449			0.449
10.55	11.22	7.42			7.42	3.80			3.80	0.29			0.29	0.465			0.465
10.05	10.58	8.01			8.01	4.28			4.28	0.08			0.08	0.497			0.497
9.55	9.95	8.09			8.09	4.06			4.06	0.34			0.34	0.477			0.477
6.95	6.82	8.24	7.79		8.02	4.38	3.95		4.17	0.31	0.14		0.23	0.483	0.454		0.469
6.30	6.08	8.48	7.82		8.15	4.58	3.91		4.25	0.46	0.16		0.31	0.505	0.449		0.477
5.65	5.37	8.52	7.84		8.18	4.17	4.10		4.14	0.43	0.24		0.34	0.493	0.456		0.475
3.05	2.69	8.97	8.53	7.96[2]	8.59	4.93	4.44	4.49	4.65	0.37	0.22	0.27	0.29	0.495	0.467	0.508	0.486
2.55	2.21	8.95	8.41	6.61[2]	8.27	4.89	4.57	4.28	4.64	0.34	0.36	0.20	0.32	0.499	0.479	0.433	0.478
2.05	1.75	8.79	8.61	8.54[2]	8.67	4.96	4.58	4.67	4.75	0.19	0.27	0.17	0.22	0.498	0.483	0.429	0.478
1.55	1.29	9.18	8.67	8.25	8.70	4.99	4.66	4.50	4.72	0.34	0.26	0.22	0.27	0.508	0.488	0.438	0.478
0.65	0.51	9.20	8.90	9.37	9.16	4.72	4.78	5.32	4.94	0.51	0.34	0.32	0.39	0.534	0.516	0.502	0.517
Ave.		8.45	8.32	8.15	8.36	4.45	4.37	4.73	4.47	0.32	0.25	0.25	0.29	0.492	0.474	0.464	0.482

5 　　　　　　　　　树种 Tree species：灰木莲 *Manglietia glauca* Bl.

| H | HA | 全干缩率/% Maximum shrinkage/% | | | | | | | | | | | | 基本密度/（g/cm³） Basic density/（g/cm³） P | | | |
| | | 弦向 tangential P | | | | 径向 radial P | | | | 纵向 longitudinal P | | | | | | | |
		I	II	III	Ave.	I	II	III	Ave.	I	II	III	Ave.	I	II	III	Ave.
12.68	11.05	5.56			5.56	3.03			3.03	0.26			0.26	0.369			0.369
12.25	10.55	5.77			5.77	2.83			2.83	0.21			0.21	0.359			0.359
11.81	10.05	5.89			5.89	2.98			2.98	0.36			0.36	0.371			0.371
11.36	9.55	5.53			5.53	2.80			2.80	0.25			0.25	0.356			0.356
9.00	7.05	5.74	5.69		5.72	2.90	2.73		2.82	0.24	0.32		0.28	0.353	0.344		0.349
8.50	6.55	5.85	5.71		5.78	3.13	2.77		2.95	0.26	0.24		0.25	0.358	0.340		0.349
7.99	6.05	5.86	5.85		5.86	3.20	3.01		3.11	0.26	0.30		0.28	0.373	0.360		0.367
7.46	5.55	5.78	6.39		6.09	3.08	2.87		2.98	0.26	0.34		0.30	0.363	0.354		0.359
4.59	3.05	5.61	6.28	5.79[2]	5.91	3.26	2.94	2.53	2.99	0.22	0.24	0.05	0.19	0.371	0.354	0.319	0.354
3.97	2.55	6.06	6.04	6.75[2]	6.19	3.31	3.06	3.33	3.21	0.29	0.25	0.37	0.29	0.388	0.359	0.429	0.385
3.32	2.05	5.96	6.08	6.05	6.03	3.43	3.20	2.92	3.18	0.27	0.26	0.22	0.25	0.391	0.367	0.400	0.386
2.66	1.55	5.83	6.11	6.07	6.00	3.47	3.12	3.06	3.22	0.22	0.27	0.35	0.28	0.394	0.367	0.377	0.379
1.42	0.65	6.31	6.50	7.06	6.62	3.63	3.47	3.53	3.54	0.27	0.25	0.27	0.26	0.439	0.402	0.413	0.418
Ave.		5.83	6.07	6.36	5.99	3.16	3.02	3.11	3.10	0.26	0.27	0.26	0.27	0.376	0.361	0.391	0.373

6　树种 Tree species：大叶相思 *Acacia auriculaeformis* A. Cunn. ex Benth.

H	HA	全干缩率/% Maximum shrinkage/%												基本密度/（g/cm³） Basic density/（g/cm³） P			
		弦向 tangential P				径向 radial P				纵向 longitudinal P							
		I	II	III	Ave.	I	II	III	Ave.	I	II	III	Ave.	I	II	III	Ave.
3.76	10.95	5.18[2]			5.18	2.36			2.36	0.25			0.25	0.274			0.274
3.37	10.30	5.96			5.96	2.06			2.06	0.30			0.30	0.356			0.356
3.00	9.65	6.24			6.24	2.54			2.54	0.73			0.73	0.398			0.398
1.68	6.95	7.47[5]			7.47	2.18			2.18	0.30			0.30	0.448			0.448
1.42	6.30	6.65	4.68[2]		5.99	2.09	3.57		2.58	0.22	0.99		0.48	0.377	0.251		0.335
1.18	5.65	7.04	5.11[2]		6.40	2.34	2.31		2.33	0.22	0.24		0.23	0.401	0.268		0.357
0.45	3.05	7.45	6.42		6.94	2.34	1.71		2.03	0.39	0.38		0.39	0.435	0.337		0.386
0.35	2.55	7.25	6.99		7.12	2.06	1.70		1.88	0.43	0.58		0.51	0.435	0.354		0.395
0.27	2.05	7.49	7.33		7.41	2.00	1.73		1.87	0.36	0.53		0.45	0.433	0.357		0.395
0.20	1.55	7.72	7.38		7.55	2.21	1.95		2.08	0.36	0.54		0.45	0.431	0.376		0.404
0.11	0.65	7.11	7.48	7.31[2]	7.30	2.60	1.97	2.15	2.26	0.56	0.82	0.62	0.67	0.479	0.429	0.443	0.452
Ave.		6.96	6.75	7.31	6.90	2.25	2.00	2.15	2.16	0.38	0.58	0.62	0.45	0.413	0.352	0.443	0.393

7　树种 Tree species：火力楠 *Michelia macclurei* var. *sublanea* Dandy

H	HA	全干缩率/% Maximum shrinkage/%															基本密度/（g/cm³） Basic density/（g/cm³） P				
		弦向 tangential P					径向 radial P					纵向 longitudinal P									
		I	II	III	IV	Ave.	I	II	III	IV	Ave.	I	II	III	IV	Ave.	I	II	III	IV	Ave.
14.95	14.91	4.33[3]				4.33	3.63				3.63	0.30				0.30	0.417				0.417
14.3	13.96	4.55[2]				4.55	3.65				3.65	0.25				0.25	0.451				0.451
13.65	13.07	5.12				5.12	3.52				3.52	0.21				0.21	0.439				0.439
10.95	9.94	5.37				5.37	4.00				4.00	0.29				0.29	0.485				0.485
10.3	9.30	4.98[3]				4.98	4.23				4.23	0.30				0.30	0.475				0.475
9.65	8.68	5.44	5.12[2]			5.33	4.79	3.62			4.40	0.24	0.30			0.26	0.504	0.440			0.483
7.05	6.48	5.81[5]	5.07			5.48	4.74	3.87			4.35	0.28	0.29			0.28	0.513	0.450			0.485
6.55	6.08	5.98	4.85[5]			5.35	4.81	3.99			4.35	0.31	0.32			0.32	0.518	0.450			0.480
6.05	5.68	6.32	5.30			5.81	4.98	4.20			4.59	0.34	0.37			0.36	0.522	0.465			0.494
5.55	5.29	6.17	5.36			5.77	4.98	4.33			4.66	0.30	0.29			0.30	0.524	0.480			0.502
3.05	3.26	6.28	5.56			5.92	5.00	4.48			4.74	0.31	0.39			0.35	0.513	0.464			0.489
2.55	2.83	6.26	5.71[5]			5.95	5.03	4.52			4.75	0.29	0.33			0.31	0.510	0.466			0.486
2.05	2.38	6.41	5.71			6.06	4.97	4.53			4.75	0.29	0.41			0.35	0.516	0.462			0.489
1.55	1.92	6.61	5.72	4.51[2]		5.83	5.02	4.55	3.47		4.52	0.29	0.45	0.20		0.34	0.513	0.460	0.395		0.468
0.65	1.04	6.51	6.09	5.45[2]	5.58[2]	6.04	4.83	4.73	3.27	4.14	4.24	0.47	0.35	0.50	0.35	0.42	0.511	0.471	0.432	0.449	0.474
Ave.		5.82	5.46	4.98	5.58	5.64	4.60	4.31	3.37	4.14	4.43	0.30	0.35	0.35	0.35	0.32	0.498	0.462	0.414	0.449	0.480

8 树种 Tree species：红锥 *Castanopsis hystrix* Miq.

H	HA	全干缩率/% Maximum shrinkage/% 弦向 tangential P				径向 radial P				纵向 longitudinal P				基本密度/（g/cm³) Basic density/（g/cm³) P			
		I	II	III	Ave.	I	II	III	Ave.	I	II	III	Ave.	I	II	III	Ave.
14.95	12.51	5.09[3]			5.09	3.94			3.94	0.45			0.45	0.476			0.476
14.30	11.80	5.47[3]			5.47	3.35			3.35	0.25			0.25	0.473			0.473
13.65	11.11	5.94			5.94	3.78			3.78	0.22			0.22	0.488			0.488
11.05	8.60	6.14[3]	7.44[2]		6.66	3.28	4.18		3.64	0.25	0.32		0.28	0.481	0.575		0.519
10.55	8.16	6.84	5.81[1]		6.63	3.39	2.88		3.29	0.30	0.25		0.29	0.509	0.434		0.494
10.05	7.73	6.44	5.47[2]		6.12	3.04	3.30		3.13	0.30	0.67		0.42	—	—		—
9.55	7.31	7.15[3]	5.30[2]		6.41	3.47	3.74		3.58	0.30	0.27		0.29	0.505	—		0.505
7.05	5.35	7.65[3]	7.28		7.44	3.43	2.94		3.15	0.27	0.29		0.28	0.514	0.460		0.483
6.55	4.98	6.88	6.75		6.82	3.28	2.79		3.04	0.31	0.29		0.30	0.497	0.447		0.472
6.05	4.62	6.26	7.25		6.76	3.51	3.54		3.53	0.32	0.24		0.28	0.479	0.487		0.483
5.55	4.26	6.66[3]	7.10		6.91	4.01	2.92		3.39	0.33	0.30		0.31	0.506	0.463		0.481
3.05	2.55	7.33[3]	7.20[3]		7.27	3.49	3.39		3.44	0.23	0.32		0.28	0.507	0.462		0.485
2.55	2.21	7.75[2]	7.26[2]	7.78[2]	7.60	3.15	3.09	2.60	2.95	0.27	0.35	0.37	0.33	0.507	0.466	0.427	0.467
2.05	1.88	6.87	8.18	8.50[1]	7.63	3.13	2.98	4.10	3.17	0.36	0.37	0.20	0.35	0.490	0.467	0.459	0.476
1.55	1.55	7.91	7.79	—	7.85	3.13	3.01	—	3.07	0.42	0.27	—	0.35	0.496	0.456	—	0.476
0.65	0.95	7.42[3]	9.13	8.71	8.51	3.71	2.69	4.15	3.50	0.35	0.43	0.37	0.39	0.515	0.484	0.483	0.492
Ave.		6.72	7.31	8.41	7.07	3.43	3.13	3.70	3.33	0.31	0.33	0.35	0.32	0.496	0.471	0.464	0.484

9 树种 Tree species：小叶栎 *Quercus chenii* Nakai

H	HA	全干缩率/% Maximum shrinkage/% 弦向 tangential P				径向 radial P				纵向 longitudinal P				基本密度/（g/cm³) Basic density/（g/cm³) P			
		I	II	III	Ave.	I	II	III	Ave.	I	II	III	Ave.	I	II	III	Ave.
12.60	24.00	11.48[4]			11.48	4.98			4.98	0.294			0.294	0.644			0.644
8.60	16.00	11.33[5]	12.90[3]		11.92	5.40	5.60		5.48	0.158	0.180		0.166	0.603	0.644		0.618
4.60	6.00	11.73[11]	13.28[7]	12.97[2]	12.40	5.77	5.90	5.55	5.79	0.237	0.239	0.271	0.241	0.625	0.652	0.651	0.637
1.30	3.00	11.97[15]	13.87[7]	13.55[5]	12.76	5.43	5.77	5.97	5.62	0.214	0.219	0.247	0.221	0.615	0.643	0.655	0.630
Ave.		11.75	13.46	13.38	12.44	5.48	5.79	5.85	5.61	0.222	0.220	0.254	0.225	0.620	0.647	0.654	0.632

10 树种 Tree species：栓皮栎 *Quercus variabilis* Bl.

H	HA	全干缩率/% Maximum shrinkage/% 弦向 tangential P			径向 radial P			纵向 longitudinal P			基本密度/（g/cm³) Basic density/（g/cm³) P		
		I	II	Ave.	I	II	Ave.	I	II	Ave.	I	II	Ave.
11.30	22.00	10.06[4]		10.06	5.53		5.53	0.257		0.257	0.669		0.669
9.30	18.00	10.82[8]	11.34[1]	10.88	5.27	6.96	5.46	0.404	0.780	0.446	0.680	0.730	0.686
5.30	10.00	11.16[8]	12.63[3]	11.56	5.46	7.40	5.99	0.458	0.277	0.409	0.689	0.698	0.691
1.30	3.00	11.83[3]	12.87[3]	12.35	5.85	5.57	5.71	0.490	0.455	0.473	0.705	0.708	0.707
Ave.		10.94	12.55	11.31	5.46	6.55	5.71	0.408	0.425	0.412	0.684	0.707	0.690

续表

11						树种 Tree species：山核桃 *Carya cathayensis* Sarg.																
		全干缩率/% Maximum shrinkage/%																	基本密度/（g/cm³）Basic density/（g/cm³）P				
H	HA	弦向 tangential P					径向 radial P					纵向 longitudinal P					基本密度/（g/cm³）Basic density/（g/cm³）P				
		I	II	III	IV	Ave.	I	II	III	IV	Ave.	I	II	III	IV	Ave.	I	II	III	IV	Ave.
5.30	8.00	6.08[2]				6.08	3.55				3.55	0.465				0.465	0.491				0.491
3.30	4.00	8.37[6]				8.37	5.53				5.53	0.464				0.464	0.556				0.556
1.30	2.00	8.03[7]	8.58[3]			8.20	5.00	5.11			5.03	0.571	0.536			0.561	0.539	0.542			0.540
0.00	0.00	8.14[8]	7.26[5]	10.29[1]	10.03[1]	8.12	5.70	5.00	6.88	6.05	5.57	0.534	1.040	0.486	0.778	0.716	0.484	0.451	0.537	0.570	0.482
Ave.		7.98	7.76	10.29	10.03	8.06	5.25	5.04	6.88	6.05	5.27	0.521	0.851	0.486	0.778	0.608	0.520	0.485	0.537	0.570	0.514

12					树种 Tree species：枫杨 *Pterocarya stenoptera* C. DC.													
		全干缩率/% Maximum shrinkage/%													基本密度/（g/cm³）Basic density/（g/cm³）P			
H	HA	弦向 tangential P				径向 radial P				纵向 longitudinal P				基本密度/（g/cm³）Basic density/（g/cm³）P			
		I	II	III	Ave.	I	II	III	Ave.	I	II	III	Ave.	I	II	III	Ave.
18.60	29.00	7.38[1]			7.38	4.73			4.73	0.299			0.299	0.441			0.441
16.60	27.00	6.96[6]			6.96	4.90			4.90	0.398			0.398	0.439			0.439
14.60	23.00	8.15[3]	7.55[2]		7.91	5.36	5.33		5.35	0.515	0.475		0.499	0.448	0.421		0.437
8.60	14.00	8.67[6]	8.67[7]		8.67	5.27	5.56		5.43	0.325	0.545		0.443	0.430	0.498		0.467
1.30	3.00	8.42[9]	8.76[4]	8.93[1]	8.55	5.20	5.12	5.39	5.19	0.567	0.316	0.728	0.507	0.432	0.422	0.425	0.429
Ave.		8.06	8.53	8.93	8.24	5.15	5.40	5.39	5.24	0.451	0.464	0.728	0.462	0.435	0.463	0.425	0.444

　　注：H—名义取样高度（m）；HA—名义取样高度树龄（年），由样树树龄和生长高度回归方程计算得出；P—在同一取样高度范围内，自树皮向内的试样依序位置；Ave.—平均值。三向干缩率和基本密度分别在同一试样上测出。右上角中括号内的数字是试样数；表中大多数试样为 4，这一注解免去。表中数据均为算术平均值。

　　Note: H—nominal height of sampling (m); HA—tree age (a) when growing at the nominal sampling height, calculated by the regression equation between successive tree ages and growing heights; P—serial positions of specimen inwards from bark at the same range of sampling height; Ave.—average. The maximum shrinkage in three directions and basic density are measured respectively at the same specimen. The number in brackets at the upper right corner of data in this table is the number of specimen; the most of the specimen number is four, which is omitted in the table. The data in this table are their arithmetic mean.

12　次生木质部构建中生长鞘厚度的发育变化

摘　　要

生长鞘是次生木质部逐年在外增添的鞘状层。鞘层厚度在不同年份鞘层间和同一年份鞘层的高向上都存在变化的差异。研究这一变化需在树茎不同高度横截面上测定鞘层径向厚度（年轮宽度）。

对树茎不同高度逐龄年轮进行宽度测定，能取得次生木质部发育研究随两向生长树龄组合连续变化的回归分析结果。12 种阔叶树次生木质部构建中，生长鞘厚度受遗传控制的发育变化得到揭示。以生长鞘厚度（年轮宽度）测定结果为独立发育性状，研究它随树茎两向生长树龄的变化趋势性。

12.1　生长鞘厚度研究中对次生木质部发育概念的再思考

发育是活机体生命中遗传控制的程序性自身变化过程。立木中次生木质部是保持生命的部位，它生命中的发育特征与树木相同。次生木质部发育现象表现在随树茎两向生长树龄的多个木材性状变化上。本书不同木材性状变化的章别都在证明并显示次生木质部存在发育现象。

林业科学年轮宽度测定，一般用于计算立木材积增长。它在本章是次生木质部随生命时间变化的性状，这是对年轮宽度学术作用的新认识。在次生木质部发育变化的性状中，年轮宽度直观，并为人们所熟悉。从单株内年轮宽度的变化中能对首次建立次生木质部发育概念取得更深刻的理解。

12.1.1　生长在次生木质部发育研究中的意义

自然现象都是相互联系着的，而人们对自然现象的观察则必须对它作必要的分割。联系是自然事物的必然，分割则是研究的需要。联系和分割间不存在认识上的正确和错误问题。

生命科学对生物生长和发育两词有不同提法。生物种类浩瀚，生命过程必然存在差异。树木和竹类是林业生产的两大主要类群。竹类只有初生生长，不存在直径生长，高生长在一年内完成，秆茎在而后生命期中有质地的成熟变化。如果把竹类生长区分为生长期和发育期，那竹类在高生长期就不存在质的变化吗？树木具有形成层，次生木质部在直径连续增加的次生生长中形成，在逐年生成的组织间存在着性状变化的差异。次生木质部的高、直径生长与它生成中的性状变化同时存在。竹类和树木生长方式间存在显著差别，但它们生命期中一直存在发育变化是相同的。

有机体生长中不可能只存在量的增长，而无质的变化。宏观量增长的慢滞，并非量变的绝对停止。高龄树木在树茎高处的树高生长并未停止，只是难于观察。厘米、毫米单位的增长同样标志着增长。任何生物的生命过程中都存在微观上新、老细胞或组织间的更替，尚须从微观看待生长中的变化。"减少"同样是变化状态。在发育是生物体自身变化过程的概念下，把生长看作是一种变化状态，是发育现象中的一部分。这一认识在生物界的适用性尚待讨论和检验。

12.1.2　兼用生长鞘和年轮两词的必要性

生长鞘是次生木质部逐年在外砌垒的木质区间。逐年鞘层区界分明，各年木质原态保持完整不变。生长鞘构建的这些特点使它在次生木质部发育研究中具有重要作用。

各层生长鞘是重叠的薄壳体。生长鞘概念重要，但无法对它直接进行观察。一般把生长鞘呈现在横截面上的剖面环圈称作年轮。次生木质部发育研究将每一生长鞘同一高度水平截面年轮各点位置上的性状都看作是相同的。

生长鞘在树木逐龄直径生长中生成，同一生长鞘不同高度的高生长树龄不同。逐龄生长鞘间和各龄生长鞘沿高度同时存在性状的趋势性差异。发育的程序性必须用时间进程来标明。次生木质部构建中变化的特点使得对它的发育研究需采用两向生长树龄。

树茎中的生长鞘各具确定的径向生长树龄。生长鞘同一高度横截面圆环上的各点（年轮）同具相同的高生长树龄。次生木质部任一位点都有确定的两向生成树龄，其上的木材性状是在这一两向生成树龄组合的时间中生成。次生木质部发育研究中，年轮把变化中当年受固定的性状和其发生的时间一一对应的关系联系起来了。这是次生木质部多年发育变化在实验中可测的基础。

生长鞘整体在单一径向生长树龄中生成，而年轮在树茎中的位置与两向生长树龄有关。这一差别使它们在次生木质部研究中的作用不同。生长鞘概念使年轮在发育研究上具有了意义，而年轮又使生长鞘概念在次生木质部发育研究中得到应用。生长鞘和年轮在含义上密切关联，并在次生木质部发育研究上须同时受到应用。

12.1.3　年轮宽度在发育研究中的学术意义

年轮宽度在本章是一个独立的次生木质部发育性状。

发育性状随生物体生命时间变化具有遗传控制的程序性。树茎次生木质部各位点的两向生长树龄不同。检验年轮宽度发育性状属性的依据是，各位点年轮宽度随两向生长树龄组合的变化具有遗传控制的程序性。从本章各树种年轮宽度在单株样树内的变化有序状态，和在多个树种变化间的类似状态，可觉察出其中存在遗传控制。

12.1.4　年轮宽度发育变化的图示表达

树木次生木质部两向生长树龄使年轮宽度变化的图示是三维空间曲面。但它不适合直接用于发育研究。本章采用四种类型剖视平面曲线（组）作为替代的表达方式，它们显示的变化与三维空间曲面数学表达机理一致，但不受视角影响。

图 12-1A～C 是同一样树年轮宽度随两向生长树龄变化的三种平面曲线组。为清楚表现出每一图示中曲线变化间方向的转换，并避免交错的干扰，而将各同一图示进行拆分，如 A_1、A_2、A_3…，并有 A*。A* 是把 A_1、A_2、A_3…中相邻曲线绘制的数据在进行算术平均合并后重新绘出。对 B、C 图同样处理。重绘目的是每幅分图上曲线数减少，而使曲线间的变化差异能显示得更清楚。

12.2　测　　定

测定样树全高范围多个高度圆盘。取样圆盘高度部位为 0.00m（根颈）、1.30m、3.30m…向上每隔 2.00m，梢部间距缩短至 0.50m、0.30m，直逼梢尖。根据各圆盘取样高度和其上年轮数，经回归分析确定各样树高生长过程中树龄和树高间的相关关系（表 3-7）。

用台式螺旋放大测微仪测定每一取样圆盘东、南、西、北四向逐个年轮的宽度，精度为 0.01mm（读至 0.005mm）。

表 12-1 列出 12 种阔叶树样伐倒时树龄、取样圆盘个数和测定的年轮个数。

12.3　不同高度逐龄年轮宽度的发育变化

图 12-1A 示 12 种阔叶树不同高度逐龄年轮宽度的发育变化。图 12-1 中，标注曲线的数字是不同高度横截面的高生长树龄，横坐标是径向生长树龄。各高度曲线同起自相邻髓心的年轮。位置在上的曲线径向生长树龄期逐短，但都终于采伐树龄。

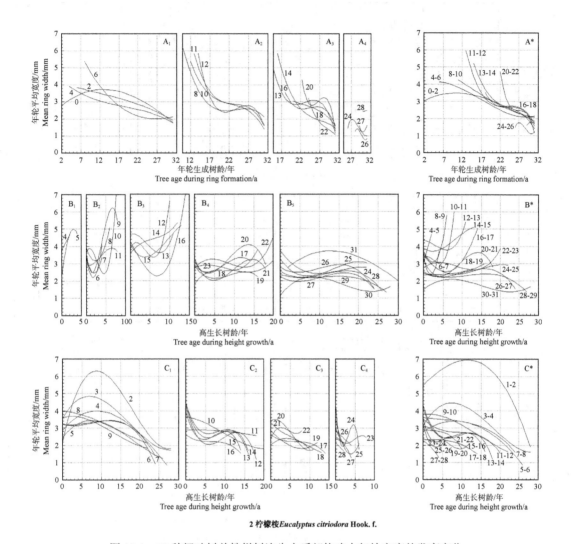

2 柠檬桉*Eucalyptus citriodora* Hook. f.

图 12-1　12 种阔叶树单株样树次生木质部构建中年轮宽度的发育变化

A—同一样树不同高度逐龄年轮的径向变化（标注分图 A 中曲线的数字，是树茎生长达各取样圆盘高度时的树龄，即各圆盘生成起始时的树龄）

B—上述同一样树各年生长鞘随高生长树龄的变化（标注分图 B 中曲线的数字，是各年生长鞘生成时的树龄）

C—上述同一样树不同高度、相同离髓心年轮数、异鞘年轮间的有序变化（标注分图 C 中曲线的数字，是离髓心年轮数，曲线示沿树高方向的变化）

Figure 12-1　Developmental changes of the ring width during secondary xylem elaboration in individual sample trees of twelve angiosperous species

Subfigure A—Radial change of successive rings at different heights in the same sample tree (The number in subfigure A is the tree age when the stem reached the height of every sample disc, and also is the tree age at the beginning of their formation)

Subfigure B—The changes along with the stem length of every successive growth sheath in the same above sample tree (The number in subfigure B is the tree age during every growth sheath formation)

Subfigure C—The changes among rings in different sheaths, but with the same ring number from pith and at different heights in the same sample tree (The number in subfigure C is ring number from pith, and the curves show the changes along with the stem length)

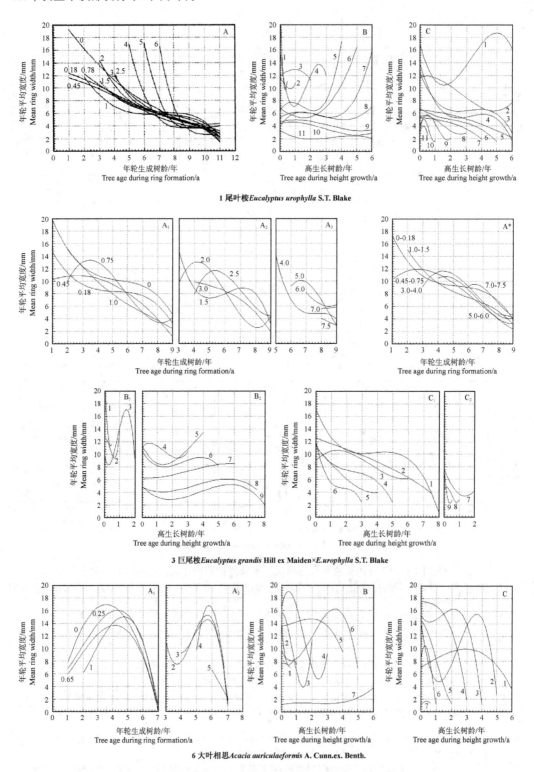

图 12-1　　12 种阔叶树单株样树次生木质部构建中年轮宽度的发育变化（续Ⅰ）

Figure 12-1　Developmental changes of the ring width during secondary xylem elaboration in individual sample trees of twelve angiosperous species (continued Ⅰ)

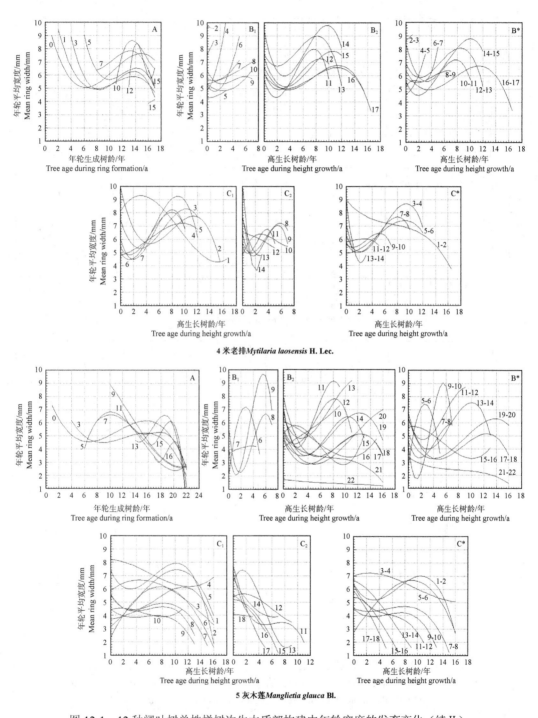

4 米老排*Mytilaria laosensis* **H. Lec.**

5 灰木莲*Manglietia glauca* **Bl.**

图 12-1　12 种阔叶树单株样树次生木质部构建中年轮宽度的发育变化（续Ⅱ）

Figure 12-1　Developmental changes of the ring width during secondary xylem elaboration in individual sample trees of twelve angiosperous species (continued Ⅱ)

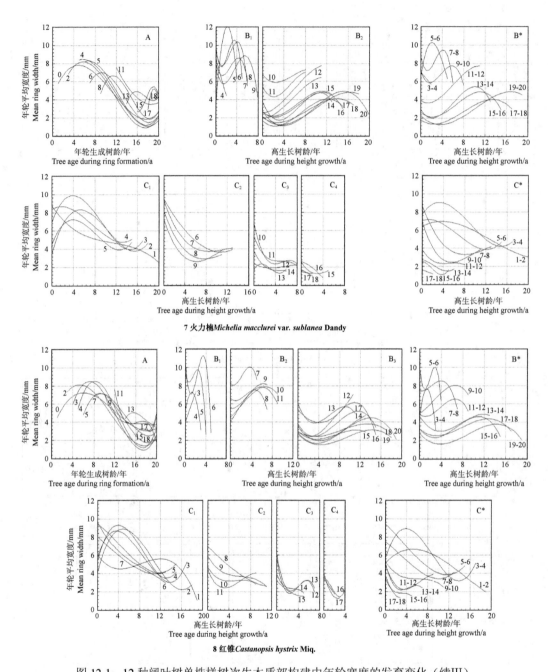

7 火力楠*Michelia macclurei* var. *sublanea* Dandy

8 红锥*Castanopsis hystrix* Miq.

图 12-1　12 种阔叶树单株样树次生木质部构建中年轮宽度的发育变化（续Ⅲ）

Figure 12-1　Developmental changes of the ring width during secondary xylem elaboration in individual sample trees of twelve angiosperous species (continued Ⅲ)

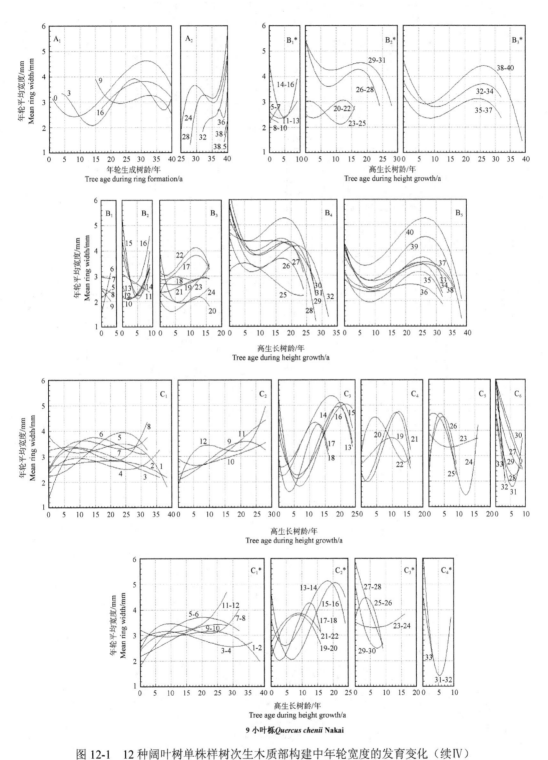

图 12-1 12 种阔叶树单株样树次生木质部构建中年轮宽度的发育变化（续Ⅳ）

Figure 12-1 Developmental changes of the ring width during secondary xylem elaboration in individual sample trees of twelve angiosperous species (continued Ⅳ)

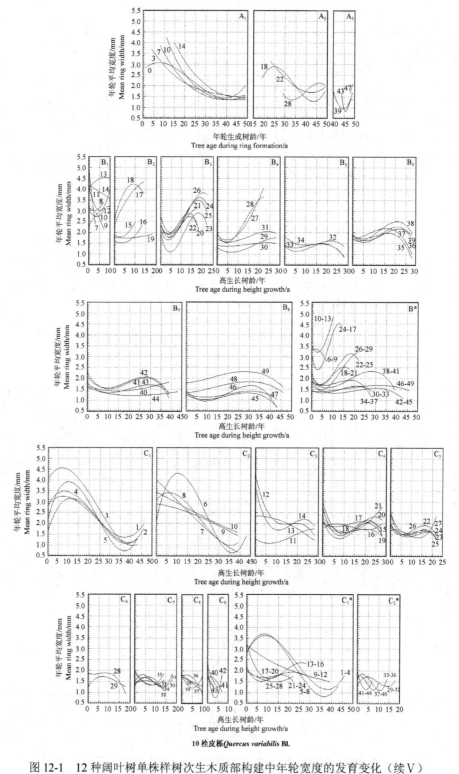

图 12-1　12 种阔叶树单株样树次生木质部构建中年轮宽度的发育变化（续 V）

Figure 12-1　Developmental changes of the ring width during secondary xylem elaboration in individual sample trees of twelve angiosperous species (continued V)

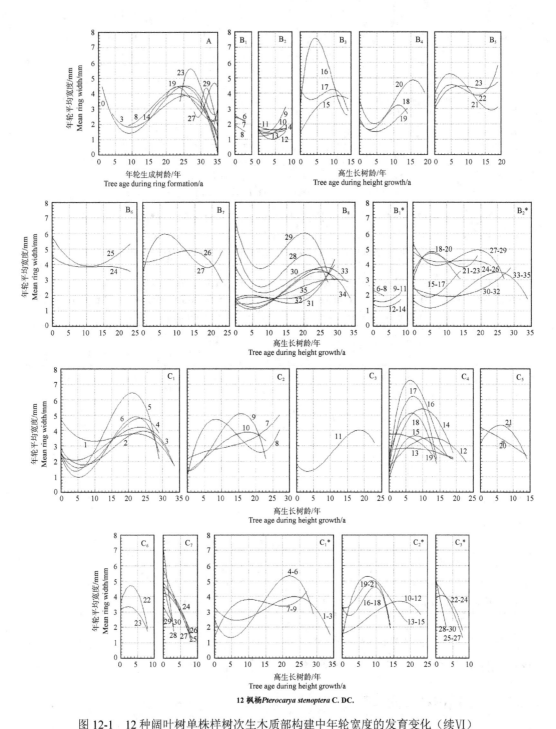

图 12-1 12 种阔叶树单株样树次生木质部构建中年轮宽度的发育变化（续Ⅵ）

Figure 12-1　Developmental changes of the ring width during secondary xylem elaboration in individual sample trees of twelve angiosperous species (continued Ⅵ)

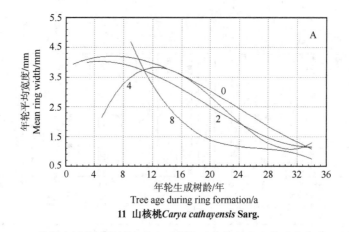

11 山核桃*Carya cathayensis* Sarg.

图 12-1 12 种阔叶树单株样树次生木质部构建中年轮宽度的发育变化（续Ⅶ）

Figure 12-1 Developmental changes of the ring width during secondary xylem elaboration in individual sample trees of twelve angiosperous species (continued Ⅶ)

表 12-1 12 种阔叶树单株样树伐倒时树龄、圆盘个数和测定年轮个数

Table 12-1 The cutting age, the number of the sampling discs and the number of measured rings of individual sample trees of twelve angiospermous species

树种 Tree species	伐倒树龄 Cutting age	圆盘个数 Disc number	实测年轮个数 Measured ring number
尾叶桉 *Eucalyptus urophylla* S.T. Blake	11	12	105
柠檬桉 *Eucalyptus citriodora* Hook. f.	31	18	297
巨尾桉 *Eucalyptus grandis* Hill ex Maiden × *E. urophylla* S. T. Blake	9	15	86
米老排 *Mytilaria laosensis* H. Lec.	17	11	87
灰木莲 *Manglietia glauca* Bl.	22	9	119
大叶相思 *Acacia auriculaeformis* A. Cunn. ex Benth.	7	9	42
火力楠 *Michelia macclurei* var. *sublanea* Dandy	20	13	123
红锥 *Castanopsis hystrix* Miq.	20	13	137
小叶栎 *Quercus chenii* Nakai	40	10	176
栓皮栎 *Quercus variabilis* Bl.	49	11	308
山核桃 *Carya cathayensis* Sarg.	34	4	122
枫杨 *Pterocarya stenoptera* C. DC.	35	11	164

附表 12-1 列出 12 种阔叶树不同取样高度的计算高生长树龄和四向逐龄年轮平均宽度原始数据共 1766 个（读数 7064 次）。

12.3.1 不同树种共同趋势

图 12-1A 示不同树种单株内不同高度年轮宽度径向变化曲线虽具有不同状态波折，但在树茎水平方向变化的总趋势为减窄。不同高度曲线的起点高度位置差别大，但终点同在下方呈汇集状态。位置差别大，表明年轮宽度差别大；汇集则差别小。

对图 12-1A 同一树种各曲线进行比较表明，树茎不同高度曲线位置的上、下关系是，取样圆盘高度向上其曲线在图中的位置趋下。这与附表 12-1 右侧各高度圆盘平均年轮宽度沿树高的数据变化趋势一致。

12.3.2 各树种间的差别

由 12-1 各树种 A 图采用的纵坐标范围，可察出树种间年轮宽度发育变化区间有差别。

图 12-1A 示，各树种不同高度逐龄年轮宽度发育变化具有树种特点。将 12 种阔叶树的曲线变化形式区分为四种基本类型：╲（栓皮栎、尾叶桉）；∽（柠檬桉、米老排、灰木莲、小叶栎、枫杨）；～（大叶相思、红锥、火力楠）；╲（巨尾桉、核桃楸）。单株内不同高度曲线间尚存在变化差别。

12.4 逐龄生长鞘鞘层厚度沿树高的发育变化

图 12-1B 横坐标是高生长树龄，标注各条曲线的数字是生长鞘生成的径向生成树龄。

图 12-1B 逐龄生长鞘鞘层厚度沿树高发育变化的曲线表现次生木质部构建中随两向生长的树龄的变化最直观。图中各条曲线的方向改变显示年轮宽度随高生长树龄的变化；多条曲线的分离、间隔大小和曲弯方向的变换标志随径向生长树龄的变化。

12.4.1 不同树种共同趋势和适应性

图 12-1B 示 11 种树种各龄生长鞘鞘层厚度沿树高的变化在树茎基部都有一段减小，初龄生长鞘仅限于这段减小；而后树龄的生长鞘向上则转为增厚；再后年份生成的生长鞘鞘层厚度的变化则促使全高变化成∽形，全高曲度变化随树龄逐减。

逐龄生长鞘鞘层厚度沿树高变化显示的共同趋势是树木在长时自然选择下保留下的适应表现。这一表现既能保证树茎不同生长期对树茎支持强度的差别要求，又能保持通直高耸的生存要求。

图 12-1B 11 种树种图示中，9 种各龄生长鞘鞘层厚度沿树高变化曲线位置随径向生长树龄下移，表明厚度呈减小趋势。小叶栎呈增大趋势为例外。小叶栎与栓皮栎样树采自同一林地却有如此不同表现，表明树种间存在遗传差异。枫杨在减小和增大间有波折。

12.4.2 各树种发育变化间的差别

图 12-1B 11 种树种纵、横坐标范围和刻度区间都有差别，造成相同变化趋势中实际还包含着差别。细心阅察各树种的曲线会发现它们不尽相同。11 种树种采自广西、江苏两地的不同林分，样树树龄尚有差别。图 12-1B 中树种间的差异包含了环境影响和树龄

作用，而发育研究重视样树生命中遗传控制的变化。

12.5 树茎中心部位相同离髓心年轮数、不同高度、异鞘年轮间年轮宽度发育差异的变化

一般观察，树茎不同高度横截面水平向外年轮宽度都减窄，由此而认为中心部位年轮宽度均宽。但不同高度距中心相同年轮数年轮宽度的变化趋势是尚待考察的问题。

树茎年轮的高、径两向生成树龄在不同高度、相同离髓心年轮数的年轮间互不相同。从发育研究视角须对它们生成中的变化进行测定。

不同高度相同离髓心年轮数年轮位于不同生长鞘。图 12-1C 示 11 种树种不同高度、相同离髓心年轮数、异鞘年轮间年轮宽度发育差异的图示，标注曲线的数字是离髓心年轮数。这些曲线显示出全样树次生木质部这一差异的全貌，其中包括树茎中心部位不同高度间年轮宽度的差异。树茎不同高度相邻髓心第 1 序的年轮数最多，向外逐减。C 图拆分 C_1、C_2、C_3…图示横坐标示出的年限范围，由长至短，后者期限含在前者中。这与图 12-1B 的情况正相反。

12.5.1 不同树种共同趋势

图 12-1C 示 11 种树种树茎不同高度、相同离髓心年轮数、异鞘年轮间年轮宽度均存在差异显著的变化。这一变化在不同树种单株内的共同表现是：①曲线在图示中的位置随离髓心年轮序数增大而下移，表明曲线示出的年轮宽度减窄；②曲线变化的幅度随离髓心年轮序数增大而减小，表明树茎中心部位同一曲线上、下年轮宽度差异较外侧大（未考虑随不同高度相同离髓心序数增大，其曲线变化所包含的年轮个数减少）；③各离髓心序数曲线的年轮宽度变化在图示中同呈向上减小趋势，表明树茎同一离髓心年轮数部位在下方年轮的宽度较在上方年轮大。

小叶栎曲线在图中位置随离髓心年轮数增大呈上移，表明曲线代表的年轮宽度增大；大叶相思不同高度离髓心第 1 序年轮宽度间的差异较其他序小。11 种树种中仅此两例与上述共同趋势不同。

12.5.2 各树种发育变化间的差别

各树种样树不同高度离髓心各序曲线的年轮个数均与采伐时的生长树龄有关。不同树种图示采用的纵坐标范围与树种有关。这两因素影响在图 12-1C 中进行树种间发育变化的比较。

图 12-1C 示 11 种树种不同高度、相同离髓心年轮数、异鞘年轮间年轮宽度变化曲线方向在曲线间的变换有两种基本方式：

$$\diagdown\ (或\sim)\ \rightarrow\ \backsim\ \rightarrow\ \diagdown$$
$$\backsim\ \rightarrow\ \sim$$

两种方式只在～和∽的居前或位后中有差别。

12.6　各年生长鞘全高平均厚度随树龄的发育变化

树茎各高度径向生长起始在高生长到达各高度部位的当年。数字上，全树树龄等于次生木质部研究中采用的树茎径向生长树龄。径向生长树龄常略称为树龄，但必须在概念上分辨它们。本节把生长鞘看作是次生木质部构建中生成的区间，研究它的平均厚度随全树树龄的变化。这里的"树龄"是径向生长树龄，"全高平均"中包含了被略去的高生长树龄。这是在两向生长树龄概念下研究次生木质部发育采用的简化方式。

图 12-2 示 12 种阔叶树单株内各龄生长鞘全高平均厚度随树龄变化的回归曲线和实测结果的点位。各树种都表现出实测结果具有变化的趋势性，连线波折限于回归曲线两侧一定范围内。这一共同表现只在树木同具遗传物质控制的生命过程中才会发生。

图 12-2 示各树种分图尚用双坐标示出逐龄生长鞘全高平均厚度变化率（mm/a）曲线。这是对各年生长鞘全高平均值回归曲线（表 12-2）一次求导的结果。

12.6.1　针叶树、阔叶树发育变化上的差别

针叶树各年生长鞘全高平均宽度随树龄发育变化的趋势是，先有一增宽期，后转明显减窄，并在其后的长时缓减中趋于稳定。阔叶树不同高度横截面径向年轮宽度的变化在想象上会使人们产生上述认识。测定结果的事实表明，部分阔叶树各年生长鞘全高平均厚度随树龄的发育变化与针叶树明显不同。

图 12-2 示，小叶栎和栓皮栎生长鞘全高平均厚度随树龄不存在明显的增宽或减窄期；枫杨全树生长幼龄期生长鞘全高平均厚度先减窄，后虽经增宽，但又再返减。

11 龄尾叶桉和 9 龄巨尾桉生长鞘全高平均厚度从树茎生长开始就迅速减窄，两样树采伐龄的平均厚度仅分别为初始龄的 1/6 和 1/4。

本项目测定的其他七种阔叶树生长初期生长鞘全高平均厚度虽表现出稍有增宽后转减窄，但均不具区界明显的转换。

12.6.2　阔叶树发育变化上的共同趋势和树种差别

阔叶树生长鞘全高平均厚度随树龄变化的共同趋势为减小，但变化率在树种间差别很大。

12 种树种中仅小叶栎样树在 40 龄生长中全高平均厚度较初始龄增加 23%。大叶相思生长鞘全高平均厚度发育变化在测定的 12 种阔叶树中非常特殊，初始三年期中增厚近一倍，但在而后的三年减至最厚值时的 1/8、初始龄的 1/4。

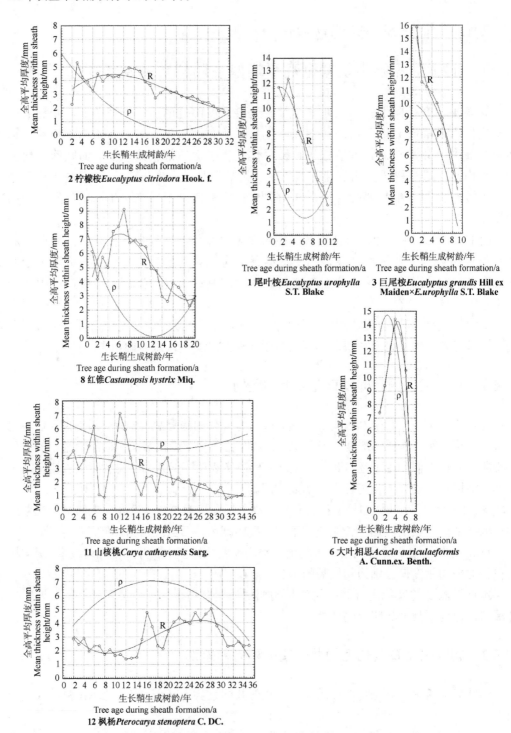

图 12-2　12 种阔叶树单株样树逐龄生长鞘全高平均厚度随生成树龄的发育变化

图中标记 R 的曲线是实测值的回归结果，标记 ρ 的曲线示回归曲线斜率的变化

Figure 12-2　Developmental change of the mean thickness of the overall height of every successive growth sheath with the tree age during sheath formation in individual sample trees of twelve angiosperous species

The curve with the points beside its two sides and marked with R in every subfigure is the regression result of measured data.

The other one with ρ shows the change of slope of above regression curve.

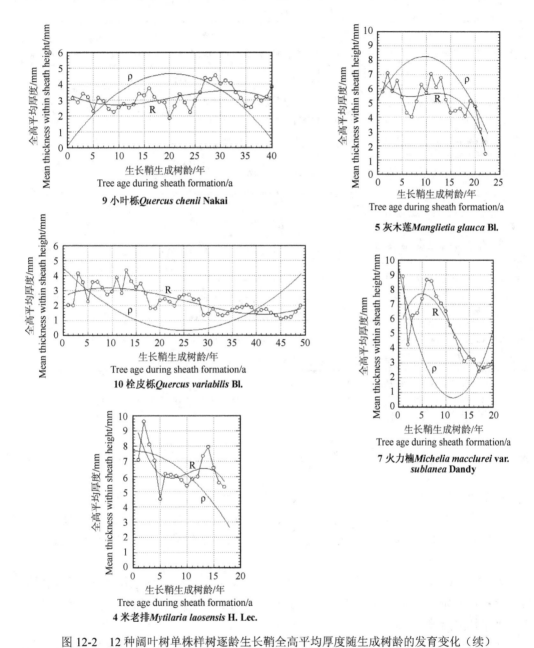

图 12-2　12 种阔叶树单株样树逐龄生长鞘全高平均厚度随生成树龄的发育变化（续）

Figure 12-2　Developmental change of the mean thickness of the overall height of every successive growth sheath with the tree age during sheath formation in individual sample trees of twelve angiosperous species (continued)

表 12-2　12 种阔叶树单株样树逐龄各年生长鞘全高平均厚度与生成树龄的回归方程

Table 12-2　The regression equation between the mean thickness of the overall height of every successive growth sheath and the tree age during sheath formation in individual sample trees of twelve angiosperous species

树种 Tree species	回归方程 Regression equation [x—生长鞘生成树龄/年　Tree age during sheath formation（a）；y—生长鞘全高平均厚度/mm Mean thickness within sheath height/mm]	x 值有效范围 Effective range of X	相关系数 Correlation Coefficient
1 尾叶桉 Eucalyptus urophylla S.T. Blake	$y=0.0170573x^3-0.326697x^2+0.771109x+11.2398$	1～11	−0.97[0.63]
2 柠檬桉 Eucalyptus citriodora Hook. f.	$y=0.000404887x^3-0.0261953x^2+0.397113x+2.67339$	1～31	−0.71[0.35]
3 巨尾桉 Eucalyptus grandis Hill ex Maiden× E. urophylla S.T. Blake	$y=-0.0384495x^3+0.564489x^2-3.62144x+18.2259$	1～9	−0.97[0.67]
4 米老排 Mytilaria laosensis H. Lec.	$y=-0.00516254x^3+0.158763x^2-1.47372x+10.2062$	1～11	−0.37[0.60]
5 灰木莲 Manglietia glauca Bl.	$y=-0.00218319x^3+0.06293x^2-0.550609x+6.98187$	1～22	−0.61[0.42]
6 大叶相思 Acacia auriculaeformis A. Cunn. ex Benth.	$y=-0.229333x^3+1.71483x^2-1.57069x+7.48157$	1～7	−0.24[0.75]
7 火力楠 Michelia macclurei var. sublanea Dandy	$y=0.00435926x^3-0.152295x^2+1.19867x+4.99319$	1～20	−0.80[0.44]
8 红锥 Castanopsis hystrix Miq.	$y=0.00477921x^3-0.178149x^2+1.64961x+2.87991$	1～20	−0.67[0.44]
9 小叶栎 Quercus chenii Nakai	$y=-0.000181827x^3+0.0111522x^2-0.164299x+3.39159$	1～40	0.37[0.33]
10 栓皮栎 Quercus variabilis Bl.	$y=0.000109792x^3-0.00831663x^2+0.125999x+2.64685$	1～49	−0.74[0.29]
11 山核桃 Carya cathayensis Sarg.	$y=0.000169047x^3-0.0103189x^2+0.0755435x+3.72198$	1～34	−0.62[0.35]
12 枫杨 Pterocarya stenoptera C. DC.	$y=-0.000911343x^3+0.0470968x^2-0.605416x+4.11509$	1～35	0.40[0.35]

注：相关系数右上角中括号内数字是各栏回归方程自由度下α=0.05 的显著值。

Note: The number in brackets on the top right corner of correlation coefficient is significant value (α=0.05) at the degree of freedom of each equation.

12.7　各龄段生长鞘层平均厚度的变化

树茎逐年鞘层构建中，主要木质构成细胞生命期都不足一年的特点，是在树种间能进行次生木质部相同生命年份发育变化比较的条件。附表 12-1 中，各树种逐龄生长鞘全高平均宽度在其生成后都是不变值，而各高度取样圆盘年轮宽度的平均值将随而后的径向生长不断变化。

表 12-3 以 12 种阔叶树样树不同采伐树龄为树龄段。表 12-3 内数据是各龄段全样树各高度圆盘年轮宽度测定结果的加权平均值。表 12-3 中树种列位按全样树初始 7 龄段生长鞘平均厚度排序。

如表 12-3 所示，12 种树种初龄生长中生长鞘厚度存在较大的树种差异。初始 7 龄段巨尾桉、尾叶桉生长鞘厚度较同一地柠檬桉大一倍；大叶相思与米老排生长林地相邻但相差 40%。树种遗传物质差别是这一差别的主要成因。不同树种单株内生长鞘平均厚度随树龄的变化具有趋势性；表 12-3 中，树种上、下位列随树龄并无跳跃性改变，但存在调整。这些都是生长鞘厚度受树种遗传控制的结果。

表 12-3　12 种阔叶树单株样树各龄段生长鞘加权平均厚度（mm）
Table 12-3　The weighted mean sheath thickness in every growth period of individual sample trees of twelve angiospermous species (mm)

树种 Tree species	树龄段 Periods of tree growth										
	7	9	11	17	20	22	31	34	35	40	49
巨尾桉 *Eucalyptus grandis* Hill ex Maiden × *E.urophylla* S.T. Blake	9.877	7.981									
大叶相思 *Acacia auriculaeformis* A. Cunn. ex Benth.	9.481										
尾叶桉 *Eucalyptus urophylla* S.T. Blake	9.232	8.012	6.901								
火力楠 *Michelia macclurei* var. *sublanea* Dandy	7.680	7.530	7.095	5.114	4.486						
红锥 *Castanopsis hystrix* Miq.	7.411	7.211	7.012	5.265	4.593						
米老排 *Mytilaria laosensis* H. Lec.	6.661	6.402	6.190	6.271							
灰木莲 *Manglietia glauca* Bl.	5.213	5.401	5.719	5.388	5.194	4.756					
柠檬桉 *Eucalyptus citriodora* Hook. f.	4.445	4.350	4.327	4.364	3.999	3.848	3.106				
山核桃 *Carya cathayensis* Sarg.	3.837	3.325	3.987	3.529	3.405	3.269	2.724	2.557			
栓皮栎 *Quercus variabilis* Bl.	3.107	3.055	3.178	3.322	2.989	2.892	2.544	2.379	2.349	2.251	2.037
小叶栎 *Quercus chenii* Nakai	2.811	2.687	2.677	2.950	2.853	2.872	3.260	3.304	3.268	3.249	
枫杨 *Pterocarya stenoptera* C. DC.	2.682	2.447	2.238	2.501	2.545	2.797	3.322	3.159	3.098		

注：本表所列各龄段均自树茎出土生长始。
Note: The beginning of every growth period in this table is the time when the sample trees break through the soil.

　　树木固着生长立地条件变化有限。环境不可能造成单株内次生木质部构建随树龄变化的趋势性。生物生命中的程序性变化只有在遗传控制下才会发生。建立的次生木质部发育概念中，有必要强调发育变化受遗传控制的一面，但不能否定发育变化存在受环境影响的成分。

12.8　结　　论

　　对 12 种阔叶树单株样树不同高度径向逐龄年轮宽度测定结果进行四种组合方式的回归分析曲线图示表明，单株内次生木质部年轮宽度发育变化的共同趋势有如下几个。①不同高度年轮宽度水平径向趋减窄。②各龄生长鞘厚度沿树高都有一段减小的变化，初龄生长鞘段仅限于减小；而后的生长鞘厚度向上转为增大，全程的变化成∽。各龄曲线曲度随树龄逐减。③不同高度、相同离髓心年轮数年轮宽度间存在显著差异，这一差异随离髓心年轮数增加而减小。④各年生长鞘全高平均厚度随树龄减小。这些趋势变化呈现在单株树木固着生长的树茎中，其发生性质是次生木质部生命中遗传控制的发育。

　　阔叶树生长鞘厚度变化在共同趋势中尚存在树种间的差异。

附表 12-1　12 种阔叶树单株样树不同高度四向逐龄年轮的平均宽度（mm）

Appendix table 12-1　Mean width in four directions of every successive ring at different heights in individual sample trees of twelve angiospermous species (mm)

1　树种 Tree species：尾叶桉 *Eucalyptus urophylla* S.T. Blake

DN	RN	HA	年轮生成树龄/年　Tree age during ring formation/a											Ave.
			1	2	3	4	5	6	7	8	9	10	11	
11	5	6						16.798	7.054	3.39	2.576	2.316	6.427
10	6	5						17.418	7.418	5.374	3.375	3.291	1.916	6.465
09	7	4					17.517	7.776	5.056	5.297	3.36	2.505	1.902	6.202
08	8	3				12.511	7.754	8.173	6.297	4.899	3.93	3.662	2.906	6.267
07	8	2.5				13.266	6.936	7.601	6.92	6.174	5.624	3.796	2.502	6.602
06	9	2			11.154	9.289	6.38	6.182	7.371	5.435	4.658	3.693	2.327	6.277
05	9	1.5			13.183	13.688	6.666	5.031	6.174	6.627	3.822	3.567	1.25	6.668
04	10	1		10.879	10.559	6.235	8.228	3.456	4.993	6.666	5.129	5.645	1.693	6.348
03	10	0.73		9.845	15.649	6.888	7.809	6.006	4.042	5.711	5.306	5.424	1.914	6.859
02	11	0.45	11.123	10.33	12.195	8.504	7.546	4.891	3.484	5.824	4.961	4.551	2.999	6.946
01	11	0.18	12.313	10.845	11.324	10.145	5.89	7.731	4.638	5.425	4.84	4.686	3.92	7.432
00	11	0.00	21.673	11.646	12.56	17.484	7.246	7.224	6.281	5.44	4.417	3.541	3.039	9.141
Ave.			15.036	10.709	12.375	10.890	8.197	7.408	6.623	5.827	4.401	3.911	2.390	6.901

2　树种 Tree species：柠檬桉 *Eucalyptus citriodora* Hook. f.

DN	RN	HA	年轮生成树龄/年　Tree age during ring formation/a															Ave.
			17	18	19	20	21	22	23	24	25	26	27	28	29	30	31	
17	3	28													2.449	2.434	2.495	2.459
16	4	27												3.739	1.608	1.137	1.008	1.873
15	5	26											5.967	1.282	1.334	0.906	0.839	2.066
14	7	24								4.348	1.566	1.624	2.112	1.575	0.989	1.709	1.989
13	9	22							4.329	3.028	3.075	1.903	1.521	1.689	1.527	1.315	1.036	2.158
12	11	20					7.61	4.984	3.183	2.822	3.155	2.952	2.938	3.428	3.132	2.215	1.473	3.445
11	13	18			10.509	3.16	2.9	2.629	3.152	2.274	3.191	2.808	2.151	2.111	2.143	2.062	1.541	3.125
10	15	16	10.018	3.968	2.395	3.084	2.234	3.488	2.174	2.422	2.817	2.895	2.596	3.062	1.939	1.772	1.945	3.121
09	17	14	3.642	3.438	2.074	4.993	4.429	2.852	2.082	1.972	1.259	2.167	1.74	1.926	1.915	1.684	1.455	3.152
08	18	13	2.611	2.178	2.736	4.295	3.444	2.55	2.529	2.706	3.204	3.537	2.516	3.047	2.37	1.799	1.283	3.242
07	19	12	3.09	2.279	2.048	2.901	2.226	2.885	2.263	2.937	2.741	3.072	2.488	2.688	2.248	1.902	1.986	3.295
06	20	11	2.694	2.958	3.093	3.934	2.674	3.345	3.413	2.624	2.835	2.803	2.511	1.744	2.408	2.276	1.706	3.385
05	21	10	4.749	2.516	2.313	3.912	2.561	2.696	2.609	2.893	3.448	2.81	2.3	1.641	1.99	1.733	1.722	3.358
04	23	8	3.203	3.721	2.357	3.267	2.545	3.651	2.816	2.751	1.731	1.878	1.732	2.12	2.458	2.958	2.464	3.210
03	25	6	1.771	2.309	1.958	2.331	2.248	2.225	2.787	2.026	1.492	2.368	1.81	2.293	2.378	1.802	1.995	3.128
02	27	4	2.271	2.107	2.177	2.936	2.012	3.002	2.683	2.72	3.243	3.556	2.432	3.061	1.83	2.007	1.292	3.092
01	29	2	3.372	2.174	2.365	2.09	2.162	3.845	2.604	2.579	2.023	1.961	1.65	2.422	2.095	1.677	2.13	2.939
00	31	0	2.625	2.012	2.876	3.281	3.382	2.499	3.011	4.277	3.584	2.854	2.351	2.152	2.515	1.143	1.954	3.392
Ave.			3.641	2.696	3.075	3.349	3.110	3.127	2.831	2.717	2.810	2.609	2.395	2.383	2.106	1.767	1.669	3.106

续表

2 树种 Tree species：柠檬桉 *Eucalyptus citriodora* Hook. f.

DN	RN	HA	年轮生成树龄/年　Tree age during ring formation/a															
			1	2	3	4	5	6	7	8	9	10	11	12	13	14	15	16
09	17	14															8.693	7.262
08	18	13														7.519	4.723	5.314
07	19	12													9.607	5.492	5.228	4.522
06	20	11												6.918	5.276	5.57	6.407	2.508
05	21	10											8.682	6.648	3.129	4.155	3.384	4.631
04	23	8									5.327	8.435	3.613	3.905	4.512	3.377	2.89	2.114
03	25	6							8.825	5.018	6.607	2.848	4.263	3.174	3.355	6.013	4.091	2.224
02	27	4					4.69	4.09	3.384	3.719	3.389	3.098	2.904	4.28	4.273	5.293	4.598	2.435
01	29	2			7.03	4.676	4.691	2.247	2.464	3.04	3.159	3.152	3.428	3.708	4.542	1.913	2.232	3.798
00	31	0	10.435	2.258	3.564	3.795	2.314	3.303	3.354	3.951	3.416	3.757	2.854	3.976	4.701	4.366	4.459	4.133
Ave.			10.435	2.258	5.297	4.236	3.898	3.213	4.507	3.932	4.380	4.258	4.291	4.658	4.924	4.855	4.671	3.894

3 树种 Tree species：巨尾桉 *Eucalyptus grandis* Hill ex Maiden × *E . urophylla* S.T. Blake

DN	RN	HA	年轮生成树龄/年　Tree age during ring formation/a									Ave.
			1	2	3	4	5	6	7	8	9	
14	1	8.00								1.678		1.678
13	2	7.50								4.01	2.855	3.433
12	2	7.00								5.546	5.800	5.673
11	3	6.00							8.202	6.214	6.179	6.865
10	4	5.00						9.187	9.827	6.945	2.942	7.225
09	5	4.00					14.159	6.367	5.85	4.189	4.089	6.931
08	6	3.00				10.481	7.143	10.635	6.91	3.924	2.329	6.904
07	6	2.50				7.945	11.725	10.463	9.26	5.331	4.524	8.208
06	7	2.00			9.402	14.03	11.32	7.892	4.826	2.913	4.101	7.783
05	7	1.50			15.285	6.846	8.788	7.669	9.825	6.539	3.703	8.379
04	8	1.00		13.683	16.355	7.572	4.786	9.634	5.158	2.725	2.646	7.820
03	8	0.73		9.812	12.318	16.286	9.331	5.46	5.473	5.707	2.945	8.417
02	9	0.45	11.632	9.884	6.353	14.079	11.583	8.697	3.811	2.833	2.398	7.919
01	9	0.18	14.25	12.408	8.799	7.984	8.643	8.834	7.573	5.666	3.485	8.627
00	9	0.00	21.696	12.374	10.294	12.107	12.535	12.445	7.111	4.158	7.016	11.082
Ave.			15.859	11.632	11.258	10.814	10.001	8.844	6.986	4.764	3.779	7.981

4　　　　　　　　　　树种 Tree species：米老排 *Mytilaria laosensis* H. Lec.

DN	RN	HA	年轮生成树龄/年　Tree age during ring formation/a																	Ave.
			1	2	3	4	5	6	7	8	9	10	11	12	13	14	15	16	17	
10	1	16																	2.843	2.843
09	1	16																	5.097	5.097
08	2	15																3.875	4.162	4.019
07	2	15																6.36	5.181	5.771
06	5	12													5.12	8.316	7.594	5.926	6.529	6.697
05	7	10											5.636	6.89	8.552	9.382	7.666	6.696	6.709	7.362
04	10	7								7.005	5.728	6.408	8.463	6.857	8.686	8.374	6.591	5.661	5.617	6.939
03	12	5						9.103	7.178	6.43	5.848	5.418	5.566	5.786	7.391	7.057	5.39	5.671	5.43	6.356
02	14	3				10.361	4.898	5.283	5.944	5.932	5.406	4.755	5.054	5.246	7.344	6.44	5.623	4.754	4.874	5.851
01	16	1		9.565	8.6	5.883	4.384	5.546	5.721	5.367	5.64	5.137	4.873	4.965	6.842	5.872	5.378	4.994	5.088	5.866
00	17	0	7.1	9.699	7.629	4.897	4.318	4.795	5.655	5.433	6.3	5.268	5.39	6.265	7.539	10.206	7.698	6.449	7.029	6.569
	Ave.		7.100	9.632	8.115	7.047	4.533	6.182	6.125	6.033	5.784	5.397	5.830	6.002	7.353	7.950	6.563	5.598	5.324	6.271

5　　　　　　　　　　树种 Tree species：灰木莲 *Manglietia glauca* Bl.

DN	RN	HA	年轮生成树龄/年　Tree age during ring formation/a										
			1	2	3	4	5	6	7	8	9	10	11
04	13	9										7.713	8.741
03	15	7								5.877	6.963	4.658	8.587
02	17	5						3.663	4.198	6.041	9.3	8.15	6.566
01	19	3				3.961	7.508	7.169	4.238	3.125	4.871	3.715	4.258
00	22	0	5.791	7.113	5.848	9.197	3.302	2.1	3.679	5.425	4.042	4.338	7.136
	Ave.		5.791	7.113	5.848	6.579	5.405	4.311	4.038	5.117	6.294	5.715	7.058

DN	RN	HA	年轮生成树龄/年　Tree age during ring formation/a											Ave.
			12	13	14	15	16	17	18	19	20	21	22	
08	6	16						3.593	2.642	3.317	6.582	2.216	1.543	3.316
07	7	15					5.085	3.331	4.638	7.335	7.342	1.449	0.933	4.302
06	9	13			4.921	5.344	2.121	7.03	7.761	7.05	5.491	1.656	1.018	4.710
05	11	11	4.932	9.173	6.144	2.361	5.774	5.184	3.726	6.53	5.107	4.209	1.846	4.999
04	13	9	8.671	8.127	6.355	3.464	3.565	2.634	3.323	4.698	3.636	3.409	1.471	5.062
03	15	7	6.752	6.682	5.197	3.993	2.924	3.199	3.154	4.454	3.156	3.802	1.241	4.709
02	17	5	5.531	5.525	3.311	4.239	3.187	4.431	2.805	4.254	2.909	2.792	1.548	4.615
01	19	3	5.361	4.738	3.903	5.729	7.461	4.474	4.583	4.149	3.343	3.905	1.522	4.632
00	22	0	5.368	6.418	6.811	5.162	5.564	7.659	4.093	4.499	5.294	5.087	1.756	5.258
	Ave.		6.103	6.777	5.235	4.327	4.460	4.615	4.081	5.143	4.762	3.169	1.431	4.756

续表

6   树种 Tree species：大叶相思 *Acacia auriculaeformis* A. Cunn ex Benth.

DN	RN	HA	年轮生成树龄/年 Tree age during ring formation/a							Ave.
			1	2	3	4	5	6	7	
08	1	6.00							3.81	3.810
07	2	5.00						6.634	2.193	4.414
06	3	4.00					9.68	16.385	1.16	9.075
05	4	3.00				9.297	12.732	14.061	1.795	9.471
04	5	2.00			11.362	6.497	15.371	13.205	1.298	9.547
03	6	1.00		7.471	6.074	17.809	15.933	7.974	1.131	9.399
02	7	0.62	6.82	7.633	11.499	17.221	11.587	7.047	1.264	9.010
01	7	0.25	7.657	8.503	14.066	18.972	13.194	10.555	1.612	10.651
00	7	0.00	7.701	14.021	16.035	16.729	14.599	8.625	1.007	11.245
	Ave.		7.393	9.407	11.807	14.421	13.299	10.561	1.697	9.481

7   树种 Tree species：火力楠 *Michelia macclurei* var. *sublanea* Dandy

DN	RN	HA	年轮生成树龄/年 Tree age during ring formation/a									
			1	2	3	4	5	6	7	8	9	10
05	12	8									3.781	7.219
04	14	6							5.31	5.932	9.274	7.125
03	15	5						6.307	10.086	8.893	8.511	6.051
02	16	4					6.307	10.212	9.757	7.916	7.218	6.033
01	18	2			6.861	4.416	11.998	8.61	8.468	7.164	6.352	6.085
00	20	0	8.902	4.271	5.61	8.403	3.819	9.584	9.319	7.841	7.233	6.682
	Ave.		8.902	4.271	6.236	6.410	7.375	8.678	8.588	7.549	7.062	6.533

DN	RN	HA	年轮生成树龄/年 Tree age during ring formation/a										Ave.
			11	12	13	14	15	16	17	18	19	20	
12	1	19										1.23	1.230
11	1	19										5.116	5.116
10	2	18									4.23	4.217	4.224
09	3	17								2.882	5.149	4.123	4.051
08	5	15						2.797	2.955	5.034	5.131	4.603	4.104
07	7	13				3.628	4.486	5.006	4.7	3.959	3.944	4.317	4.291
06	9	11		7.711	6.292	5.127	5.082	4.671	3.748	3.351	3.248	3.9	4.792
05	12	8	7.015	6.577	6.056	3.538	4.219	3.568	2.457	2.32	2.194	2.325	4.272
04	14	6	6.164	5.441	4.074	2.514	3.377	2.973	2.19	2.036	1.737	1.671	4.273
03	15	5	5.537	4.317	3.26	2.372	2.244	2.978	1.703	1.648	1.433	1.638	4.465
02	16	4	4.898	3.72	3.142	2.296	2.936	2.501	1.22	1.864	1.404	0.84	4.517
01	18	2	4.338	3.282	2.982	1.717	2.352	2.024	1.418	1.96	1.295	1.043	4.576
00	20	0	5.376	2.449	1.722	3.743	2.533	2.632	1.512	1.756	2.111	2.925	4.921
	Ave.		5.555	4.785	3.933	3.117	3.404	3.239	2.434	2.681	2.898	2.919	4.486

续表

8 树种 Tree species：红锥 Castanopsis hystrix Miq.

DN	RN	HA	年轮生成树龄/年 Tree age during ring formation/a								
			1	2	3	4	5	6	7	8	9
05	13	7								5.529	8.11
04	15	5						2.905	8.626	6.733	7.73
03	16	4					2.61	10.107	10.032	8.217	7.544
02	17	3				3.133	8.818	11.233	9.712	7.369	6.912
01	18	2			7.377	6.456	9.608	8.475	8.99	6.018	5.897
00	20	0	6.153	4.201	4.099	5.435	9.202	10.191	8.258	6.724	5.543
	Ave.		6.153	4.201	5.738	5.008	7.560	8.582	9.124	6.765	6.956

DN	RN	HA	年轮生成树龄/年 Tree age during ring formation/a											Ave.
			10	11	12	13	14	15	16	17	18	19	20	
12	1	19											2.279	2.279
11	2	18										2.07	2.01	2.040
10	3	17									3.48	3.031	4.635	3.715
09	5	15							2.382	3.257	3.131	3.283	4.991	3.409
08	7	13					5.079	2.998	5.97	5.662	3.873	2.854	4.246	4.383
07	9	11			7.859	5.211	3.407	3.011	5.747	4.558	3.458	2.188	2.521	4.218
06	11	9	6.969	6.041	4.381	5.091	2.965	2.911	5.619	4.31	3.27	2.635	4.018	4.383
05	13	7	8.186	7.631	5.583	5.352	3.095	2.298	4.498	3.989	3.569	2.013	2.482	4.795
04	15	5	7.021	6.983	4.74	5.036	2.629	2.966	3.273	2.992	2.693	1.833	1.536	4.513
03	16	4	7.339	8.61	3.457	3.836	1.971	2.141	2.742	2.923	2.36	1.466	2.362	4.857
02	17	3	6.208	6.327	3.821	3.852	1.568	2.017	2.6	2.19	1.968	1.466	1.341	4.737
01	18	2	6.135	5.534	3.998	3.606	1.819	1.79	2.525	2.098	1.938	1.411	1.771	4.747
00	20	0	4.455	4.185	5.595	6.206	3.886	3.209	3.499	4	3.423	2.956	2.893	5.206
	Ave.		6.616	6.473	4.929	4.774	2.935	2.593	3.886	3.598	3.015	2.267	2.853	4.593

9 树种 Tree species：小叶栎 Quercus chenii Nakai

DN	RN	HA	年轮生成树龄/年 Tree age during ring formation/a													
			1	2	3	4	5	6	7	8	9	10	11	12	13	14
02	31	9										3.327	2.36	3.274	3.444	3.149
01	37	3				4.26	2.463	3.139	2.907	2.362	2.015	2.127	2.836	2.108	2.148	2.670
00	40	0	3.122	2.851	3.406	2.115	2.136	1.549	2.972	2.517	2.484	2.174	3.082	2.178	2.584	4.394
	Ave.		3.122	2.851	3.406	3.188	2.300	2.344	2.940	2.440	2.250	2.543	2.759	2.520	2.725	3.404

DN	RN	HA	年轮生成树龄/年 Tree age during ring formation/a													
			15	16	17	18	19	20	21	22	23	24	25	26	27	
04	16	24											2.133	2.467	3.131	
03	24	16			3.271	3.482	3.299	1.802	2.914	3.363	2.874	2.536	3.048	3.636	4.463	
02	31	9	3.966	4.574	3.645	2.868	2.695	1.989	2.737	3.912	2.259	1.974	2.498	3.273	3.985	
01	37	3	2.628	2.782	2.925	2.88	2.674	1.62	2.415	3.072	2.337	2.074	4.424	3.486	4.619	
00	40	0	5.23	3.902	2.915	2.328	2.708	2.032	2.354	3.163	3.907	2.362	2.742	4.57	5.809	
	Ave.		3.941	3.753	3.189	2.890	2.844	1.861	2.605	3.378	2.844	2.237	2.969	3.486	4.401	

续表

9　　树种 Tree species: 小叶栎 *Quercus chenii* Nakai

DN	RN	HA	年轮生成树龄/年　Tree age during ring formation/a													Ave.
			28	29	30	31	32	33	34	35	36	37	38	39	40	
09	2	38												1.41	2.069	1.740
08	2	38												1.699	2.277	1.988
07	4	36										2.638	2.56	2.391	3.493	2.771
06	8	32						4.315	2.322	2.089	1.871	3.092	2.989	3.761	4.564	3.125
05	12	28		3.675	2.851	2.416	3.265	4.012	3.342	3.222	2.564	3.632	3.381	4.958	5.58	3.575
04	16	24	2.94	4.158	3.43	3.633	3.755	3.117	3.274	2.869	2.359	3.377	3.525	4.091	4.869	3.321
03	24	16	4.625	5.38	4.649	4.415	4.206	3.239	3.075	2.514	2.677	3.235	2.975	3.687	4.196	3.482
02	31	9	3.717	4.387	4.131	3.735	3.373	2.421	2.69	2.271	2.524	2.752	2.482	2.84	3.699	3.127
01	37	3	4.346	4.565	4.541	4.776	3.781	2.847	2.734	1.932	2.129	2.993	2.631	2.938	3.456	2.990
00	40	0	5.952	5.225	4.691	6.432	6.067	4.496	4.42	3.424	3.085	3.905	3.131	4.279	4.338	3.526
	Ave.		4.316	4.565	4.049	4.235	4.075	3.492	3.122	2.617	2.458	3.203	2.959	3.205	3.854	3.249

10　　树种 Tree species: 栓皮栎 *Quercus variabilis* Bl.

DN	RN	HA	年轮生成树龄/年　Tree age during ring formation/a																
			1	2	3	4	5	6	7	8	9	10	11	12	13	14	15	16	17
04	35	14															3.3	4.098	5.935
03	39	10											3.298	3.022	4.559	3.987	5.389	4.512	2.449
02	42	7								3.393	2.162	3.028	4.423	3.553	4.41	3.303	3.931	3.778	2.078
01	46	3				4.048	2.345	4.889	2.374	3.007	2.944	2.734	3.337	2.294	4.488	3.066	2.41	2.245	1.729
00	49	0	2.024	2.004	4.152	3.083	2.187	2.264	4.803	3.147	3.1	3.072	4.461	2.479	4	4.175	3.26	2.774	1.905
	Ave.		2.024	2.004	4.152	3.566	2.266	3.577	3.589	3.182	2.735	2.945	3.880	2.837	4.364	3.633	3.658	3.481	2.819

DN	RN	HA	年轮生成树龄/年　Tree age during ring formation/a																
			18	19	20	21	22	23	24	25	26	27	28	29	30	31	32	33	
07	21	28												1.828	1.478	1.94	1.32	0.83	
06	27	22						2.278	3.09	2.872	3.687	4.086	3.59	1.371	1.631	2.071	1.745	1.483	
05	31	18		1.849	2.108	3.092	2.06	3.093	4.102	3.701	3.881	3.067	3.448	1.572	1.366	2.032	1.578	1.538	
04	35	14	2.415	1.95	3.015	3.029	3.062	2.405	3.086	3.187	3.181	2.506	2.614	1.407	1.502	1.683	1.241	1.373	
03	39	10	1.985	1.806	2.498	2.291	2.244	1.682	1.866	2.3	2.162	2.002	1.998	1.074	1.363	1.54	1.205	1.268	
02	42	7	1.488	1.563	2.108	1.855	1.602	1.188	1.97	2.042	1.904	1.501	1.385	1	1.315	1.426	1.16	1.336	
01	46	3	1.537	1.791	2.07	2.188	2.338	1.352	2.213	2.443	2.055	1.8	1.938	1.108	1.495	1.998	1.351	1.507	
00	49	0	1.626	1.785	2.272	2.207	2.14	1.809	1.77	2.526	2.209	1.838	1.802	1.351	1.336	1.507	1.264	1.279	
	Ave.		1.810	1.791	2.345	2.444	2.241	1.972	2.585	2.724	2.726	2.400	2.396	1.339	1.436	1.775	1.358	1.327	

10 　　　　　树种 Tree species：栓皮栎 Quercus variabilis Bl.

DN	RN	HA	34	35	36	37	38	39	40	41	42	43	44	45	46	47	48	49	Ave.
			年轮生成树龄/年　Tree age during ring formation/a																
10	2	47															1.66	2.097	1.879
09	6	46											1.639	0.842	0.888	1.107	1.234	1.424	1.189
08	10	39							1.872	1.11	1.263	1.361	0.929	0.843	0.837	1.184	1.481	1.624	1.250
07	21	28	0.885	0.812	1.067	1.848	1.974	1.669	1.36	4.545	2.061	1.638	1.344	1.377	1.974	1.344	2.225	2.852	1.732
06	27	22	1.372	1.891	1.846	2.363	2.578	2.45	1.684	1.893	1.978	1.76	1.32	1.396	1.515	1.388	1.765	2.531	2.135
05	31	18	1.598	1.904	2.225	1.989	2.382	2.14	1.477	1.617	1.705	1.324	1.321	1.046	0.903	1.288	1.581	1.88	2.092
04	35	14	1.39	1.803	2.281	1.86	2.278	1.882	1.474	1.78	1.739	1.387	1.262	1.144	1.062	1.244	1.664	2.006	2.207
03	39	10	1.363	1.956	1.975	1.578	1.83	1.624	1.259	1.489	1.613	1.267	1.044	0.937	0.949	1.023	1.38	1.926	2.044
02	42	7	1.456	1.748	1.95	1.803	1.682	1.571	1.482	1.5	1.569	1.418	1.371	1.183	1.008	1.02	1.309	1.814	1.971
01	46	3	1.702	1.716	1.751	1.768	1.771	1.871	1.53	1.813	1.626	1.657	1.482	0.804	1.212	1.281	1.514	1.748	2.094
00	49	0	1.79	1.9	1.725	1.857	1.629	1.735	1.677	2.29	2.155	1.715	1.661	1.416	1.405	1.326	1.322	1.938	2.228
	Ave.		1.445	1.716	1.853	1.883	2.016	1.868	1.535	2.004	1.745	1.503	1.337	1.099	1.175	1.221	1.558	1.985	2.037

11 　　　　　树种 Tree species：山核桃 Carya cathayensis Sarg.

DN	RN	HA	1	2	3	4	5	6	7	8	9	10	11	12	13	14	15	16	17
			年轮生成树龄/年　Tree age during ring formation/a																
03	26	8									3.616	2.298	6.458	5.891	4.033	1.078	0.495	0.756	1.139
02	30	4					3.104	2.587	0.647	0.634	2.587	5.939	9.364	6.198	4.159	2.098	1.144	2.19	2.741
01	32	2			3.822	2.935	5.184	8.04	1.085	0.765	2.637	4.031	7.422	6.148	3.443	2.25	1.436	2.72	2.672
00	34	0	3.802	4.351	2.275	4.39	5.8	7.837	1.692	1.454	3.903	3.568	7.369	5.3	3.662	2.788	1.396	3.89	3.352
	Ave.		3.802	4.351	3.049	3.663	4.696	6.155	1.141	0.951	3.186	3.959	7.653	5.884	3.824	2.054	1.118	2.389	2.476

DN	RN	HA	18	19	20	21	22	23	24	25	26	27	28	29	30	31	32	33	34	Ave.
			年轮生成树龄/年　Tree age during ring formation/a																	
03	26	8	0.808	2.028	2.716	1.532	1.743	1.21	1.373	0.706	0.953	1.38	1.089	0.871	1.237	0.676	0.777	0.894	0.856	1.793
02	30	4	1.295	3.72	3.994	2.199	2.674	2.197	2.484	1.154	1.903	1.986	1.564	1.356	1.805	0.793	0.821	1.003	1.011	2.512
01	32	2	1.49	3.289	3.956	2.056	2.224	1.842	2.344	1.165	1.997	1.826	1.395	1.565	1.579	0.915	1.081	1.076	1.2	2.675
00	34	0	1.967	4.324	4.61	1.888	2.814	3.153	2.636	1.367	2.717	2.283	2.025	1.324	1.998	0.892	1.085	1.071	1.42	3.071
	Ave.		1.390	3.340	3.819	1.919	2.364	2.101	2.209	1.098	1.893	1.869	1.518	1.279	1.655	0.819	0.941	1.011	1.122	2.557

12 　　　　　树种 Tree species：枫杨 Pterocarya stenoptera C. DC.

DN	RN	HA	1	2	3	4	5	6	7	8	9	10	11	12	13	14	15	16	17	18
			年轮生成树龄/年　Tree age during ring formation/a																	
03	21	14															3.691	2.566	2.89	2.686
02	27	8									3.112	1.707	1.673	1.527	1.588	2.034	3.544	6.017	4.145	2.646
01	32	3				3.509	2.013	2.23	2.155	1.497	1.482	1.617	1.631	1.033	1.387	1.291	2.701	7.205	3.593	1.621
00	35	0	5.014	2.858	2.46	2.344	1.929	2.448	2.541	1.944	1.612	1.61	1.848	1.59	1.394	1.204	1.356	3.274	4.268	2.386
	Ave.		5.014	2.858	2.460	2.927	1.971	2.339	2.348	1.721	2.069	1.645	1.717	1.383	1.456	1.510	2.823	4.766	3.724	2.335

续表

12			树种 Tree species：枫杨 *Pterocarya stenoptera* C. DC.																
DN	RN	HA	年轮生成树龄/年　Tree age during ring formation/a																Ave.
			19	20	21	22	23	24	25	26	27	28	29	30	31	32	33	34	35	
04	16	19																	3.975	3.28
10	2	33																1.828	0.96	1.394
09	2	33																2.054	2.991	2.523
08	3	32															2.326	2.314	2.938	2.526
07	6	29												2.902	4.415	3.675	4.519	2.187	2.033	3.289
06	8	27										3.096	1.606	3.329	3.266	3.824	4.024	5.018	4.323	3.561
05	12	23						3.924	5.315	3.13	5.155	6.661	7.665	3.995	2.011	2.057	3.714	3.363	2.462	4.121
04	16	19		3.975	3.28	5.94	4.789	2.817	4.648	3.532	3.18	5.069	2.804	3.589	1.403	1.97	2.541	2.415	2.267	3.389
03	21	14	3.011	4.989	2.712	3.483	4.148	4.689	3.905	5.323	4.548	4.842	2.252	2.059	1.925	1.857	2.004	2.116	2.299	3.238
02	27	8	1.778	2.187	5.752	5.131	4.764	3.944	4.105	5.073	6.918	4.42	3.538	1.904	1.757	1.709	1.392	1.394	1.188	3.146
01	32	3	1.557	2.649	4.197	3.597	3.734	3.423	4.714	3.32	3.851	4.072	4.015	3.705	1.757	2.035	2.187	1.551	1.916	2.726
00	35	0	2.185	3.298	4.39	3.645	3.138	4.891	5.785	4.606	4.243	7.017	4.695	3.317	1.936	1.59	1.156	1.245	1.3	2.872
	Ave.		2.133	3.420	4.066	4.359	4.115	3.948	4.745	4.164	4.649	5.025	3.796	3.100	2.309	2.340	2.651	2.317	2.243	3.098

注：本表注释与附表 9-1 同。

The note of this table is the same as appendix table 9-1.

13 次生木质部在树茎高生长中的发育变化

摘　要

　　次生木质部发育是发生在树茎生长中。树茎直径生长沿树高的扩张与高生长同步推进。树茎逐龄高生长量是次生木质部生命中高度范围的逐年增量。用高生长树龄标注次生木质部逐龄生长鞘沿树高的变化，实际表明它与高生长有联系。树茎高、径年增量比值是表达树茎高生长发育变化可采用的新指标。

13.1　相　关　认　识

13.1.1　次生木质部发育变化与树高生长的关系

　　树木茎、根和枝树皮内木材部位中有次生木质部、初生木质部和髓。初生木质部和髓是树木初生生长中形成的，其分生来源于顶端原分生组织及由其产生的初生分生组织；次生木质部来源于次生分生组织（形成层）。形成层是初生永久组织中恢复分生机能的分生组织，它在树茎中长期保持分生机能。

　　初生木质部薄层环绕在髓的周围。肉眼和扩大镜下难以分辨，通常合并看作是髓。

它们在树茎木材部位体积组成中的量很小。次生木质部是树茎体积中的主要部分。

次生木质部构建在树茎直径生长中进行，其发育变化发生在次生生长中。树茎任一高度部位的高生长都在当年向径向生长转换中自然消失。树茎径向生长范围不断随高生长上延。逐年高生长高度是当年径向生长高度的扩张量。

高生长树龄是次生木质部发育的两向生长树龄之一。高生长对次生木质部构建中发育变化的影响是一个值得关注的问题。其中包括郁闭条件下和孤立木环境中次生木质部发育变化在高生长差异中所受的影响。

本项目各实验树种样树都采自人工林，把树种间高生长过程的差别看作遗传因素造成。

13.1.2　发育视角下对树高生长的认识

植物学研究树茎顶端原分生组织至初生分生组织，再至初生永久组织的生成（高生长）过程；研究次生分生组织（形成层）产生过程，即高生长向直径生长的功能转换；研究形成层逐年的共性分生过程。这些都是不同类型生命细胞和组织在高生长中的变化。林学树干解析测定树茎高生长过程宏观量增长。这一增长发生在新高度生命组织添加在前一年原高度上。逐年增长间量的差异是高生长随树龄的变化。植物学和林业科学在发育研究中得到融合。

量的增长在林木培育中显得重要，而发育研究首位关注增长中逐时增量的变化。树高生长量在高处的变化不如横截面年轮宽度易见。古木横截面年轮可辨，表明尚有直径生长。一般认为高生长在高龄树茎中会停滞，但未见有数据测定报告。树茎高生长量远大于径向生长，以径向生长来衡量高生长，将增强对高生长变化的认识。

13.2　树高生长的发育变化

树高生长的发育变化以树高、树高生长量和树高连年生长率表示。

13.2.1　树高

树干解析是林学测树学研究树茎生长过程的方法。这是把树茎锯截成若干段，在每个横截面上根据逐龄年轮宽度确定直径生长；由根颈向上多个高度圆盘年轮数推知各圆盘高生长树龄。全树树高和各取样圆盘高度在样树采伐和截断时测出，本项目测定高、直径生长过程符合上述成熟的树干解析程序。

对 11 种阔叶树单株样树各取样圆盘的确定高度和它们的高生长树龄成对数据进行回归分析（表 13-1），并绘出图 13-1 树高生长回归曲线。

如图 13-1 所示，11 种实验树种树高随树龄增长的共同趋势，但树种曲线斜率差别大。3 种桉树同在一地生长，尾叶桉、巨尾桉 6 年高度，柠檬桉 18 年才能达到。大叶相思与米老排、灰木莲、火力楠、红锥在同一林地生长，但大叶相思树高生长显著快，后四种树种高生长速度间也有差异。小叶栎、栓皮栎与三种桉树高生长速度差别之大，绝非只起因于两地的生长环境。这些差别显然是树种间遗传物质差别造成。

表 13-1　11 种阔叶树单株样树茎高和高生长树龄间的相关关系（乙）

Table 13-1　The correlation between stem height and tree age during height growth in individual sample trees of eleven angiospermous species (B)

树种 tree species	回归方程 Regression equation [x—树龄（年）tree age (a); y—该树龄时的茎高（m）stem height in the age (m)]	x 取值的有效范围（The effective range of x）	相关系数 Correlation coefficient（$\alpha=0.05$）
1 尾叶桉 *Eucalyptus urophylla* S.T. Blake	$y=0.0870281x^3-1.26142x^2+7.98443x+0.019605$	1～6	0.97
2 柠檬桉 *Eucalyptus citriodora* Hook. f.	$y=-0.00191864x^3+0.0722368x^2+0.513057x-0.0356284$	1～28	0.99
3 巨尾桉 *Eucalyptus grandis* Hill ex Maiden × *E. urophylla* S. T. Blake	$y=0.0527238x^3-0.982923x^2+7.44795x+0.177096$	1～8	0.96
4 米老排 *Mytilaria laosensis* H. Lec.	$y=0.000377987x^3-0.0238133x^2+1.15608x+0.0724104$	1～16	0.99
5 灰木莲 *Manglietia glauca* Bl.	$y=-0.00097032x^3+0.0434608x^2+0.493611x-0.15232$	1～16	0.99
6 大叶相思 *Acacia auriculaeformis* A. Cunn. ex Benth.	$y=0.079359x^3-1.01332x^2+5.53558x+0.276038$	1～6	0.97
7 火力楠 *Michelia macclurei* var. *sublanea* Dandy	$y=-0.000952657x^3+0.00712663x^2+1.14505x-0.466401$	1～19	0.99
8 红锥 *Castanopsis hystrix* Miq.	$y=-0.000290977x^3-0.0175615x^2+1.51056x-0.593915$	1～19	0.99
9 小叶栎 *Quercus chenii* Nakai	$y=-1.65437×10^{-5}x^3+0.000208203x^2+0.535089x-0.135696$	1～38	0.98
10 栓皮栎 *Quercus variabilis* Bl.	$y=-2.39722×10^{-5}x^3-0.00414561x^2+0.614173x-0.351677$	1～47	0.99
11 枫杨 *Pterocarya stenoptera* C. DC.	$y=-1.9406×10^{-5}x^3+0.00176815x^2+0.615176x-0.259648$	1～33	0.99

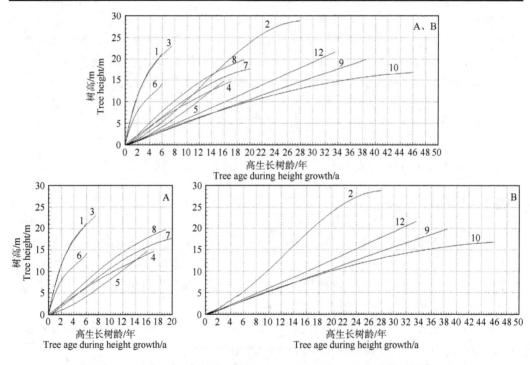

图 13-1　11 种阔叶树单株样树茎高（y）和高生长树龄（x）相关的回归曲线

图中标注曲线的数字为表 13-1 中的树种序号

Figure 13-1　The regression curves of correlation between the stem height (y) and the height growth age (x) during its height growth in individual sample trees of eleven angiospermous species

The numerical signs in the figure represent the ordinal numbers of tree species in Table 13-1

13.2.2　树高年生长量

如图 13-2～图 13-4A 所示，11 种阔叶树树高连年生长量的变化有三种主要类型：自树茎生长开始随树龄呈迅速减小趋势（尾叶桉、巨尾桉、大叶相思和米老排），前 3 树种经 4～5 年后转平稳，但米老排 16 年生长中一直保持明显减小趋势；红锥、火力楠呈抛物线，峰值在 5～6 龄，柠檬桉抛物线峰值在 13 龄左右；小叶栎和栓皮栎前 10 龄变化甚小，后转缓减，栓皮栎缓减较小叶栎明显。尾叶桉、巨尾桉与柠檬桉树种在分类上是同属植物，但树高年生长量随树龄的变化类型有差别。三种类型的共同点是在不同龄期后，树高年生长量均呈减小趋势。

灰木莲连年高生长量在 16 年生长期中一直增高。枫杨前 10 年树高生长量缓增，在其后 23 年中生长量仍保持缓增并更缓。

13.2.3　树高连年生长率

树高连年生长率是树高逐龄生长量除以各当年树高求得。图 13-2～图 13-4B 示 11 种树种树高连年生长率随树龄变化的共同趋势：生长前期速减，经平稳期后再转入缓减。树种差别表现在降至 10% 的生长期不同：4～5 年（尾叶桉、巨尾桉和大叶相思）；8 年（火力楠、米老排、红锥）；10～12 年（柠檬桉、小叶栎、栓皮栎和枫杨）；15 年（灰木莲）。这一差别与各树种连年高生长量变化间的差异有联系。连年高生长量高的树种连年生长率达 10% 的生长年限短。

13.2.4　高、径年增量比值

树茎高、径年增量比值随树龄的变化（表 13-2）与树高年增量和逐龄生长鞘全高平均厚度两发育性状的变化有关。

如图 13-2C 示，尾叶桉、巨尾桉和大叶相思高、径年增量比值在初始 4～5 龄生长期内分别由 454、422 和 660 减为 274、163 和 153，减幅达 61%、61% 和 75%。3 树种这一变化与树高生长量减小趋势相似。这一树龄期树高年生长量变化的程度较生长鞘全高平均厚度大，但 6 龄后生长鞘全高平均厚度显著减小而使高、径年增量比值转增大。

如图 13-3C 所示，红锥、火力楠高、径年增量比值随树龄变化曲线呈⌣形；灰木莲呈～形；米老排呈⌐形。4 种树种采自生长地相近的人工林，以上差异不存在环境因素。

如图 13-4C 所示，柠檬桉高、径年增量比值随树龄变化曲线呈抛物线，峰顶与两低点值差 2.5 倍；枫杨呈～形，高、低值相差 2.0～2.5 倍。但小叶栎和栓皮栎在 38 年和 47 年生长中的波动变化值都显著较其他 9 种树种小。

11 种树种高、径年增量比值随树龄变化中，尾叶桉、巨尾桉和大叶相思初始 4～5 年的陡降和小叶栎、栓皮栎变化的绝对值范围小，都是具有特点的表现。

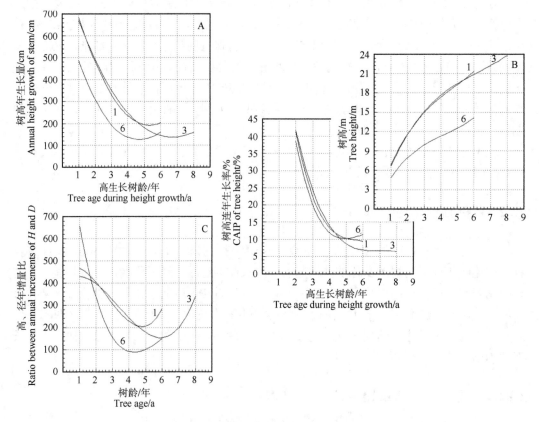

图 13-2　3 种阔叶树单株样树高生长的发育变化

A—树茎连年高生长量；

B—树高生长和连年增长率；

C—主茎高、径年增量间的比值。

各分图中标注曲线的数字是：

1—尾叶桉 Eucalyptus urophylla S. T. Blake；

3—巨尾桉 Eucalyptus grandis Hill ex Maiden× E. urophylla S. T. Blake；

6—大叶相思 Acacia auriculaeformis A. Cunn. ex Benth

Figure 13-2　Developmental changes of the stem height growth of individual sample trees of three angiospermous species

Subfigure A—current annual increment (CAI) of stem height;

Subfigure B—tree height growth and its current annual increment percent;

Subfigure C—the ratio of annual increment between stem height and its radius.

The numerical signs marking curves in every Subfigure are the ordinal numbers of tree species respectively:

1—*Eucalyptus urophylla* S. T. Blake;

3—*Eucalyptus grandis* Hill ex Maiden× *E. urophylla* S. T. Blake;

6—*Acacia auriculaeformis* A. Cunn. ex Benth.

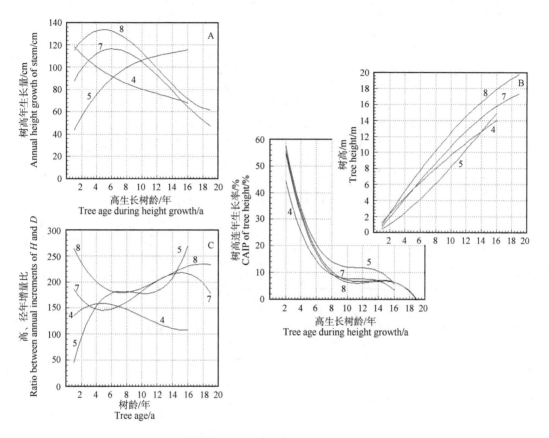

图 13-3 　4 种阔叶树单株样树高生长的发育变化

A—树茎连年高生长量；

B—树高生长和连年增长率；

C—主茎高、径年增量间的比值。

各分图中标注曲线的数字是：

4—米老排 *Mytilaria laosensis* H. Lec.；

5—灰木莲 *Manglietia glauca* Bl.；

7—火力楠 *Michelia macclurei* var. *sublanea* Dandy；

8—红锥 *Castanopsis hystrix* Miq.

Figure 13-3　Developmental changes of the stem height growth of individual sample trees of four angiospermous species

Subfigure A—current annual increment (CAI) of stem height;

Subfigure B—tree height growth and its current annual increment percent;

Subfigure C—the ratio of annual increment between stem height and its radius.

The numerical signs marking curves in every Subfigure are ordinal numbers of tree species respectively:

4—*Mytilaria laosensis* H.Lec.；

5—*Manglietia glauca* Bl.；

7—*Michelia macclurei* var. *sublanea* Dandy；

8—*Castanopsis hystrix* Miq.

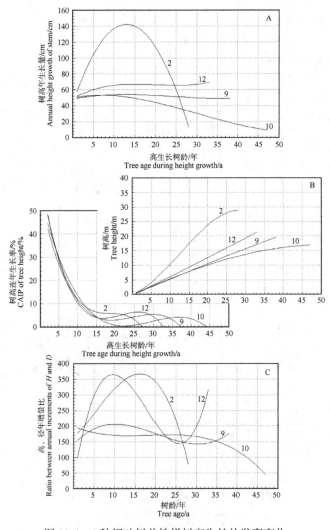

图 13-4　4 种阔叶树单株样树高生长的发育变化

A—树茎连年高生长量；

B—树高生长和连年增长率；

C—主茎高、径年增量间的比值。

各分图中标注曲线的数字是：

2—柠檬桉 *Eucalyptus citriodora* Hook. f.；

9—小叶栎 *Quercus chenii* Nakai；

10—栓皮栎 *Quercus variabilis* Bl.；

12—枫杨 *Pterocarya stenoptera* C. DC.

Figure 13-4　Developmental changes of the stem height growth of individual sample trees of four angiospermous species

Subfigure A—current annual increment (CAI) of stem height;

Subfigure B—tree height growth and its current annual increment percent;

Subfigure C—the ratio of annual increment between stem height and its radius.

The numerical signs marking curves in every Subfigure are ordinal numbers of tree species respectively:

2—*Eucalyptus citriodora* Hook. f.；

9—*Quercus chenii* Nakai；

10—*Quercus variabilis* Bl.；

12—*Pterocarya stenoptera* C. DC.

表 13-2　11 种阔叶树单株样树逐龄高、径年增量比值的发育变化

Table 13-2　Developmental change of the ratio of annual increments between of its stem height and radius in individual sample trees of eleven angiospermous species

树种　Tree species	树龄/年　Tree age/a																								
	1	2	3	4	5	6	7	8	9	10	11	12	13	14	15	16	17	18	19	20	21	22	23	24	25
1　尾叶桉 *Eucalyptus urophylla* S.T. Blake	454	449	269	218	237	274																			
2　柠檬桉 *Eucalyptus citriodora* Hook. f.	52	317	158	224	268	353	268	324	302	321	325	303	288	291	299	352	365	474	395	341	339	306	300	268	213
3　巨尾桉 *Eucalyptus grandis* Hill ex Maiden × *E. urophylla* S. T. Blake	422	419	314	233	181	163	195	340																	
4　米老排 *Mytilaria laosensis* H. Lec.	170	113	129	142	213	150	146	143	144	149	134	126	100	91	107	123									
5　灰木莲 *Manglietia glauca* Bl.	66	87	118	116	153	205	232	192	162	185	154	182	166	217	264	256									
6　大叶相思 *Acacia auriculaeformis* A. Cunn. ex Benth.	660	324	167	96	94	153																			
7　火力楠 *Michelia macclurei* var. *sublanea* Dandy	77	272	186	181	156	131	130	145	150	156	176	195	223	262	221	210	247	194	149						
8　红锥 *Castanopsis hystrix* Miq.	146	347	247	275	177	150	136	177	165	166	162	201	196	299	315	195	193	208	248						
9　小叶栎 *Quercus chenii* Nakai	128	188	157	168	233	229	182	219	238	210	194	212	195	156	135	141	166	182	185	282	201	154	183	231	174
10　栓皮栎 *Quercus variabilis* Bl.	128	300	143	164	254	158	155	172	197	180	134	180	114	135	131	135	162	247	244	181	169	180	198	147	135
12　枫杨 *Pterocarya stenoptera* C. DC.	71	217	254	214	320	271	271	371	310	391	376	469	447	432	232	138	177	282	310	194	163	152	162	169	141

树种　Tree species	树龄/年　Tree age/a																						
	26	27	28	29	30	31	32	33	34	35	36	37	38	39	40	41	42	43	44	45	46	47	60
2　柠檬桉 *Eucalyptus citriodora* Hook. f.	174	125	56																				
9　小叶栎 *Quercus chenii* Nakai	147	116	118	111	125	118	122	142	158	187	198	151	163										
10　栓皮栎 *Quercus variabilis* Bl.	131	143	138	239	214	166	207	203	177	141	124	115	100	101	114	80	84	88	88	94	75		60
12　枫杨 *Pterocarya stenoptera* C. DC.	160	144	133	176	216	290	286	252															

注：本章树茎高、径中的"径"字系半径。它的增量之实际含义等同于生长轮厚度。

Note: In this chapter, the annual increment of the tree stem radius is synonymous to the thick of every growth sheath.

13.3 结 论

树茎高、茎两向生长各具独立性。次生木质部发育变化并不发生在各高度的高生长中。但形成层源于顶端原始分生组织。直径生长在树茎高生长中取得逐年沿树高方向的扩张。同时，次生木质部发育进程的时间因素中包含着高生长树龄。由此，高生长与次生木质部发育变化形成的联系表现在高生长树龄和高生长量相关关系上。实际上，次生木质部发育变化并不存在顶端原始分生组织的直接影响。

次生木质部发育具有遗传物质控制的程序性，随同这一程序性进行的时间是两向生长树龄，其中包含了高生长时间因素。顶端分生在高生长中的变化和次生木质部发育过程都同受相同遗传物质控制，同时进行，并同是树木整体发育的一部分。应该强调并认识，树木每个细胞中相同的遗传物质只在该起作用的部位和时间才起作用。基因作用的发挥是通过生物化学过程。

11种阔叶树人工林呈现的树高生长变化趋势性：①树高随树龄增长，但树种高生长差别大；②树高连年生长量随树龄变化的最终趋势是减小，但之前有树种自初龄即开始减小，也有程度不同的增大阶段；③树高连年生长率随树龄均有一陡变期，但降至10%的生长龄期在树种间有差别；④高、径年增量比值在减小前，树种间存在具或不具增高龄期差别和全龄期变化大小的差别。

树茎顶端在生命状态中的变化，是值得进一步研究的问题。

附表 13-1 12 种阔叶树单株样树计算的逐龄树高 （单位：m）

Appendix table 13-1 Stem heights calculated of successive years of individual sample trees of eleven angiospermous species （Unit：m）

树种序号 Ordinal number of species	末位树龄/年 Cutting age/a	取样圆盘末位高度/mm Disc height at the tip of stem/mm	树龄/年 The ordinal numbers of tree age/a															
			1	2	3	4	5	6	7	8	9	10	11	12	13	14	15	16
1	6	21.30	6.83	11.64	14.97	17.34	19.28	21.30										
2	28	29.10	0.55	1.26	2.10	3.05	4.10	5.23	6.44	7.71	9.03	10.40	11.79	13.21	14.63	16.04	17.44	18.81
3	8	23.30	6.69	11.56	15.10	17.62	19.43	20.87	22.23	23.85								
4	16	14.77	1.21	2.29	3.34	4.34	5.30	6.23	7.13	7.99	8.82	9.63	10.41	11.17	11.91	12.63	13.33	14.02
5	16	15.30	0.38	1.00	1.69	2.46	3.28	4.16	5.10	6.08	7.10	8.16	9.24	10.35	11.48	12.61	13.76	14.90
6	6	13.80	4.88	7.93	9.91	11.28	12.54	13.80										
7	19	17.80	0.68	1.84	3.01	4.17	5.32	6.45	7.57	8.66	9.72	10.74	11.72	12.65	13.53	14.35	15.10	15.78
8	19	19.95	0.90	2.35	3.77	5.15	6.48	7.77	9.02	10.22	11.37	12.46	13.51	14.50	15.44	16.31	17.13	17.89
9	38	19.88	0.40	0.94	1.47	2.01	2.54	3.08	3.61	4.15	4.68	5.22	5.75	6.29	6.82	7.35	7.88	8.41
10	47	17.10	0.26	0.86	1.45	2.04	2.61	3.18	3.74	4.28	4.82	5.35	5.87	6.38	6.88	7.37	7.85	8.32
12	33	21.70	0.36	0.98	1.60	2.23	2.86	3.49	4.13	4.76	5.41	6.05	6.70	7.34	7.99	8.65	9.30	9.96

树种序号 Ordinal number of species	末位树龄/年 Cutting age/a	取样圆盘末位高度/mm Disc height at the tip of stem/mm	树龄/年 The ordinal numbers of tree age/a															
			17	18	19	20	21	22	23	24	25	26	27	28	29	30	31	32
2	28	29.10	20.14	21.41	22.63	23.77	24.83	25.78	26.63	27.36	27.96	28.41	28.71	28.85				
7	19	17.80	16.38	16.90	17.33													
8	19	19.95	18.58	19.21	19.77													
9	38	19.88	8.94	9.47	9.99	10.52	11.04	11.56	12.08	12.60	13.11	13.63	14.14	14.65	15.15	15.66	16.16	16.66
10	47	17.10	8.77	9.22	9.66	10.08	10.50	10.90	11.29	11.67	12.04	12.39	12.74	13.07	13.39	13.70	13.99	14.27
12	33	21.70	10.61	11.27	11.93	12.60	13.26	13.92	14.59	15.25	15.92	16.59	17.26	17.93	18.59	19.26	19.93	20.60

树种序号 Ordinal number of species	末位树龄/年 Cutting age/a	取样圆盘末位高度/mm Disc height at the tip of stem/mm	树龄/年 The ordinal numbers of tree age/a													
			33	34	35	36	37	38	39	40	41	42	43	44	45	46	47
9	38	19.88	17.15	17.65	18.14	18.63	19.11	19.59									
10	47	17.10	14.54	14.80	15.04	15.27	15.48	15.69	15.87	16.05	16.21	16.35	16.49	16.60	16.71	16.79	16.87
12	33	21.70	21.27														

附表 13-2　12种阔叶树单株样树逐龄生长鞘全高平均厚度　　　　（单位：mm）

Appendix table 13-2　Mean thickness of the overall height of successive growth sheaths of individual sample trees of eleven angiospermous species 　　　（Unit：mm）

树种序号 Ordinal number of species	末位树龄/年 Cutting age/a	取样圆盘末位高度/mm Disc height at the tip of stem/mm	1	2	3	4	5	6	7	8	9	10	11	12	13	14	15	16
1	6	21.30	15.036	10.709	12.375	10.890	8.197	7.408										
2	28	29.10	10.435	2.258	5.297	4.236	3.898	3.213	4.507	3.932	4.380	4.258	4.291	4.658	4.924	4.855	4.671	3.894
3	8	23.30	15.859	11.632	11.258	10.814	10.001	8.844	6.986	4.764								
4	16	14.77	7.100	9.632	8.115	7.047	4.533	6.182	6.125	6.033	5.784	5.397	5.830	6.002	7.353	7.950	6.563	5.598
5	16	15.30	5.791	7.113	5.848	6.579	5.405	4.311	4.038	5.117	6.294	5.715	7.058	6.103	6.777	5.235	4.327	4.460
6	6	13.80	7.393	9.407	11.807	14.421	13.299	10.561	1.697									
7	19	17.80	8.902	4.271	6.236	6.410	7.375	8.678	8.588	7.549	7.062	6.533	5.555	4.785	3.933	3.117	3.404	3.239
8	19	19.95	6.153	4.201	5.738	5.008	7.560	8.582	9.124	6.765	6.956	6.616	6.473	4.929	4.774	2.935	2.593	3.886
9	38	19.88	3.122	2.851	3.406	3.188	2.300	2.344	2.940	2.440	2.250	2.543	2.759	2.520	2.725	3.404	3.941	3.753
10	47	17.10	2.024	2.004	4.152	3.566	2.266	3.577	3.589	3.182	2.735	2.945	3.880	2.837	4.364	3.633	3.658	3.481
12	33	21.70	5.014	2.858	2.460	2.927	1.971	2.339	2.348	1.721	2.069	1.645	1.717	1.383	1.456	1.510	2.823	4.766

树种序号 Ordinal number of species	末位树龄/年 Cutting age/a	取样圆盘末位高度/mm Disc height at the tip of stem/mm	17	18	19	20	21	22	23	24	25	26	27	28	29	30	31	32
2	28	29.10	3.641	2.696	3.075	3.349	3.110	3.127	2.831	2.717	2.810	2.609	2.395	2.383				
7	19	17.80	2.434	2.681	2.898													
8	19	19.95	3.598	3.015	2.267													
9	38	19.88	3.189	2.890	2.844	1.861	2.605	3.378	2.844	2.237	2.969	3.486	4.401	4.316	4.565	4.049	4.235	4.075
10	47	17.10	2.819	1.810	1.791	2.345	2.444	2.241	1.972	2.585	2.724	2.726	2.400	2.396	1.339	1.436	1.775	1.358
12	33	21.70	3.724	2.335	2.133	3.420	4.066	4.359	4.115	3.948	4.745	4.164	4.649	5.025	3.796	3.100	2.309	2.340

树种序号 Ordinal number of species	末位树龄/年 Cutting age/a	取样圆盘末位高度/mm Disc height at the tip of stem/mm	33	34	35	36	37	38	39	40	41	42	43	44	45	46	47	48
9	38	19.88	3.492	3.122	2.617	2.458	3.203	2.959										
10	47	17.10	1.327	1.445	1.716	1.853	1.883	2.016	1.868	1.535	2.004	1.745	1.503	1.337	1.099	1.175	1.221	
12	33	21.70	2.651															

附表 13-3　12 种阔叶树单株样树茎高连年生长量的发育变化 （单位：cm）

Appendix table 13-3　Development change of the current annual growth of stem height of individual sample trees of eleven angiospermous species （Unit：cm）

树种序号 Ordinal number of species	末位树龄/年 Cutting age/a	取样圆盘末位高度/mm Disc height at the tip of stem/mm	树龄/年　The ordinal numbers of tree age/a															
			1	2	3	4	5	6	7	8	9	10	11	12	13	14	15	16
1	6	21.30	6.83	4.81	3.33	2.37	1.94	2.03										
2	28	29.10	0.55	0.72	0.84	0.95	1.05	1.13	1.21	1.27	1.32	1.37	1.39	1.41	1.42	1.41	1.40	1.37
3	8	23.30	6.69	4.87	3.54	2.52	1.82	1.43	1.37	1.61								
4	16	14.77	1.21	1.09	1.04	1.00	0.96	0.93	0.89	0.86	0.83	0.81	0.78	0.76	0.74	0.72	0.70	0.69
5	16	15.30	0.38	0.62	0.69	0.76	0.83	0.88	0.94	0.98	1.02	1.06	1.09	1.11	1.13	1.14	1.14	1.14
6	6	13.80	4.88	3.05	1.98	1.38	1.26	1.61										
7	19	17.80	0.68	1.16	1.16	1.16	1.15	1.14	1.12	1.09	1.06	1.02	0.98	0.93	0.88	0.82	0.75	0.68
8	19	19.95	0.90	1.46	1.42	1.38	1.33	1.29	1.25	1.20	1.15	1.10	1.05	0.99	0.94	0.88	0.82	0.76
9	38	19.88	0.40	0.54	0.54	0.54	0.54	0.54	0.54	0.54	0.54	0.53	0.53	0.53	0.53	0.53	0.53	0.53
10	47	17.10	0.26	0.60	0.59	0.58	0.58	0.57	0.56	0.55	0.54	0.53	0.52	0.51	0.50	0.49	0.48	0.47
12	33	21.70	0.36	0.62	0.62	0.63	0.63	0.63	0.64	0.64	0.64	0.64	0.65	0.65	0.65	0.65	0.65	0.66

树种序号 Ordinal number of species	末位树龄/年 Cutting age/a	取样圆盘末位高度/mm Disc height at the tip of stem/mm	树龄/年　The ordinal numbers of tree age/a															
			17	18	19	20	21	22	23	24	25	26	27	28	29	30	31	32
2	28	29.10	1.33	1.28	1.22	1.14	1.06	0.96	0.85	0.73	0.60	0.45	0.30	0.13				
7	19	17.80	0.60	0.52	0.43													
8	19	19.95	0.69	0.63	0.56													
9	38	19.88	0.53	0.53	0.53	0.52	0.52	0.52	0.52	0.52	0.52	0.51	0.51	0.51	0.51	0.50	0.50	0.50
10	47	17.10	0.46	0.45	0.44	0.43	0.41	0.40	0.39	0.38	0.37	0.36	0.34	0.33	0.32	0.31	0.29	0.28
12	33	21.70	0.66	0.66	0.66	0.66	0.66	0.66	0.67	0.67	0.67	0.67	0.67	0.67	0.67	0.67	0.67	0.67

树种序号 Ordinal number of species	末位树龄/年 Cutting age/a	取样圆盘末位高度/mm Disc height at the tip of stem/mm	树龄/年　The ordinal numbers of tree age/a														
			33	34	35	36	37	38	39	40	41	42	43	44	45	46	47
9	38	19.88	0.50	0.49	0.49	0.49	0.48	0.48									
10	47	17.10	0.27	0.26	0.24	0.23	0.22	0.20	0.19	0.17	0.16	0.15	0.13	0.12	0.10	0.09	0.07
12	33	21.70	0.67														

附表 13-4　12 种阔叶树单株样树计算的树高连年生长率

Appendix table 13-4　The current annual increment percent of stem height of individual sample trees of eleven angiospermous species

树种序号 Ordinal number of species	末位树龄/年 Cutting age/a	取样圆盘末位高度/mm Disc height at the tip of stem/mm	树龄/年　The ordinal numbers of tree age/a															
			1	2	3	4	5	6	7	8	9	10	11	12	13	14	15	16
1	6	21.30		0.413	0.223	0.137	0.101	0.095										
2	28	29.10		0.567	0.399	0.311	0.255	0.217	0.188	0.165	0.147	0.131	0.118	0.107	0.097	0.088	0.080	0.073
3	8	23.30		0.421	0.234	0.143	0.094	0.069	0.061	0.068								
4	16	14.77		0.474	0.313	0.231	0.182	0.149	0.125	0.108	0.094	0.084	0.075	0.068	0.062	0.057	0.053	0.049
5	16	15.30		0.617	0.409	0.310	0.252	0.212	0.183	0.161	0.144	0.129	0.117	0.107	0.098	0.090	0.083	0.077
6	6	13.80		0.385	0.200	0.122	0.100	0.114										
7	19	17.80		0.629	0.387	0.278	0.216	0.176	0.147	0.126	0.109	0.095	0.084	0.074	0.065	0.057	0.050	0.043
8	19	19.95		0.618	0.376	0.267	0.206	0.166	0.138	0.117	0.101	0.088	0.077	0.068	0.061	0.054	0.048	0.042
9	38	19.88		0.573	0.364	0.267	0.211	0.174	0.148	0.129	0.114	0.102	0.093	0.085	0.078	0.072	0.067	0.063
10	47	17.10		0.700	0.408	0.287	0.220	0.178	0.149	0.128	0.112	0.099	0.088	0.080	0.073	0.066	0.061	0.056
12	33	21.70		0.635	0.389	0.281	0.220	0.181	0.154	0.134	0.119	0.106	0.096	0.088	0.081	0.075	0.070	0.066

树种序号 Ordinal number of species	末位树龄/年 Cutting age/a	取样圆盘末位高度/mm Disc height at the tip of stem/mm	树龄/年　The ordinal numbers of tree age/a															
			17	18	19	20	21	22	23	24	25	26	27	28	29	30	31	32
2	28	29.10	0.066	0.060	0.054	0.048	0.043	0.037	0.032	0.027	0.021	0.016	0.010	0.005				
7	19	17.80	0.037	0.031	0.025													
8	19	19.95	0.037	0.033	0.028													
9	38	19.88	0.059	0.056	0.053	0.050	0.047	0.045	0.043	0.041	0.039	0.038	0.036	0.035	0.033	0.032	0.031	0.030
10	47	17.10	0.052	0.048	0.045	0.042	0.039	0.037	0.035	0.033	0.031	0.029	0.027	0.025	0.024	0.022	0.021	0.020
12	33	21.70	0.062	0.058	0.055	0.053	0.050	0.048	0.046	0.044	0.042	0.040	0.039	0.037	0.036	0.035	0.034	0.032

树种序号 Ordinal number of species	末位树龄/年 Cutting age/a	取样圆盘末位高度/mm Disc height at the tip of stem/mm	树龄/年　The ordinal numbers of tree age/a														
			33	34	35	36	37	38	39	40	41	42	43	44	45	46	47
9	38	19.88	0.029	0.028	0.027	0.026	0.025	0.025									
10	47	17.10	0.018	0.017	0.016	0.015	0.014	0.013	0.012	0.011	0.010	0.009	0.008	0.007	0.006	0.005	0.004
12	33	21.70	0.031														

14　次生木质部构建中茎材生材材积和全干重的发育变化

摘　　要

　　次生木质部逐龄生长鞘全高平均厚度及高生长年增量随树龄呈趋势性变化，材积年增量取决于这两个因子。单株内逐龄生长鞘木材基本密度随树龄呈趋势性变化，而树株木材全干重年增量取决于木材基本密度和生材材积两个因子。在 12 种阔叶树上述因子测定基础上，对次生木质部构建中生材材积和全干重的发育变化进行了计算和分析。在次生木质部构建过程特殊性已得到认识的条件下，这是有关次生木质部木材生物量（全干物质）逐年增量变化方面的首次研究。次生木质部生命中木材物质量年增量变化随两向生长树龄呈趋势性，表明生材材积和全干重是次生木质部受遗传控制的发育性状。

　　次生木质部长期保持的生长方式是逐年以生长鞘层次在外添加，由此产生体积扩张。次生木质部木材物质增添是在细胞分生和成熟的生命过程中进行。逐年增添量的变化属次生木质部发育性状的表现。利用次生木质部特殊构建过程，可测出其生命中逐龄增添的木材物质量。

　　能测出次生木质部逐龄增生的木材材积和全干重的因素，是生长鞘层次分明和木材形成后的非生命性。林业科学树干解析测定可给出以树龄为横坐标的各种生长量生长曲线图。绘制这些生长曲线必须依据逐年生成的材积都已在当年受固定而不再改变。次生木质部发育研究是以变化遗存物的新视角看待和利用木材固化不改变的形成特点的。

　　木材是亲水物质。水分对木材体积有干缩和湿胀作用，并影响重量。衡量木材构建过程中逐龄增添木材物质量指标须排除水分的干扰。木材含水约达其绝干重量的 30%（纤维饱和点）以上，水分就不再对它的体积产生作用。新伐的生材含水率超过纤维饱和点；饱水木材的体积相当于生材状态。本项目以生材体积和全干重研究次生木质部构建中逐龄木材物质增量的变化。

14.1 计算生材体积和全干重及其图示

14.1.1 计算生材材积和全干重

前面已进行过计算生材材积和全干重的有关测定：采用树干解析方法测定样树各取样高度圆盘东、南、西、北四向逐龄年轮平均宽度；测定了各取样圆盘南向逐个年轮的基本密度。

单株样树各高度圆盘取样高度和两圆盘间距是确定的。各高度圆盘最外层年轮的生成树龄等同于根颈（0.00m）圆盘的年轮数，向内可依序推计出各年轮的生成树龄。

计算出各高度圆盘截面上的逐龄年轮面积。由单株样树各木段上、下两截面同一生成树龄环状年轮的平均面积和截面间距计算出逐龄生长鞘在各木段内的生材材积。同理，把由各木段上、下两截面逐龄年轮试样测出的基本密度平均值看作是逐龄生长鞘在木段内的基本密度。基本密度是单位生材体积（cm^3）中全干木材物质质量（g）。由各木段中逐龄生长鞘的生材材积和平均基本密度计算出其中逐龄生成的全干材重。

次生木质部构建中逐龄生长鞘的生材材积和全干重，即单株样树各木段逐龄生长鞘的生材材积和全干重之和。

14.1.2 图示

本章有单株样树内各年生长鞘随其生成树龄（图14-1～图14-3）和单株全样树生材材积和全干重随树龄（图14-4）发育变化两个方面的内容。遵从习惯，单株全样树发育变化曲线仍采用树龄两字标注其横坐标。这一树龄对次生木质部发育研究在数字和意义上都等同于径向生长树龄。生长鞘生成树龄即径向生长树龄。

本章全部图示均为两条曲线，分别示出逐龄全样树或生长鞘生材材积和全干重随径向生成树龄的变化。基本密度是单位体积内的全干材重量，与逐龄生长鞘内全干材重量意义不同。一般树种木材基本密度平均范围为0.30～0.80，表明木材全干重和生材体积间的数量关系约为0.5∶1。这使得样树树茎生材体积和全干重发育变化两曲线，可绘于双意纵坐标的同一图示中，它们刻度相同但单位不同。有关全干重随生成树龄的变化曲线总在生材材积变化曲线之下。两条曲线间距和变化曲度在树种间有差别，这与树种基本密度不同有关，并受生长鞘间及其内的变化幅度影响。

本章在图示（图14-1、图14-2、图14-4）上，给出了12种阔叶树实测数据的位点和经回归处理取得表示它们变化的曲线。这些位点是样树上取样样品在次生木质部上的不同位置，而取样位置的设计是依据要取得性状随两向生长树龄组合连续的变化结果。如测定结果具有趋势性，则首先表明次生木质部构建中存在遗传控制的发育变化程序性；其次是测定精度达到能反映发育变化的要求。

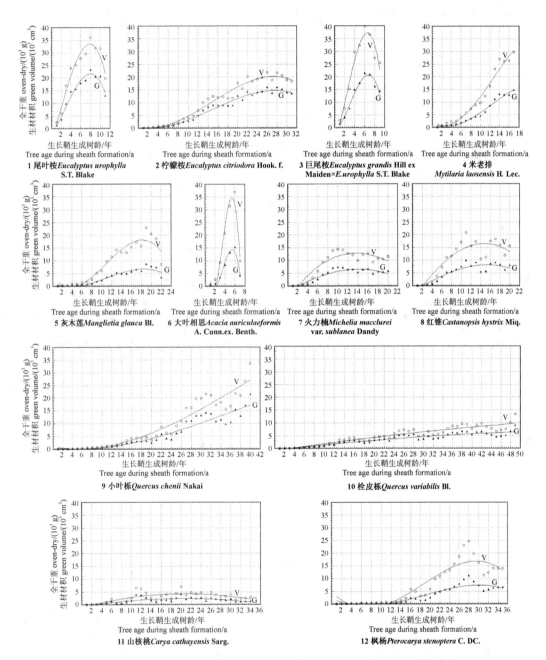

图 14-1 12 种阔叶树单株样树逐龄生长鞘生材材积和全干重的发育变化

图中 V、G 分别示生材材积和全干重，回归曲线两侧数据点代表各龄生长鞘全高生材材积和全干重

Figure 14-1 Developmental changes of green wood volume and oven-dry weight of every successive sheath in individual sample trees of twelve angiospermous species

V, G in the figure show the green wood volume and the oven-dry weight respectively. Every numerical point beside the regression curves represents the green wood volume or the oven-dry weight of the overall height of every successive sheath

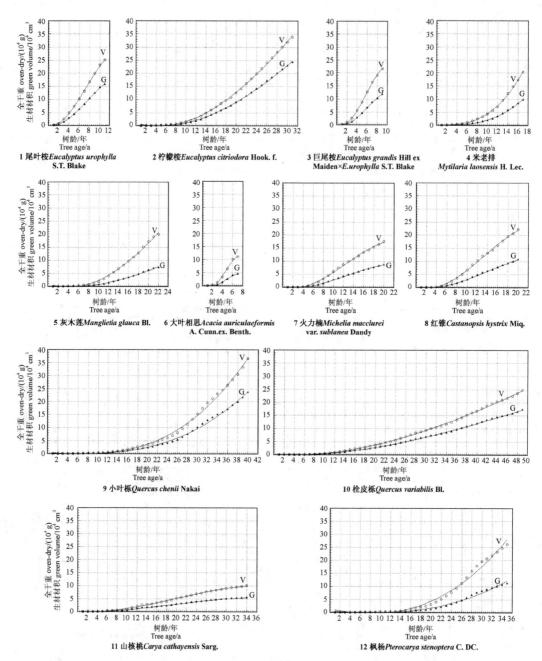

图 14-2　12 种阔叶树单株样树生材材积和全干重连年增长的发育变化

图中 V、G 分别示生材材积和全干重，回归曲线两侧数据点代表各龄时单株样树树茎全高生材材积和全干重

Figure 14-2　Developmental changes of the current annual increment of green wood volume and oven-dry weight in individual sample trees of twelve angiospermous species

V, G in the figure show the green wood volume and the oven-dry weight respectively. Every numerical point beside the regression curves represents the measured datum of the green wood volume or the oven-dry weight of the overall height of the stem in individual sample trees during successive year

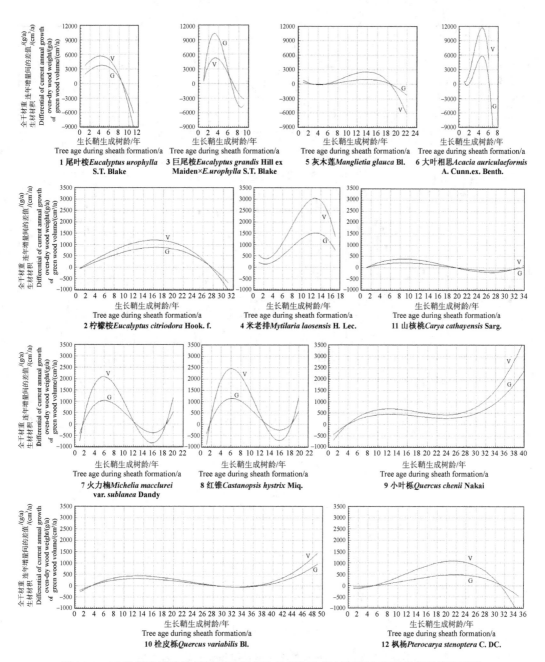

图 14-3　12 种阔叶树单株样树逐对相邻生长鞘间生材材积和全干重差值的发育变化

V—生材材积差值；G—全干重差值

Figure 14-3　Developmental changes of differences in green volume and oven-dry weight between two neighbouring successive sheaths in individual sample trees of twelve angiospermous species

V—the differential value of green volume; G—the differential value of oven-dry weight

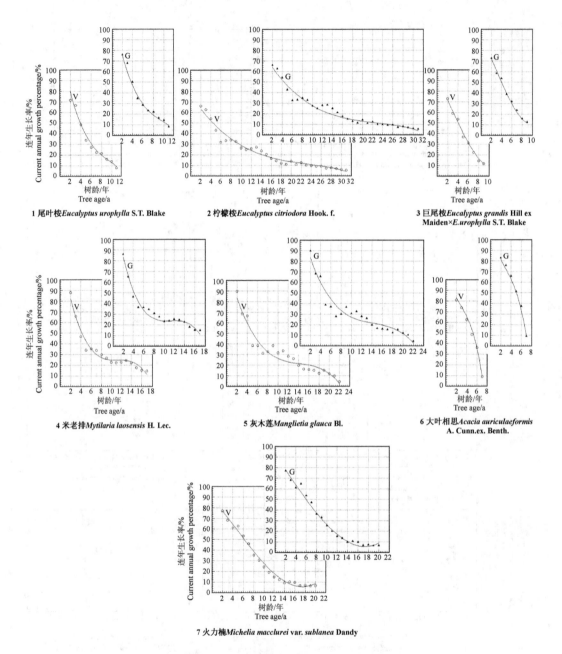

1 尾叶桉 *Eucalyptus urophylla* S.T. Blake

2 柠檬桉 *Eucalyptus citriodora* Hook. f.

3 巨尾桉 *Eucalyptus grandis* Hill ex Maiden×*E.urophylla* S.T. Blake

4 米老排 *Mytilaria laosensis* H. Lec.

5 灰木莲 *Manglietia glauca* Bl.

6 大叶相思 *Acacia auriculaeformis* A. Cunn.ex. Benth.

7 火力楠 *Michelia macclurei* var. *sublanea* Dandy

图 14-4　12 种阔叶树单株样树生材材积和全干重的连年生长率

图中 V、G 分别代表生材材积和全干重的连年生长率

Figure 14-4　Current annual growth percent (CAGP) of green wood volume and oven-dry weight in individual sample trees of twelve angiospermous species

V, G curves in the figure represent the current annual growth percent of green wood volume and oven-dry weight respectively

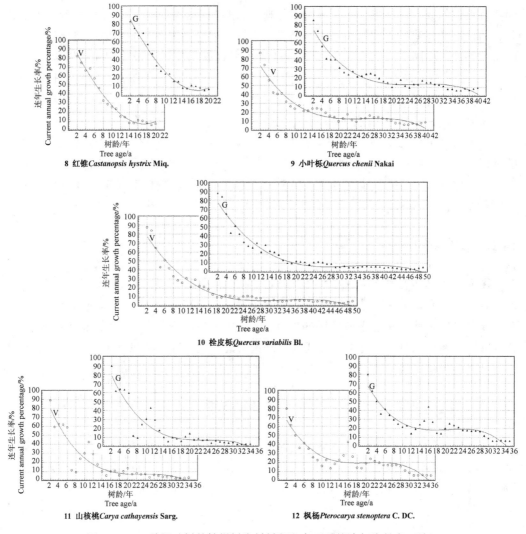

图 14-4　12 种阔叶树单株样树生材材积和全干重的连年生长率（续）

Figure 14-4　Current annual growth percent (CAGP) of green wood volume and oven-dry weight in individual sample trees of twelve angiospermous species (Continued)

　　各树种生材材积和全干材指标发育变化图示分别采用相同变化范围纵坐标，并在横坐标上以相同单位示值长度表示出样树的不同生长树龄。如不同树种在同一页纸面上均表现出具趋势性，则表明次生木质部构建中生材材积和全干材重量随树龄的变化同具遗传控制的共性；而趋势在树种间的差别则起因于遗传物质存在差异。

14.2　生材材积和全干重随树龄的发育变化

14.2.1　生长鞘

　　图 14-1 示 12 种阔叶树单株样树逐龄生长鞘生材材积和全干重的发育过程。从图 14-1

中实测点位的分布可看出，环境对树木生材材积和全干重增长产生波动的影响，但点位分布的趋势性是遗传控制的树木生长特性。遗传控制是生物体生命中体内变化发育属性的基本条件。由图 14-1 结果可认为，生长鞘生材材积和全干重是发育性状指标。

对 12 种树种单株内逐龄生长鞘生材材积和全干重曲线的同龄高度进行对比察出，树种间发育变化幅度存在较大差别。枫杨 8 龄生长鞘生材材积和全干重，仅为尾叶桉同龄生长鞘的 1/5 和 1/7（附表 14-1）。

不同采伐树龄的 12 种树种中，有 8 种树种呈现生长鞘生材材积和全干重发育变化中的峰值，达峰值的树龄和大小在树种间有差别。山核桃 34 龄生长期中有峰值（附表 14-1），但曲线变化幅度明显低于其他树种。40 龄小叶栎、49 龄栓皮栎和 17 龄米老排都仍处在不同程度增高中。

14.2.2 单株样树

图 14-2 系依据附表 14-1 各树种各年和其前逐龄全样树生材材积和全干重数据给出。图 14-2 示，单株样树生材材积和全干重连年增长的发育变化。次生木质部新增生生长鞘逐年叠加在之前各年已生成鞘层的外围，全样树生材材积和全干重增长曲线随树龄变化的共同趋势是升高。但单株内曲线曲度随树龄有变化，并在树种间有差别。11 龄尾叶桉和 9 龄巨尾桉呈大于 45°倾角的斜线。

14.2.3 相邻生长鞘间生材材积和全干重的差值

图 14-3 示 12 种阔叶树单株样树逐对相邻生长鞘间生材材积和全干重差值的发育变化。曲线图示的纵坐标有正、负两区间，负值范围表示后一年的增长较前一年小。12 种树种曲线在初龄都表现出有一增高，幅度和龄期在树种间有差别；而后差值减小，在树种间同样有差别。火力楠和红锥、小叶栎和栓皮栎分别采自同一人工林地，但营林资料不足，难以确定四树种曲线尾端上翘的成因。

14.2.4 单株样树生材材积和全干重连年生长率

样树生材材积和全干重连年生长率是逐龄增长量除以各当年样树生材材积和全干重总量求得。

图 14-4 示 12 种树种单株样树生材材积和全干重连年生长率的变化。树茎生长中的次生木质部生材材积和全干重随树龄在增长，而逐年增长量的变化为减小。不同树种生材材积和全干重连年生长率变化的减小趋势相同，但树种间曲线斜率有差别。两性状连年生长率在图示中降至 10% 的树种树龄，由大叶相思 7 龄至小叶栎 37 龄，其他 9～32 龄。生长期 17 龄以上九种试验树种都已达连年生长率平缓期。进入这一期间的连年生长率大小在树种间有差别（火力楠、红锥、栓皮栎、山核桃四树种都已在 10% 以下；柠檬桉、米老排、灰木莲、小叶栎、枫杨五树种还尚在 10% 以上）。尾叶桉、巨尾桉和大叶相思采伐树龄短，但连年增长率曲线已显示邻近或已在 10% 以下。

14.3 结 论

不同树种样树生材材积和全干重随生成树龄增长均具有变化的趋势性，但存在树种差别。变化的趋势性是不同树种次生木质部发育遗传控制的共性，树种差别是树种间遗传物质存在差异的结果。

短周期人工林处于幼树发育阶段，生长变化的趋势性是遗传控制的发育特征。

附表 14-1　12 种阔叶树单株样树逐龄生长鞘的生材材积和全干重

Appendix table 14-1　Green wood volume and oven-dry weight of every successive sheath in individual sample trees of twelve angiospermous species

树龄/年 Tree age/a	1 尾叶桉 Eucalyptus urophylla S.T. Blake		3 巨尾桉 Eucalyptus grandis Hill ex Maiden × E. urophylla S. T. Blake		6 大叶相思 Acacia auriculaeformis A. Cunn. ex Benth.	
	生材材积/cm³ green volume/cm³	全干重/g oven-dry weight/g	生材材积/cm³ green volume/cm³	全干重/g oven-dry weight/g	生材材积/cm³ green volume/cm³	全干重/g oven-dry weight/g
11	19 892	12 901				
10	31 676	20 687				
9	31 899	20 483	25 559	14 379		
8	36 097	23 160	27 364	16 162		
7	29 525	19 047	36 657	20 762	9 827	4 025
6	27 737	17 881	39 860	21 255	36 829	15 233
5	25 172	15 572	32 313	17 522	31 398	13 090
4	23 851	14 582	29 703	14 885	20 885	8 157
3	17 001	9 807	15 249	7 493	9 230	3 224
2	6 047	3 506	7 684	3 880	2 661	855
1	2 393	1 105	2 864	1 459	620	176
Σ	251 289	158 730	217 253	117 797	111 449	44 760

10	栓皮栎 Quercus variabilis Bl.				
树龄/年 Tree age/a	生材材积/cm³ green volume/cm³	全干重/g oven-dry weight/g	树龄/年 Tree age/a	生材材积/cm³ green volume/cm³	全干重/g oven-dry weight/g
49	13 401	8 890	24	5 775	4 253
48	9 959	6 597	23	3 929	2 859
47	7 553	4 994	22	4 805	3 538
46	7 116	4 716	21	4 561	3 294
45	6 612	4 397	20	4 303	3 107
44	7 705	5 115	19	3 062	2 211
43	8 479	5 634	18	2 833	2 051
42	9 722	6 457	17	3 384	2 492
41	9 095	6 243	16	4 318	3 180
40	7 656	5 255	15	4 017	2 959
39	9 299	6 403	14	3 312	2 440
38	9 570	6 595	13	3 414	2 435
37	8 526	5 882	12	1 741	1 241
36	8 694	6 001	11	2 012	1 436
35	7 749	5 345	10	1 156	824
34	6 192	4 269	9	945	639
33	5 541	3 953	8	779	527
32	5 140	3 668	7	667	451
31	6 497	4 636	6	468	317
30	4 974	3 547	5	195	132
29	4 736	3 243	4	164	111
28	7 319	5 434	3	76	52
27	6 618	4 915	2	13	9
26	7 166	5 324	1	2	1
25	6 902	5 084			
Σ				248 154	173 158

续表

树龄/年 Tree age/a	2 柠檬桉 Eucalyptus citriodora Hook. f.		9 小叶栎 Quercus chenii Nakai		11 山核桃 Carya cathayensis Sarg.		12 枫杨 Pterocarya stenoptera C. DC.	
	生材材积/cm³ green volume/cm³	全干重/g oven-dry weight/g	生材材积/cm³ green volume/cm³	全干重/g oven-dry weight/g	生材材积/cm³ green volume/cm³	全干重/g oven-dry weight/g	生材材积/cm³ green volume/cm³	全干重/g oven-dry weight/g
40			33 633	21 424				
39			26 736	17 061				
38			21 001	12 819				
37			21 861	15 339				
36			16 803	10 387				
35			15 579	9 632			14 041	6 522
34			18 259	11 363	2 900	1 340	13 961	6 425
33			17 245	10 729	2 569	1 186	14 049	6 313
32			21 133	13 720	2 346	1 084	12 275	5 529
31	18 327	13 464	21 672	14 070	2 046	945	11 280	5 036
30	18 819	13 826	19 929	13 089	4 051	2 138	16 220	7 262
29	20 582	15 111	19 729	12 957	3 215	1 697	19 697	8 723
28	21 637	15 879	16 170	10 979	3 250	1 856	24 640	11 112
27	18 748	13 644	16 071	10 786	3 968	2 094	22 996	9 592
26	21 803	15 906	10 928	6 673	4 734	2 597	18 631	7 794
25	19 784	14 267	9 073	6 035	2 444	1 340	15 791	6 799
24	19 089	13 808	5 766	3 689	4 861	2 667	13 218	5 719
23	18 275	12 797	6 332	4 029	4 269	2 339	12 581	5 538
22	20 194	14 160	8 660	5 834	4 713	2 726	10 982	4 820
21	15 375	10 917	5 218	3 524	3 766	2 175	9 740	4 037
20	17 495	12 531	3 428	2 268	6 967	4 031	5 871	2 392
19	11 790	8 768	4 631	3 063	4 453	2 576	3 419	1 353
18	11 608	8 692	4 278	2 867	2 271	1 228	3 065	1 217
17	12 172	8 863	4 341	2 909	3 963	1 743	4 930	1 933
16	12 003	8 770	4 140	2 803	3 347	1 810	5 867	2 319
15	12 387	8 826	3 376	2 285	1 676	906	2 189	832
14	11 448	8 230	2 515	1 685	2 845	1 622	1 306	508
13	10 035	6 954	1 727	1 156	4 609	2 621	810	310
12	6 926	4 875	1 322	877	6 293	3 634	474	185
11	4 963	3 171	1 329	879	6 511	3 761	709	258
10	3 989	2 588	839	555	2 654	1 533	390	185
9	3 619	2 242	712	467	1 477	849	462	169
8	2 548	1 595	618	415	419	241	407	153
7	1 655	989	544	366	487	280	415	128
6	1 046	647	314	218	2 216	1 274	317	100
5	976	565	195	133	957	554	162	51
4	697	411	149	104	370	210	144	45
3	369	218	87	61	131	74	89	28
2	145	86	28	19	81	42	45	14
1	74	44	4	4	10	5	11	4
Σ	338 578	242 844	366 374	237 269	100 871	55 178	261 183	113 405

续表

树龄/年 Tree age/a	4 米老排 *Mytilaria laosensis* H. Lec.		5 灰木莲 *Manglietia glauca* Bl.		7 火力楠 *Michelia macclurei* var. *sublanea* Dandy		8 红锥 *Castanopsis hystrix* Miq.	
	生材材积/cm³ green volume/cm³	全干重/g oven-dry weight/g	生材材积/cm³ green volume/cm³	全干重/g oven-dry weight/g	生材材积/cm³ green volume/cm³	全干重/g oven-dry weight/g	生材材积/cm³ green volume/cm³	全干重/g oven-dry weight/g
22			8 410	3 230				
21			18 551	7 193				
20			20 547	7 581	11 551	5 829	15 575	7 970
19			22 924	8 455	10 446	5 288	11 900	6 111
18			15 706	5 832	10 846	5 482	16 034	8 239
17	29 641	14 672	17 085	6 363	9 255	4 705	18 397	9 013
16	26 278	12 773	15 232	5 597	12 871	6 543	17 552	8 601
15	26 030	12 813	13 149	4 824	12 319	6 293	11 216	5 513
14	27 013	13 121	13 369	4 808	9 950	5 169	10 539	5 359
13	23 172	11 126	14 251	5 106	12 183	6 369	17 424	9 018
12	16 200	8 586	11 492	4 027	12 777	6 351	15 656	7 703
11	12 403	6 011	9 683	3 400	14 165	7 077	20 943	9 837
10	9 809	4 469	6 083	2 139	14 486	7 246	17 127	7 420
9	8 972	4 123	5 057	1 779	13 904	6 980	14 426	6 382
8	7 356	3 344	2 643	919	11 146	5 132	11 690	5 584
7	5 873	2 584	1 708	594	9 417	4 252	11 173	5 188
6	4 036	1 788	1 452	570	5 879	2 543	7 343	3 359
5	2 518	1 141	895	375	3 237	1 421	3 748	1 750
4	2 275	917	953	388	1 169	471	1 142	515
3	1 712	695	328	137	511	205	433	191
2	781	320	136	57	182	73	120	53
1	106	52	15	6	54	22	26	11
Σ	204 174	98 534	199 665	73 379	176 348	87 449	222 465	107 817

15 根、枝材与主茎发育变化的比较

本章图示

本章表列

表 15-18 　11 种阔叶树根、枝构建中生长鞘厚度随两向生长树龄发育变化的趋势概要

本章实验结果附表（原始数据）

附表 15-1 　11 种阔叶树单株样树同一根、枝材上、下不同高度横截面逐龄（奇数或偶数）年轮的纤维长度和直径

附表 15-2 　10 种阔叶树单株样树同一根、枝上、下不同高度横截面最外和最内年轮导管细胞的长度和直径

附表 15-3 　11 种阔叶树单株样树同一根、枝材上、下不同高度横截面年轮组合的基本密度

附表 15-4 　11 种阔叶树单株样树同一根、枝材上、下不同高度横截面四向逐龄年轮的平均宽度

摘　　要

　　根、枝次生木质部一旦开始生成，即与同时生成的主茎木质鞘层相连，而后根、枝和主茎同时构建的逐龄鞘层均相通。本章利用根、枝和主茎次生木质部年轮数相同部位高、径两向生成树龄相等的构建特点，对根、枝与主茎年轮数相当截段进行发育变化比较，并给出相同或相近时段生成的根、枝和茎材性状指标。相比较的发育性状包括纤维形态（长、径和长径比）、导管细胞形态（长、径）、木材基本密度、年轮宽度和生长鞘全高平均厚度等。

15.1　纤维形态发育变化的比较

　　根、枝纤维长、径测定程序与第 5 章主茎基本相同。在偏心条件下，测定与偏心方向垂直的两侧正常木。共取试样 173 个，不计补测的确定读数 17 300 次（附表 15-1）。

15.1.1　不同树种间的共同趋势

　　1）单株内根、枝与相同时段生成的主茎纤维长、径和长径比具有树种特征的相关性

　　表 15-1 将 11 种阔叶树根、枝和主茎纤维形态测定数据分别按大小排序，并在各数据右上角注出其序位。结果表明：①根材纤维长度与相同时段生成主茎同序位树种占 3/11、枝材与主茎同序位树种占 6/11，其他树种根、枝与主茎序位相差仅 1 或相近；②根材纤维直径与相同时段生成主茎同序位树种占 5/11，枝材与主茎同序位树种占 4/11，与主茎序位仅相差 1 的根材或枝材分别为 4/11。由此可见，单株内根、枝的纤维长、径与主茎具有树种特征的相关性。主茎纤维长的树种，根和枝纤维与其他树种相比也长；纤维直径大的树种，根和枝纤维直径与其他树种相比也大。

　　2）单株内根、枝与相同时段生成主茎截段纤维形态平均值间的比较

　　表 15-2 显示，①11 种树种根材纤维长度大于茎材树种数为 55%，而枝材小于茎材的树种为 73%；根材纤维长度大于枝材的树种数为 91%。②根材纤维直径大于茎材树种

表 15-1 11 种树种单株样树同一根、枝分别与其各相同或相近时段生成主茎样段间纤维形态因子平均值的比较（一）

Table 15-1 A comparison of the mean value of fiber morphological factors between the segments of the root or branch and the stem formed in the same growth period within individual sample trees of eleven angiosermous tree species (I)

部位 Position	取样圆盘年轮数 The ring number of sampling discs	纤维长度 Fiber length		纤维直径 Fiber diameter		纤维长径比 L/D of fiber	
		加权平均值/μm Weighted mean/μm	根（枝）与茎值差数以茎值为基数的百分率/% The percentage of differences in the value between root (or branch) and stem on the basis of stem value/%	加权平均值/μm Weighted Mean/μm	根（枝）与茎值差数以茎值为基数的百分率/% The percentage of differences in the value between root (or branch) and stem on the basis of stem value/%	平均值 Average	根（枝）与茎值差数以茎值为基数的百分率/% The percentage of differences in the value between root (or branch) and stem on the basis of stem value/%
米老排 *Mytilaria laosensis* H. Lec.							
根 Root	(3)(6)(9)	2076[1]	+17.82	36.5[1]	+7.67	56.88[3]	+9.43
茎 Stem	(5)(7)(10)	1762[1]		33.9[1]		51.98[6]	
枝 Branch	(1)(3)(6)(8)(11)	1819[1]	+0.11	30.5[1]	−11.34	59.64[1]	+12.91
茎 Stem	(1)(5)(7)(10)(12)	1817[1]		34.4[1]		52.82[6]	
灰木莲 *Manglietia glauca* Bl.							
根 Root	(9)(17)(21)	1734[2]	+17.72	35.7[2]	+8.84	48.57[7]	+8.15
茎 Stem	(9)(17)(19)	1473[2]		32.8[2]		44.91[9]	
枝 Branch	(1)(5)(7)(9)(11)	1084[2]	−18.56	26.6[2]	−10.14	40.75[8]	−9.38
茎 Stem	(6)(7)(9)(11)	1331[2]		29.6[2]		44.97[8]	
柠檬桉 *Eucalyptus citriodora* Hook. f.							
根 Root	—	1337[3]	+28.19	18.4[11]	+15.00	72.7[1]	+11.50
茎 Stem	—	1043[7]		16.0[11]		65.2[2]	
枝 Branch	(5)(8)(10)	890[6]	−0.11	16.5[10]	+10.74	53.9[4]	−9.87
茎 Stem	(5)(9)	891[9]		14.9[11]		59.8[4]	
尾叶桉 *Eucalyptus urophylla* S.T. Blake							
根 Root	(5)(7)(10)	1239[4]	+18.34	21.0[7]	+17.98	59.0[2]	+0.34
茎 Stem	(5)(7)(10)	1047[5]		17.8[8]		58.8[4]	
枝 Branch	(5)(6)(7)	718[9]	−31.42	16.7[8]	−4.02	43.0[7]	−28.57
茎 Stem	(5)(6)(7)	1047[4]		17.4[7]		60.2[2]	
栓皮栎 *Quercus variabilis* Bl.							
根 Root	—	1164[5]	−5.52	22.3[6]	+17.99	52.20[5]	−19.93
茎 Stem	—	1232[3]		18.9[7]		65.19[3]	
枝 Branch	(9)(14)(20)(22)	975[3]	−2.60	16.8[7]	+0.60	58.04[3]	−3.17
茎 Stem	(10)(21)	1001[6]		16.7[8]		59.94[3]	

部位 Position	取样圆盘年轮数 The ring number of sampling discs	纤维长度 Fiber length		纤维直径 Fiber diameter		纤维长径比 L/D of fiber	
		加权平均值/μm Weighted mean/μm	根（枝）与茎值差数以茎值为基数的百分率/% The percentage of differences in the value between root (or branch) and stem on the basis of stem value/%	加权平均值/μm Weighted Mean/μm	根（枝）与茎值差数以茎值为基数的百分率/% The percentage of differences in the value between root (or branch) and stem on the basis of stem value/%	平均值 Average	根（枝）与茎值差数以茎值为基数的百分率/% The percentage of differences in the value between root (or branch) and stem on the basis of stem value/%
红锥 *Castanopsis hystrix* Miq.							
根 Root	(7)(8)(9)	1141[6]	+23.35	23.3[5]	+18.88	48, 97[6]	+3.77
茎 Stem	(7)(9)	925[9]		19.6[6]		47, 19[7]	
枝 Branch	(5)(7)(9)(11)	872[7]	−6.13	18.5[6]	−6.57	47.14[5]	+0.47
茎 Stem	(5)(7)(9)(11)	929[7]		19.8[6]		46.92[7]	
小叶栎 *Quercus chenii* Nakai							
根 Root	—	1100[7]	+2.73	20.6[9]	+22.62	53.40[4]	−18.22
茎 Stem	—	1095[5]		16.8[9]		65.30[1]	
枝 Branch	(2)(5)(8)(14)(21)	893[5]	−11.32	15.3[11]	−1.29	58.37[2]	−10.16
茎 Stem	(2)(8)(16)(24)	1007[5]		15.5[10]		64.97[1]	
巨尾桉 *Eucalyptus grandis* Hill ex Maiden × *E. urophylla* S.T. Blake							
根 Root	(2)(4)(8)	1000[8]	+10.38	20.9[8]	+27.44	47.8[8]	−13.41
茎 Stem	(2)(4)(8)	906[10]		16.4[10]		55.2[5]	
枝 Branch	(2)(5)(7)(8)	729[8]	−20.41	16.6[9]	−0.60	43.9[6]	−20.90
茎 Stem	(2)(5)(7)(8)	916[8]		16.5[9]		55.5[5]	
大叶相思 *Acacia auriculaeformis* A. Cunn. ex Benth.							
根 Root	(4)(5)(7)	862[9]	−0.35	20.1[10]	−21.18	42.89[9]	+26.44
茎 Stem	(4)(5)(7)	865[11]		25.5[4]		33.92[11]	
枝 Branch	(1)(2)(3)(4)(5)	674[11]	+0.04	21.8[5]	−13.83	30.92[10]	+20.17
茎 Stem	(1)(2)(3)(4)(5)	651[11]		25.3[3]		25.73[11]	
枫杨 *Pterocarya stenoptera* C. DC.							
根 Root	—	816[10]	−20.85	28.2[3]	+2.55	28.94[10]	−22.81
茎 Stem	—	1031[8]		27.5[3]		37.49[10]	
枝 Branch	(4)(5)(5)(5)(6)	681[10]	−1.73	23.0[4]	−7.26	29.61[11]	+5.98
茎 Stem	(3)(6)	693[10]		24.8[4]		27.94[10]	
火力楠 *Michelia macclurei* var. *sublanea* Dandy							
根 Root	(3)(8)(13)	534[10]	−52.41	35.3[4]	+42.34	15.13[11]	−66.56
茎 Stem	(3)(7)(12)(14)	1122[4]		24.8[5]		45.24[8]	
枝 Branch	(2)(5)(7)(9)(11)	956[4]	−10.55	25.3[3]	+2.83	37.72[9]	−13.01
茎 Stem	(2)(5)(7)(9)(12)	1071[3]		24.7[5]		43.36[9]	

注：各平均值右上角的数字是根、枝和主茎纤维形态加权平均数据分别排序的序位，表 15-3 同。

Note: The numbers designated at the right corner of every weighted mean value of fiber morphological factor of root, branch and stem are their positional codes arranged in this table according to the numeral order respectively.

数为 91%，而枝材小于茎材的树种数为 73%；根材纤维直径大于枝材的树种数为 91%。③单株内根材与茎材纤维长径比相比较，两部位间高、低的树种数各占 50%，而枝材低于茎材的树种数约占 64%；根材和枝材纤维长径比大小差别的树种约相当。

表 15-2　11 种树种单株样树内根、枝与相同时段生成主茎样段间纤维形态因子的比较（二）
Table 15-2　A comparison of fiber morphological factors among the root, branch and the stem formed in the same growth period within individual sample trees of eleven angiospermous tree species（Ⅱ）

	根与主茎 Root and main stem			枝与主茎 Branch and main stem			根与枝 Root and branch		
	根>茎 root>stem	相当 equality	根<茎 root<stem	枝>茎 branch>stem	相当 equality	枝<茎 branch<stem	根>枝 root>branch	相当 equality	根<枝 root<branch
纤维长度 Fiber length	6	2	3	—	3	8	10	—	1
纤维直径 Fiber diameter	10	—	1	1	2	8	10	—	1
纤维长径比 *L/D* of fiber	5	1	5	3	1	7	6	—	5

注：根（枝）与主茎值差数以茎值为基数的百分率绝对值低于 1% 为相当；以上（正值）为大于，或以下（负值）为小于。表中数据为树种数。

Note: The equality in this table represents that the absolute percentage of the difference between root or branch and stem on the basis of stem value is lower than 1%; above (positive value) is>, and below (negative value) is<. The number in this table is that of tree species.

　　单株内根、枝与相同时段生成主茎截段纤维形态间的差别是发育变化存在差异的结果。单株内这一差异在树种内有共同表现，但在树种间有差别，阔叶树多数树种茎材纤维长度和直径均小于根材，但都大于枝材；大多数树种根材纤维长度和直径均大于枝材。

　　3）不同树种单株内根、枝和相同时段生成主茎纤维长、径和长径比随径向生成树龄发育变化的共同趋势

　　如图 15-1 所示，9 种树种单株内根、枝材纤维形态因子径向发育变化的 A、B 两分图间纵坐标取值范围相同。同一样树主茎不同高度与根、枝相当年轮数对应的变化曲线分别插绘于 A 图或 B 图。四种树种（柠檬桉、小叶栎、栓皮栎和枫杨）根材年轮难辨，在取样横截片上自髓心向外区分为先、后生成的五个区间序列。由这种取样方式测定结果的图示，还能察出同一根、枝材不同高度间纤维形态的变化趋势。

　　根材：①**随径向生成树龄**——不同树种根材纤维长、径的变化趋势同为增长，个别树种变化呈～形，树种间变化存在大小差别；纤维长径比变化趋势为先升后降，少数呈⌒形。②**随高生长树龄**——根材纤维长度变化趋势呈减短的树种数约为 5/9，先增后减约为 3/9，增长约为 1/9；纤维直径变化趋势呈增大的树种约为 3/9，先减后增约为 2/9，减小约为 3/9，先增后减约为 1/9；纤维长径比变化趋势呈减的树种数约为 4/9，先增后减约为 1/9，先减后升约为 2/9，另约有 2/9 持平或波折。如把先减后增统列为增，先增后减统列为减，可认为，多数树种根材纤维长度和纤维长径比随高生长树龄变化趋势为减小，纤维直径趋势为增大。

　　枝材：①**随径向生长树龄**——不同树种枝材纤维长、径变化趋势同为增长，多数为抛物线，其前段或为⌒；纤维长径比变化趋势呈╱的树种数约为 1/2，少数为⌒或～、⌒转换。②**随高生长树龄**——枝材纤维长、径和长径比变化趋势同为减小，其中少数为先增后减。

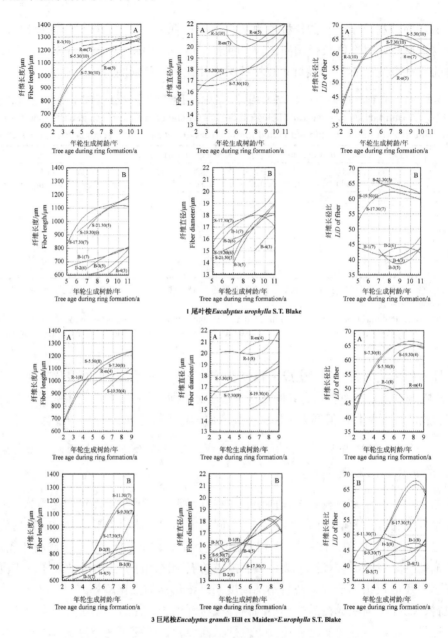

图 15-1　9 种阔叶树单株样树同一根、枝材与主茎年轮数相当部位截面纤维长度和直径随径向生长树龄发育变化的对比

A—根材与主茎；B—枝材与主茎

图中 S—主茎，相随数字是取样圆盘高度，m；R—根材，相随字母 l、m、u 示同一根材的下、中、上部位；B—枝材，相随数字 1～5 代表同一枝材由下至上的不同部位；全部括号内的数字均是取样圆盘的年轮数

Figure 15-1　Comparison on the developmental changes of fiber length and diameter with tree age during ring formation among the corresponding cross sections (where the ring number is equal or approximate) of different height positions of the same root, branch and stem in individual sample trees of nine angiospermous species

Subfigure A—root and stem; Subfigure B—branch and stem.

In the two types of subfigures, S—stem, the numbers behind it are the different heights of discs, m; R—root, the letters l, m, u behind it show the sampling is situated in the lower, middle and upper of the same root; B—branch, the number 1–5 behind it represent different height positions in the same branch upwards from underneath. All the number between brackets is the ring number of sample disc.

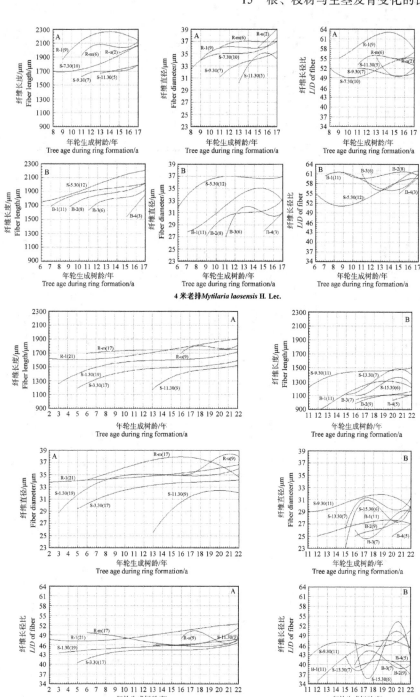

4 米老排 *Mytilaria laosensis* H. Lec.

5 灰木莲 *Manglietia glauca* Bl.

图 15-1 9 种阔叶树单株样树同一根、枝材与主茎年轮数相当部位截面纤维长度和直径随径向生长树龄发育变化的对比（续Ⅰ）

Figure 15-1 Comparison on the developmental changes of fiber length and diameter with tree age during ring formation among the corresponding cross sections (where the ring number is equal or approximate) of different height positions of the same root, branch and stem in individual sample trees of nine angiospermous species(continuedⅠ)

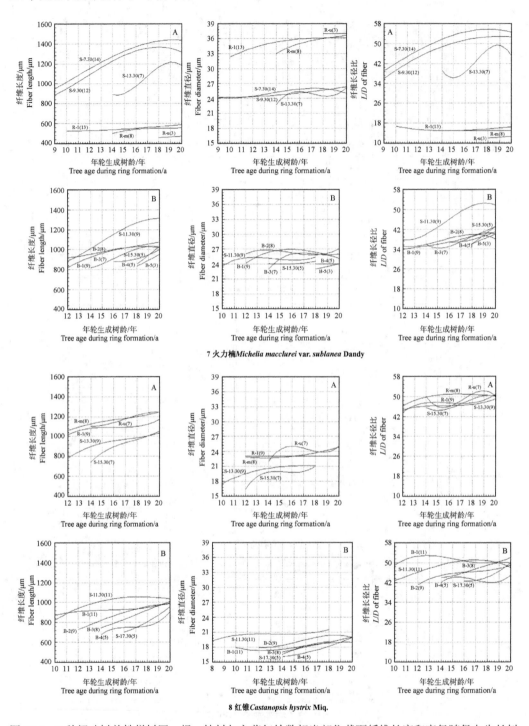

图 15-1 9种阔叶树单株样树同一根、枝材与主茎年轮数相当部位截面纤维长度和直径随径向生长树龄发育变化的对比（续Ⅱ）

Figure 15-1 Comparison on the developmental changes of fiber length and diameter with tree age during ring formation among the corresponding cross sections (where the ring number is equal or approximate) of different height positions of the same root, branch and stem in individual sample trees of nine angiospermous species(continued Ⅱ)

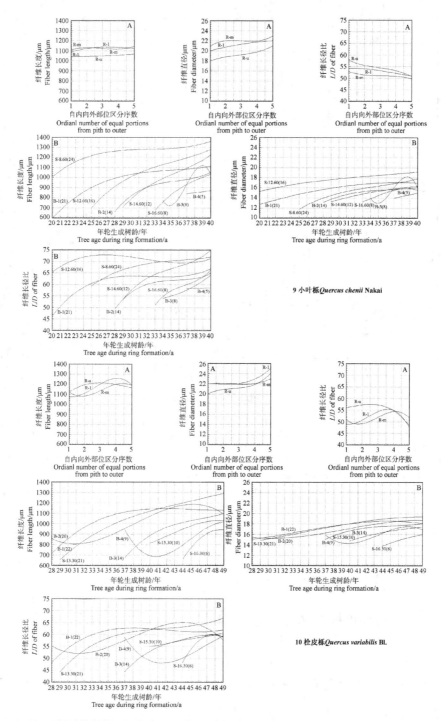

图 15-1　9 种阔叶树单株样树同一根、枝材与主茎年轮数相当部位截面纤维长度和直径随径向生长树龄发育变化的对比（续Ⅲ）

Figure 15-1　Comparison on the developmental changes of fiber length and diameter with tree age during ring formation among the corresponding cross sections (where the ring number is equal or approximate) of different height positions of the same root, branch and stem in individual sample trees of nine angiospermous species(continued Ⅲ)

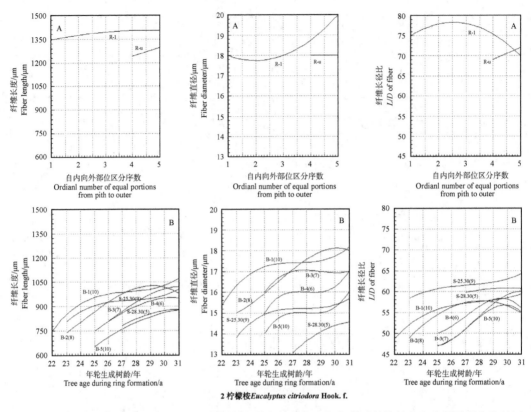

图 15-1 9种阔叶树单株样树同一根、枝材与主茎年轮数相当部位截面纤维长度和直径随径向生长树龄发育变化的对比（续Ⅳ）

Figure 15-1 Comparison on the developmental changes of fiber length and diameter with tree age during ring formation among the corresponding cross sections (where the ring number is equal or approximate) of different height positions of the same root, branch and stem in individual sample trees of nine angiospermous species(continued Ⅳ)

总结上述变化趋势：根、枝材纤维长度和直径随径向生长树龄同增大。根材纤维长度随高生长树龄减小，直径增大；枝材纤维长、径随高生长树龄同减小。这些都是根、枝次生木质部发育程序性变化的表现。

15.1.2 一些树种单株样树根、枝和相同时段生成主茎截段纤维形态的不同特点

表 15-1 示 11 种阔叶树单株内根、枝和相同时段生成主茎截段的纤维长、径和长径比。

1）3种桉树

3种桉树单株内纤维长、径和长径比在根或枝与相同时段生成的主茎截段间的差异有较多共同处：根材纤维长、径大于主茎，枝材纤维长、径小于主茎；根材纤维长径比大于主茎，枝材小于主茎。仅柠檬桉枝材纤维直径大于主茎，巨尾桉根材纤维长径比小于主茎。

附表 15-1 11 种阔叶树单株样树同一根、枝材上、下不同高度横截面逐龄（奇数或偶数）
年轮的纤维长度和直径

Appendix table 15-1 Fiber length and its diameter of every successive (odd or even) ring of cross section
at different heights of the same root or branch in individual same trees of eleven angiospermous species

1		树种 Tree species：尾叶桉 *Eucalyptus urophylla* S. T. Blake											

		根材纤维长度/μm Fiber length of root/μm						根材纤维直径/μm Fiber diameter of root/μm					
P	HA	年轮生成树龄/年 Tree age during ring formation/a					Ave.	年轮生成树龄/年 Tree age during ring formation/a					Ave.
		3	5	7	9	11		3	5	7	9	11	
R-u (5)	6			1069	1176	1231	1159			21	21	21	21
R-m (7)	4		1231	1256	1275	1258	1255		21	20	21	22	21
R-l (10)	1	1208	1263	1285	1283	1325	1273	21	22	20	21	22	21
Ave.		1208	1247	1203	1245	1271	1239	21	22	20	21	22	21

		枝材纤维长度/μm Fiber length of branch/μm					枝材纤维直径/μm Fiber diameter of branch/μm				
P	HA	年轮生成树龄/年 Tree age during ring formation/a				Ave.	年轮生成树龄/年 Tree age during ring formation/a				Ave.
		5	7	9	11		5	7	9	11	
B-5 (2)	9			612[10]	703	658			15[10]	17	16
B-4 (3)	8			603	739	671			15	17	16
B-3 (5)	6		606	657	797	687		14	17	18	16
B-2 (6)	5	0	651	749	800	733	0	16	17	19	17
B-1 (7)	4	657	707	747	808	730	15	17	18	17	17
Ave.		657	655	673	769	703	15	16	16	18	17

2		树种 Tree species：柠檬桉 *Eucalyptus citriodora* Hook. f.									

	根材纤维长度/μm Fiber length of root/μm					根材纤维直径/μm Fiber diameter of root/μm				
P	取样区间（自髓心向外） Sampling regions from pith to outer				Ave.	取样区间（自髓心向外） Sampling regions from pith to outer				Ave.
	1	3	4	5		1	3	4	5	
R-u			1241	1298	1270			18	18	18
R-l	1345	1395	—	1404	1381	18	18	—	20	19
Ave.	1345	1395	1241	1351	1337	18	18	18	19	19

		枝材纤维长度/μm Fiber length of branch/μm						枝材纤维直径/μm Fiber diameter of branch/μm					
P	HA	年轮生成树龄/年 Tree age during ring formation/a						Ave.	年轮生成树龄/年 Tree age during ring formation/a					Ave.
		22	23	25	27	29	31		22	23	25	27	29	31	
B-5 (5)	26			654[26]	762	838	879	783			14[26]	15	15	16	15
B-4 (6)	25			750[26]	859	934	952	874			15[26]	16	16	17	16
B-3 (7)	24			752	869	975	1021	904			16	17	17	17	17
B-2 (8)	23		741[24]	865	984	1024	983	919		15[24]	16	17	18	18	17
B-1 (10)	21	750	856	948	998	1000	1073	938	15	17	17	17	18	18	17
Ave.		750	799	794	894	954	982	890	15	16	16	16	17	17	16

续表

3 树种 Tree species：巨尾桉 *Eucalyptus grandis* Hill ex Maiden × *E. urophylla* S.T. Blake

P	HA	根材纤维长度/μm Fiber length of root/μm						根材纤维直径/μm Fiber diameter of root/μm				
		年轮生成树龄/年 Tree age during ring formation/a					Ave.	年轮生成树龄/年 Tree age during ring formation/a				Ave.
		2	3	5	7	9		3	5	7	9	
R-u (2)	7					964	964				20	20
R-m (4)	5			972	1053	1054	1026		20	21	21	21
R-l (8)	1	924	970	1026	1014	1019	991	20	20	20	22	21
Ave.		924	970	999	1034	1013	1000	20	20	21	21	21

P	HA	枝材纤维长度/μm Fiber length of branch/μm						枝材纤维直径/μm Fiber diameter of branch/μm					
		年轮生成树龄/年 Tree age during ring formation/a					Ave.	年轮生成树龄/年 Tree age during ring formation/a					Ave.
		2	3	5	7	9		2	3	5	7	9	
B-5 (2)	7					883	883					19	19
B-4 (5)	4			645	742	832	740			15	18	17	17
B-3 (7)	2		606	692	792	824	728		16	16	18	17	17
B-2 (8)	1	592	643	750	821	853	732	14	14	15	18	18	16
B-1 (8)	1	626	640	696	744	739	689	15	16	16	16	16	16
Ave.		609	629	695	775	826	729	15	15	16	17	18	17

4 树种 Tree species：米老排 *Mytilaria laosensis* H. Lec.

P	HA	根材纤维长度/μm Fiber length of root/μm						根材纤维直径/μm Fiber diameter of root/μm					
		年轮生成树龄/年 Tree age during ring formation/a					Ave.	年轮生成树龄/年 Tree age during ring formation/a					Ave.
		9	11	13	15	17		9	11	13	15	17	
R-u (3)	14				1963	2062	2012				36	39	37
R-m (6)	11		1921	2082	2040	2124	2042		36	37	37	37	37
R-l (9)	8	1866	2139	2243	2256	2141	2129	34	36	36	36	37	36
Ave.		1866	2030	2163	2086	2109	2076	34	36	36	36	37	37

P	HA	枝材纤维长度/μm Fiber length of branch/μm							枝材纤维直径/μm Fiber diameter of branch/μm						
		年轮生成树龄/年 Tree age during ring formation/a						Ave.	年轮生成树龄/年 Tree age during ring formation/a						Ave.
		7	9	11	13	15	17		7	9	11	13	15	17	
B-5 (1)	16						1501	1501						24	24
B-4 (3)	14					1543	1856	1700					28	31	29
B-3 (6)	11			1635	1787	1821	1926	1792			27	32	31	31	30
B-2 (8)	9		1685	1809	1883	1908	2025	1862		27	31	30	32	33	31
B-1 (11)	6	1692	1831	1893	1955	1965	2020	1893	28	29	33	34	35	33	32
Ave.		1692	1758	1779	1875	1810	1866	1819	28	28	30	32	31	30	31

5 树种：灰木莲 *Manglietia glauca* Bl.

P	HA	根材纤维长度/μm Fiber length of root/μm											
		年轮生成树龄/年 Tree age during ring formation/a											Ave.
		2	4	6	8	10	12	14	16	18	20	22	
R-u (9)	13								1692	1806	1769	1809	1769
R-m (17)	5			1695	1715	1734	1762	1747	1710	1779	1747	1754	1738
R-l (21)	1	1613	1586	1668	1596	1707	1596	1727	1767	1896	1844	1898	1718
Ave.		1613	1586	1681	1655	1721	1679	1737	1723	1827	1787	1821	1734

P	HA	根材纤维直径/μm Fiber diameter of root/μm											Ave.
		年轮生成树龄/年 Tree age during ring formation/a											
		2	4	6	8	10	12	14	16	18	20	22	
R-u (9)	13								35	36	38	38	37
R-m (17)	5			34	35	37	37	37	38	37	38	34	36
R-l (21)	1	34	33	35	34	36	34	33	36	36	37	36	35
Ave.		34	33	35	34	37	35	35	36	37	37	36	36

P	HA	枝材纤维长度/μm Fiber length of branch/μm						Ave.	枝材纤维直径/μm Fiber diameter of branch/μm						Ave.
		年轮生成树龄/年 Tree age during ring formation/a							年轮生成树龄/年 Tree age during ring formation/a						
		12	14	16	18	20	22		12	14	16	18	20	22	
B-5 (1)	21						659	659						22	22
B-4 (5)	17					1035	1116	1075					25	27	26
B-3 (7)	15			1038	1095	1116	1168	1104			26	25	28	29	27
B-2 (9)	13			984	1078	1112	1105	1070			25	26	27	30	27
B-1 (11)	11	901	964	1277	1293	1258	1238	1155	25	26	27	27	28	27	27
Ave.		901	964	1100	1155	1130	1057	1084	25	26	26	26	27	27	27

6   树种 Tree species：大叶相思 *Acacia auriculaeformis* A. Cunn. ex Benth.

P	根材纤维长度/μm Fiber length of root/μm				Ave.	根材纤维直径/μm Fiber diameter of root/μm				Ave.
	年轮生成树龄/年 Tree age during ring formation/a					年轮生成树龄/年 Tree age during ring formation/a				
	2	3	5	7		2	3	5	7	
R-u (4)	3		847[4]	919	33	899		21[4]	23	21	22
R-m (5)	2		845[4]	876	962	894		23[4]	22	19	21
R-l (7)	1	677	714	892	956	810	16	16	22	19	18
Ave.		677	802	896	950	862	16	20	22	20	20

P	枝材纤维长度/μm Fiber length of branch/μm			Ave.	枝材纤维直径/μm Fiber diameter of branch/μm			Ave.
	年轮生成树龄/年 Tree age during ring formation/a				年轮生成树龄/年 Tree age during ring formation/a			
	3	5	7		3	5	7	
B-5 (1)	6			480	480			17	17
B-4 (2)	5		537[6]	616	576		21[6]	20	20
B-3 (3)	4		561	790	675		24	23	24
B-2 (4)	3	590[4]	632	845	689	24[4]	23	23	23
B-1 (5)	2	667	803	901	790	23	23	19	22
Ave.		628	633	726	674	23	23	20	22

7　树种 Tree species：火力楠 Michelia macclurei var. sublanea Dandy

P	HA	根材纤维长度/μm　Fiber length of root/μm 年轮生成树龄/年 Tree age during ring formation/a							根材纤维直径/μm　Fiber diameter of root/μm 年轮生成树龄/年 Tree age during ring formation/a						
		10	12	14	16	18	21	Ave.	10	12	14	16	18	21	Ave.
R-u (3)	17					458	482	470					37	37	37
R-m (8)	12			499	542	553	560	539			33	35	36	37	35
R-l(13)	7	528	527	538	556	566	600	552	32	35	35	35	37	36	35
Ave.		528	527	518	549	525	547	534	32	35	34	35	36	37	35

P	HA	枝材纤维长度/μm　Fiber length of branch/μm 年轮生成树龄/年 Tree age during ring formation/a						枝材纤维直径/μm　Fiber diameter of branch/μm 年轮生成树龄/年 Tree age during ring formation/a					
		12	14	16	18	20	Ave.	12	14	16	18	20	Ave.
B-5 (2)	18				834	951	893				23	24	24
B-4 (5)	15				853	1033	943				24	24	24
B-3 (7)	13		819	908	1008	1028	941		23	26	26	26	25
B-2 (9)	11	918[13]	960	992	1034	1016	984	26[13]	27	26	26	27	26
B-1 (11)	9	815	947	963	1058	1069	971	24	27	26	27	25	26
Ave.		867	908	955	957	1019	956	25	26	26	25	25	25

8　树种 Tree species：红锥 Castanopsis hystrix Miq.

P	HA	根材纤维长度/μm　Fiber length of root/μm 年轮生成树龄/年 Tree age during ring formation/a						根材纤维直径/μm　Fiber diameter of root/μm 年轮生成树龄/年 Tree age during ring formation/a					
		12	14	16	18	20	Ave.	12	14	16	18	20	Ave.
R-u (7)	13		1105	1140	1212	1245	1175		22	25	24	25	24
R-m (8)	12	1062[13]	1125	1171	1196	1247	1160	23[13]	22	24	23	25	23
R-l (9)	11	1019	1071	1114	1089	1175	1094	23	23	23	23	23	23
Ave.		1040	1101	1142	1165	1222	1141	23	23	24	23	24	23

P	HA	枝材纤维长度/μm　Fiber length of branch/μm 年轮生成树龄/年 Tree age during ring formation/a							枝材纤维直径/μm　Fiber diameter of branch/μm 年轮生成树龄/年 Tree age during ring formation/a						
		10	12	14	16	18	20	Ave.	10	12	14	16	18	20	Ave.
B-4 (5)	15			678[15]	750	764	903	774			16[15]	17	18	20	18
B-3 (7)	13			746	831	923	1008	877			17	18	19	20	19
B-2 (9)	11		734	808	919	947	989	880		18	18	20	20	20	19
B-1 (11)	9	876	902	932	925	—	995	926	18	17	18	18	—	19	18
Ave.		876	818	791	856	878	974	869	18	18	17	18	19	19	19

9　树种 Tree species：小叶栎 Quercus chenii Nakai

P	根材纤维长度/μm　Fiber length of root/μm 取样区间（自髓心向外）Sampling regions from pith to outer						根材纤维直径/μm　Fiber diameter of root/μm 取样区间（自髓心向外）Sampling regions from pith to outer					
	1	2	3	4	5	Ave.	1	2	3	4	5	Ave.
R-u	1040	1055	1034	1067	1066	1053	18	19	19	20	21	19
R-m	1108	1136	1116	1124	1142	1125	21	22	22	22	23	22
R-l	1087	1127	1131	1139	1123	1121	20	21	21	22	22	21
Ave.	1078	1106	1093	1110	1110	1100	20	20	21	21	22	21

续表

P	HA	枝材纤维长度/μm Fiber length of branch /μm									Ave.
		年轮生成树龄/年 Tree age during ring formation/a									
		20	22	25	28	31	34	35	37	40	
B-5 (2)	38									635	635
B-4 (5)	35								841	871	856
B-3 (8)	32						774	724	934	1037	867
B-2 (14)	26				656	893	910	—	1006	1046	902
B-1 (21)	19	573	788	889	980	1042	1062	—	1109	1101	943
Ave.		573	788	889	818	968	686	724	973	938	893

P	HA	枝材纤维直径/μm Fiber diameter of branch/μm									Ave.
		年轮生成树龄/年 Tree age during ring formation/a									
		20	22	25	28	31	34	35	37	40	
B-5 (2)	38									13	13
B-4 (5)	35								14	15	15
B-3 (8)	32						14	13	16	16	15
B-2 (14)	26				13	15	15	0	16	16	15
B-1 (21)	19	13	13	15	16	16	17	0	17	17	16
Ave.		13	13	15	15	15	16	13	16	15	15

10   树种 Tree species: 栓皮栎 *Quercus variabilis* Bl.

P	根材纤维长度/μm Fiber length of root/μm					Ave.	根材纤维直径/μm Fiber diameter of root/μm					Ave.
	取样区间（自髓心向外）Sampling regions from pith to outer						取样区间（自髓心向外）Sampling regions from pith to outer					
	1	2	3	4	5		1	2	3	4	5	
R-u	1123	1195	1214	1198	1165	1179	20	21	21	22	24	22
R-m	1120	1089	1127	1207	1186	1146	22	22	22	22	23	22
R-l	1083	1081	1247	1229	1199	1168	22	22	22	23	25	23
Ave.	1109	1121	1196	1212	1183	1164	21	22	22	22	24	22

P	HA	枝材纤维长度/μm Fiber length of branch/μm								Ave.
		年轮生成树龄/年 Tree age during ring formation/a								
		28	31	34	37	40	43	46	49	
B-4 (9)	40				950	659	801	879	1025	863
B-3 (14)	35				680	876	1010	1034	1103	940
B-2 (20)	29	905	695	862	1037	1105	1088	1175	1115	998
B-1 (22)	27	693	978	995	1126	1124	1145	1163	1118	1043
Ave.		799	836	929	948	941	1011	1063	995	975

P	HA	枝材纤维直径/μm Fiber diameter of branch/μm								Ave.
		年轮生成树龄/年 Tree age during ring formation/a								
		28	31	34	37	40	43	46	49	
B-4 (9)	40				16	14	16	17	17	16
B-3 (14)	35				15	17	17	18	18	17
B-2 (20)	29	16	14	16	17	17	18	18	19	17
B-1 (22)	27	15	16	16	18	18	18	19	18	17
Ave.		15	15	16	17	17	17	18	17	17

12 　　　　　　　　树种 Tree species：枫杨 *Pterocarya stenoptera* C. DC.

P	根材纤维长度/μm Fiber length of root/μm		Ave.	根材纤维直径/μm Fiber diameter of root/μm		Ave.
	取样区间（自髓心向外）Sampling regions from pith to outer			取样区间（自髓心向外）Sampling regions from pith to outer		
	1	2		1	2	
R-u		800	800		29	29
R-m	777	843	810	27	30	29
R-l	800	863	831	27	27	27
Ave.	789	835	816	27	29	28

P	HA	枝材纤维长度/μm Fiber length of branch/μm			Ave.	枝材纤维直径/μm Fiber diameter of branch/μm			Ave.
		年轮生成树龄/年 Tree age during ring formation/a				年轮生成树龄/年 Tree age during ring formation/a			
		31	32	35		31	32	35	
B-5 (4)	31	586	491	670	582	22	21	20	21
B-4 (5)	30	528	644	840	671	23	23	23	23
B-3 (5)	30	551	627	871	683	23	23	23	23
B-2 (5)	30	523	640	908	690	25	25	24	25
B-1 (6)	29	527	801	1014	781	21	24	24	23
Ave.		543	640	861	681	23	23	23	23

注：*P*—根、枝取材位置。*P*栏中，R—根材，相随的字母 l、m、u 表示同一根材的下、中、上部位；B—枝材，相随数字 1~5 代表同一枝材由下至上不同的高度序数；全部括号内的数字均是取样圆盘的年轮数。HA（a）—取样圆盘初始生成时的样株高生长树龄（年）。表中右上角内的数字是圆盘由树皮向内邻近髓心逢双序被测年轮的生成树龄，由于表中未列其位置而加注。

Note: *P*—the sampling positions of root or branch. In *P* column, R—root, the letters l, m, u behind it show the sampling disc position in the lower, middle, and upper of the same root; B—branch , the number 1–5 behind it represent different height sample disc positions in the same branch upwards. All the number between brackets is the ring number of sample disc. HA—tree age(a) during height growth when the sampling disc was formed in the beginning. The number between brackets at the top-right corner of data is the tree age when the ring measured was forming, which is located near pith and at even ring number inwards from bark, and the position of those data in this table doesn't be placed.

　　3 种桉树根、枝和主茎纤维长径比都在 50 左右。柠檬桉根材纤维长径比居 11 种树种首位。

2）4 种散孔材

米老排和灰木莲根、枝和主茎的纤维长、径分别均居 11 种阔叶树首位、次位。大叶相思根、枝和主茎纤维长径比在 11 种树种中分别列 9 位、10 位、11 位。这些表明纤维长、径存在种间差异，并示出这种差异在单株内根、枝和主茎间的一致表现。

火力楠根材纤维长度在 11 种树种中最短，但其直径居第 3 位，表明同一部位纤维长度和直径在树种间不存在位序一致关系。

3）两种环孔材和一种半环孔材

小叶栎和栓皮栎同为环孔材。两树种根、枝纤维长、径与主茎差别大；三部位纤维形态的共同特点是纤维直径偏小，长径比偏大。枫杨（半环孔材）纤维长度在 11 种树中种列短，但直径列大，而使长径比属小。

15.2　导管细胞形态发育变化的比较

根、枝材导管细胞长、径测定程序与第 8 章主茎方法基本相同。在偏心条件下测与偏心方向垂直两侧的正常木。共取试样 149 个，不计补测的确定读数 14 900 次。

本次研究中，散孔材根、枝导管细胞测定全年轮，环孔材限测晚材部位，半散孔材山核桃、枫杨根、枝不测。对红锥根、枝导管细胞作了测定，但缺主茎结果作对比。

15.2.1　不同树种间的共同趋势

1）单株内根、枝导管细胞与相同时段生成的主茎导管细胞长、径和长径比具有树
　种特征的相关性

如表 15-3 所示，将 10 种阔叶树各同一单株样根、枝和主茎导管细胞分别测定，数据分别按大小排序，并在各数据右上角按数据大小注出其序位。结果表明：①不同树种单株内根、枝和主茎导管细胞长度的序列几乎完全相同。根材导管细胞长度与相同时段生成主茎同序位或仅相差 1 序位树种数分别为 7/9 和 2/9；枝材与主茎相同情况分别为 5/9 和 4/9。这表明，阔叶树主茎导管细胞长的树种，根和枝的导管细胞也长。②不同阔叶树种单株样树根、枝和主茎导管细胞直径与长度序位略显大小相反。③根材导管细胞长径比与相同时段生成主茎同序位或仅相差 1 序位树种分别为 4/9 和 1/9，枝材分别为 6/9 和 1/9。可见，单株内根、枝和主茎中导管细胞长径比在树种间相比较的序位具有高、低对应的关系。④不同树种单株内根、枝和主茎导管细胞长度和长径比大小序位具有明显一致性。

2）单株内根、枝与相同时段生成主茎截段导管细胞形态值间的比较

如表 15-4 所示，①9 种树种单株内根材导管细胞长度大于茎材树种数约为 89%，这几乎与枝材小于茎材的树种数相同；全部树种根材导管细胞长度大于枝材。②根材导管直径大于茎材树种数约为 56%，而枝材小于茎材的树种数约为 89%；根材导管直径大

表 15-3　10 种树种单株样树内根、枝和相同时段生成主茎样段间导管细胞形态因子平均值的比较（一）
Table 15-3　A comparison of the mean value of morphological factors of vessel cell between the root or branch and the stem formed in the same growth period in individual sample trees of eleven angiospermous tree species（Ⅰ）

部位 Position	取样范围高生长树龄区间/年 tree age of height growth of sampling extent/a	导管细胞长度 Length of vessel cell		导管细胞直径 Diameter of vessel cell		导管细胞长径比 L/D of vessel cell	
		加权平均值/μm weighted mean/μm	根（枝）与茎值差数以茎值为基数的百分率/% the percentage of differences in the value between root (or branch) and stem on the basis of stem value/%	加权平均值/μm weighted mean/μm	根（枝）与茎值差数以茎值为基数的百分率/% the percentage of differences in the value between root (or branch) and stem on the basis of stem value/%	平均值 Average	根（枝）与茎值差数以茎值为基数的百分率/% the percentage of differences in the value between root (or branch) and stem on the basis of stem value/%
米老排 Mytilaria laosensis H. Lec.							
根 Root	8–14	1124[1]	+11.29	92[10]	+37.31	12.22[1]	–18.91
茎 Stem	7–15	1010[1]		67[7]		15.07[1]	
枝 Branch	6–16	891[1]	–10.81	54[10]	–18.18	16.50[1]	+8.98
茎 Stem	5–16	999[1]		66[8]		15.14[1]	
灰木莲 Manglietia glauca Bl.							
根 Root	1–13	655[2]	+13.72	148[6]	+35.78	4.43[3]	–16.10
茎 Stem	3–13	576[2]		109[5]		5.28[3]	
枝 Branch	11–21	434[3]	–19.63	83[7]	–19.42	5,23[3]	–0.19
茎 Stem	11–16	540[2]		103[6]		5.24[3]	
火力楠 Michelia macclurei var. sublanea Dandy							
根 Root	7–17	608[3]	+23.08	126[8]	+88.06	4.83[2]	–34.46
茎 Stem	6–17	494[3]		67[8]		7.37[2]	
枝 Branch	11–17	448[2]	–7.44	62[9]	–4.62	7.23[2]	–2.95
茎 Stem	11–17	484[3]		65[9]		7.45[2]	
红锥 Castanopsis hystrix Miq.							
根 Root	11–13	445[4]	—	211[1]	—	2.11[7]	—
茎 Stem	—	—		—		—	
枝 Branch	9–15	335[4]	—	71[8]	—	4.72[4]	—
茎 Stem	—	—		—		—	
尾叶桉 Eucalyptus urophylla S.T. Blake							
根 Root	1–6	352[5]	–3.00	161[5]	–9.55	2.19[6]	+7.35
茎 Stem	1–6	364[5]		178[2]		2.04[6]	
枝 Branch	4–9	275[6]	–24.66	107[4]	–39.88	2.57[8]	+2.80
茎 Stem	3–6	365[5]		178[1]		2.50[6]	
巨尾桉 Eucalyptus grandis Mill ex Maiden × E. urophylla S. T. Blake							
根 Root	1–7	329[6]	+8.22	141[7]	–14.02	2.33[5]	+25.95
茎 Stem	1–7	304[6]		164[4]		1.85[7]	
枝 Branch	1–7	282[5]	–7.24	108[3]	–34.15	2.61[7]	+40.08
茎 Stem	1–7	304[6]		164[3]		1.85[8]	
小叶栎 Quercus chenii Nakai							
根 Root	35	325[7]	+25.00	199[2]	168.92	1.63[9]	–53.56
茎 Stem	36	260[8]		74[9]		3.51[4]	
枝 Branch	19–38	251[7]	–10.04	90[6]	–22.41	2.79[5]	+15.77
茎 Stem	16–38	279[7]		116[5]		2.41[7]	

部位 Position	取样范围高生长树龄区间/年 tree age of height growth of sampling extent/a	导管细胞长度 Length of vessel cell		导管细胞直径 Diameter of vessel cell		导管细胞长径比 L/D of vessel cell	
		加权平均值/μm weighted mean/μm	根（枝）与茎值差数以茎值为基数的百分率/% the percentage of differences in the value between root (or branch) and stem on the basis of stem value/%	加权平均值/μm weighted mean/μm	根（枝）与茎值差数以茎值为基数的百分率/% the percentage of differences in the value between root (or branch) and stem on the basis of stem value/%	平均值 Average	根（枝）与茎值差数以茎值为基数的百分率/% the percentage of differences in the value between root (or branch) and stem on the basis of stem value/%
柠檬桉 *Eucalyptus citriodora* Hook. f.							
根 Root	—	314^8	+12.14	109^9	−35.50	2.88^4	+73.49
茎 Stem	—	280^7		169^3		1.66^8	
枝 Branch	21–26	250^8	−9.09	134^2	−24.29	1.87^9	+20.65
茎 Stem	18–26	275^8		177^2		1.55^9	
栓皮栎 *Quercus variabilis* Bl.							
根 Root	44	313^9	+28.81	180^3	+127.85	1.74^8	−43.51
茎 Stem	43、46	243^9		79^6		3.08^5	
枝 Branch	27–47	242^9	−6.20	91^5	+3.41	2.66^6	−9.22
茎 Stem	28–46	258^9		88^7		2.93^5	
大叶相思 *Acacia auriculaeformis* A. Cunn.ex Benth.							
根 Root	0.5–3	221^{10}	+5.74	161^4	−23.70	1.37^{10}	+38.38
茎 Stem	0.25–3	209^{10}		211^1		0.99^9	
枝 Branch	2–6	197^{10}	+20.86	137^1	−9.87	1.44^{10}	+34.58
茎 Stem	2–6	163^{10}		152^4		1.07^{10}	

表 15-4　9（10）种树种单株样树内根、枝与相同时段生成主茎样段间导管细胞形态因子的比较（二）

Table 15-4　A comparison on the morphological factors of vessel cell among the root, branch and the stem formed in the same growth period within individual sample trees of Nine (ten) angiospermous tree species (Ⅱ)

部位 Position	根与主茎 Root and main stem			枝与主茎 Branch and main stem			根与枝 Root and branch		
	根>茎 Root >stem	根<茎 Root <stem	注释 Notes	枝>茎 Branch >stem	枝<茎 Branch <stem	注释 Notes	根>枝 Root >branch	根<枝 Root < branch	注释 Notes
导管细胞长度 Vessel cell length	8	1	尾叶桉根<茎 3%	1	8	大叶相思枝>茎 21%	10	—	
导管细胞直径 Vessel cell diameter	5	4	大叶相思、三种桉树根<茎	1	8	栓皮栎枝>茎 3%	9	1	柠檬桉根<枝
导管细胞长径比 L/D of vessel cell	4	5	大叶相思、三种桉树根>茎	6	3	灰木莲、火力楠、栓皮栎枝<茎分别为 0.2%、0.3%和27%	1	9	柠檬桉根>枝

注：表中数字是不同树种单株样树根、枝和主茎相比较的树种数。

红锥主茎系半散孔材，但根、枝能区分早、晚两部分。红锥主茎部位缺导管细胞因子测定，但 10 种树种根、枝导管形态因子排序中有红锥。这对10种树种根、枝与主茎的序位相比结果有影响，文中分析对此未在对比中作考虑。

Note: The digits in this table are the comparative tree species number of root, branch and stem of sample tree of different species. The main stem of red evergreen chinkapin is semi-diffuse-porous wood, but the early wood and late wood for root and branch could be distinguished. The determination of the morphological factors of vessel cell of main stem of red evergreen chinkapin was absent, but it was listed in the ordinal numbers of the morphological factors of vessel cell. That had an effect on the comparison among the ordinal numbers of the root, branch and the main stem of ten tree species, but which was not be considered in the analysis of this result.

于枝材的树种数为 90%。③单株内根材导管细胞长径比低于主茎的树种数约为 56%，而枝材高于茎材的树种数约为 67%；枝材导管细胞长径比高于根材的树种数约为 90%。由此可见，阔叶树多数树种茎材导管细胞长度和直径均小于根材，但都大于枝材；大多数树种根材导管细胞长度和直径都大于枝材。

单株内根、枝与相同时段生成主茎截段导管细胞态间的差别是发育变化存在差异的结果。单株内这一差异在树种间有共同表现。

图 15-2、图 15-3A 示，根材导管细胞长、径变化曲线（R_0、R_i）多数高于对应的主茎

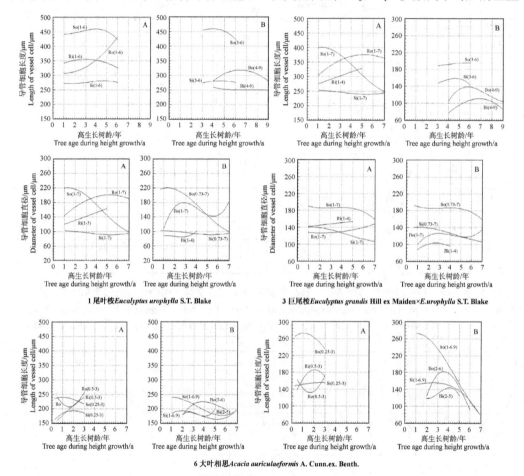

图 15-2　6 种阔叶树单株样树相同或相近高生长年份生成的同一根、枝材与主茎区段导管细胞长度和直径发育变化的比较

同一树种 A、B 两分图分别供根与茎，及枝与茎间的对比。各分图中四曲线，R、B 和 S 分别代表根、枝和主茎；i（innermost）和 o（outermost）是同一样树同一区段不同高度最内和最外年轮沿材段高度方向的变化。括号内的数字是取样材段高生长起止的树龄

Figure 15-2　Comparison on the developmental changes of the length and diameter of vessel cell of the portion formed in equal or approximate height growth age among the same root, branch and stem in individual sampling trees of six angiospermous species

Subfigure A and Subfigure B of the same species are for the comparisons between root or branch and stem respectively. Four curves in every subfigure, R, B and S represent root, branch and stem respectively; i (innermost) and o (outermost) are the changes among the innermost or outermost rings along with the length of different heights of the same portion in the same sampling tree. Two numbers between brackets are the beginning and the end tree age during height growth of the sampling portion.

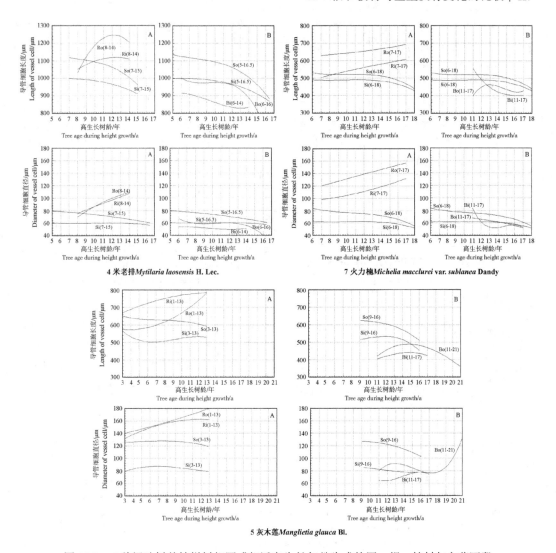

图 15-2　6 种阔叶树单株样树相同或相近高生长年份生成的同一根、枝材与主茎区段
导管细胞长度和直径发育变化的比较（续）

Figure 15-2　Comparison on the evelopmental changes of the length and diameter of vessel cell of the portion formed in equal or approximate height growth age among the same root, branch and stem in individual sampling trees of six angiospermous species (Continued)

曲线（S_0、S_i）；图 15-2B、图 15-3B 示，枝材导管细胞长、径变化曲线（B_0、B_i）一般低于对应的主茎曲线（S_0、S_i）。在相同纵坐标条件下，对比图 15-2A、B 两分图，R_0 位置较 B_0 高，R_i 较 B_i 高。曲线位置高，它所代表的导管细胞长、径大，位置低则小。这一图示结果与附表 8-1、表 15-2 数据相符。

3）不同树种单株内根、枝和相同时段生成茎材导管细胞长、径和长径比随两向生长树龄发育变化的共同趋势

阔叶树种间导管细胞长、径差异大，图 15-2、图 15-3 各分图纵坐标难于达到完全相同。这有碍在各分图间进行比较，但各分图尚能示出不同树种单株内根、枝导管细胞长、宽

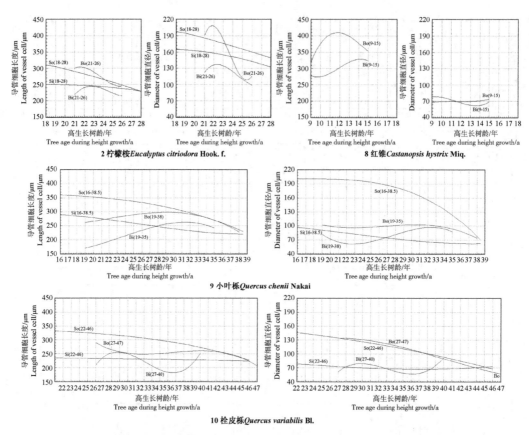

图15-3　4种阔叶树单株样树相同或相近高生长年份生成的同一枝材与主茎区段导管细胞长度和直径发育变化的比较

同一树种两分图分别示导管细胞长度和宽度。B和S分别代表枝材和主茎；i（innermost）和o（outermost）是同一样树同一区段不同高度最内和最外年轮材高度方向的变化。括号内的两数字是取样材段高生长起止的树龄。

Figure15-3　A comparison on developmental change of the length and diameter of vessel cell of the portion formed in equal or approximate height growth age between the same branch and stem in the same sampling tree of four angiospermous species.

Two subfigures of the same species show the length and diameter of vessel cell respectively. In the two subfigures, B and S represent branch and stem respectively; i (innermost) and o (outermost) are the changes of the innermost or outermost rings along with the length of different heights of the same segment in the same sampling tree. Two numbers between brackets are the beginning and the end tree age during height growth of the sampling segment.

随高生长树龄的变化。同时，可由各树种同一A分图中R_0与R_i或B分图中B_0与B_i两曲线位置间的高、低差别察出根、枝样段不同高度截面最外和最内年轮导管细胞长、径随径向生成树龄的变化。

　　阔叶树六种树种根、枝和四种树种枝材导管细胞长、径随两向生成树龄的发育变化：①阔叶树根、枝导管细胞长、径随径向生成树龄均增大；②根材导管细胞长、径随高生长树龄变化曲线有弯波，但总趋势增大；③枝材导管细胞长、径随高生长树龄变化曲线（B_0、B_i）呈抛物线（⌒）或S形（∽或～）。B_0（采伐前同一生长鞘导管细胞长、径）沿枝高方向的一般变化趋势为减小；B_i（邻髓心不同高度年轮）的变化趋势有减小、有增大，但多数树种为减小。这一图示结果与附表15-2数据相符。

15.2.2 一些树种单株样树根、枝和相同时段生成主茎截段导管细胞形态的不同特点

表 15-3 示 10 种阔叶树单株内根、枝和相同时段生成主茎截段导管细胞的长、径和长径比。米老排根、枝和主茎导管细胞长度分别为大叶相思的 5 倍、4.5 倍和 5.4 倍。导管细胞形态因子的树种差异大，导管细胞形态发育变化的树种差别包含在树种差异中。

1）阔叶树分类目、科和管孔分布树种类别间的导管细胞形态

表 15-3 示同属（或同科）树种灰木莲与火力楠（散孔材）、小叶栎与栓皮栎（环孔材）及 3 种桉树（散孔材）间导管细胞形态因子相近，但目、科（或属）间差别明显。

表 15-5 示 10 种阔叶树目、科、属导管细胞形态因子平均值。结果表明：①散孔材根、枝和主茎导管细胞平均长度和长径比较半散孔材、环孔材大，但直径较半散孔材、环孔材小；②散孔材目、科间，根、枝和主茎导管细胞形态的差别在阔叶树三类管孔分布中较大；③半散孔材（红锥）根、枝全年轮导管细胞的长度和长径比大于环孔材（小叶栎、栓皮栎）晚材导管细胞，但枝材直径小于上述两种环孔材。

表 15-5　阔叶树 5 目 6 科导管细胞形态因子

Table 15-5　Morphological factors of the vessel cell of five orders and six families of angiospermous tree

分类目、科、属、种名 Name of order, family, genus and species in taxonomy		导管细胞形态因子平均值 Mean value of morphological factors of vessel cell								
		长度/μm　Length/μm			直径/μm　Diameter/μm			长径比 L/D		
		根 Root	枝 Branch	茎 Stem	根 Root	枝 Branch	茎 Stem	根 Root	枝 Branch	茎 Stem
散孔材 Diffuse-porous wood	金缕梅目　金缕梅科　壳菜果属 米老排 *Mytilaria laosensis* Lec.	1124	891	1009	92	54	67	12.22	16.50	15.11
	木兰目　木兰科　木莲属　含笑属 灰木莲 *Manglietia glauca* Bl. 火力楠 *Michelia macclurei* var. *sublanea* Dandy	632	441	524	137	73	86	4.63	6.23	6.34
	桃金娘目　桃金娘科　桉属 尾叶桉 *Eucalyptus urophylla* S.T. Blake 柠檬桉 *Eucalyptus citriodora* Hook. f. 巨尾桉 *Eucalyptus grandis* Hill ex Maiden × *E. urophylla* S.T. Blake	332	269	315	137	116	172	2.47	2.35	1.91
	豆目　含羞草科　金合欢属 大叶相思 *Acacia auriculaeformis* A. Cunn.ex Benth.	221	197	186	161	137	182	1.37	1.44	1.03
	四目、四科、五属七树种加权平均值 Weighted means of four orders, four families, five genuses and seven species	515	397	455	134	98	139	4.37	5.35	4.94
半散孔材 Semi-diffuse-porous wood	壳斗目　壳斗科　栲属 红锥 *Castanopsis hystrix* Miq.	445	335	—	211	71	—	2.11	4.72	—
环孔材 Ring-porous wood	壳斗目　壳斗科　栎属 小叶栎 *Quercus chenii* Nakai 栓皮栎 *Quercus variabilis* Bl.	319	247	260	190	91	89	1.69	2.73	2.98

表 15-3 示，散孔材树种导管细胞长度排序的位号与其长宽比位号相等或相近。散孔材导管细胞长的树种往往直径小，相反直径大。这使散孔材树种间导管细胞长宽比的差异关系基本保持与树种间导管细胞长度的关系一致。

附表 15-2　10 种阔叶树单株样树同一根、枝上、下不同高度横截面最外和最内年轮导管细胞的长度和直径

Appendix table 15-2　Vessel cell length and its diameter of the outermost and the innermost rings of cross section at different heights of the same root or branch in individual sample trees of ten angiospermous species

1　树种 Tree species：尾叶桉 *Eucalyptus urophylla* S. T. Blake

		根材导管细胞 Vessel cell of root						枝材导管细胞 Vessel cell of branch			
		平均长度/μm Mean length/μm		平均直径/μm Mean length/μm				平均长度/μm Mean length/μm		平均直径/μm Mean length/μm	
HA	P	最外年轮 The outermost ring	最内年轮 The innermost ring	最外年轮 The outermost ring	最内年轮 The innermost ring	HA	P	最外年轮 The outermost ring	最内年轮 The innermost ring	最外年轮 The outermost ring	最内年轮 The innermost ring
6	R-u (5)	431	326	201	193	9	B-5 (2)	281	247	104	86
4	R-m (7)	353	352	173	125	8	B-4 (3)	304	257	116	104
1	R-l (10)	307	342	148	123	6	B-3 (5)	317	238	136	108
						5	B-2 (6)	306	265	136	96
Ave.		364	340	174	147	4	B-1 (7)	280	256	105	78
						Ave.		297	252	119	94

2　树种 Tree species：柠檬桉 *Eucalyptus citriodora* Hook. f.

HA	P	最外年轮	最内年轮	最外年轮	最内年轮	HA	P	最外年轮	最内年轮	最外年轮	最内年轮
R-u		303	298	108	95	26	B-5 (5)	242	216	115	101
R-l		346	310	123	109	25	B-4 (6)	263	221	118	103
						24	B-3 (7)	252	241	137	134
Ave.		324	304	115	102	23	B-2 (6)	297	242	187	130
						21	B-1 (7)	300	219	190	123
						Ave.		271	228	150	118

3　树种 Tree species：巨尾桉 *Eucalyptus grandis* Hill ex Maiden × *E. urophylla* S. T. Blake

HA	P	最外年轮	最内年轮	最外年轮	最内年轮	HA	P	最外年轮	最内年轮	最外年轮	最内年轮
7	R-u (2)	363		148		7	B-5 (2)	354		135	
5	R-m (4)	376	329	134	154	4	B-4 (5)	331	251	124	96
1	R-l (8)	304	275	128	142	2	B-3 (7)	328	233	113	101
						1.5	B-2 (8)	314	235	125	96
Ave.		347	302	137	148	1	B-1 (8)	256	235	95	88
						Ave.		317	238	118	95

4　树种 Tree species：米老排 *Mytilaria laosensis* H. Lec.

HA	P	最外年轮	最内年轮	最外年轮	最内年轮	HA	P	最外年轮	最内年轮	最外年轮	最内年轮
14	R-u (3)	1206	1110	109	107	16	B-5 (1)	706		40	
11	R-m (6)	1229	1111	94	92	14	B-4 (3)	905	833	57	51
8	R-l (9)	1032	1052	70	76	11	B-3 (6)	946	845	58	50
						9	B-2 (8)	993	878	60	52
Ave.		1156	1091	91	92	6	B-1 (11)	998	916	67	54
						Ave.		910	868	56	52

5　树种 Tree species）：灰木莲 *Manglietia glauca* Bl.

		根材导管细胞 Vessel cell of root						枝材导管细胞 Vessel cell of branch			
		平均长度/μm Mean length/μm		平均直径/μm Mean length/μm				平均长度/μm Mean length/μm		平均直径/μm Mean length/μm	
HA	P	最外年轮 The outermost ring	最内年轮 The innermost ring	最外年轮 The outermost ring	最内年轮 The innermost ring	HA	P	最外年轮 The outermost ring	最内年轮 The innermost ring	最外年轮 The outermost ring	最内年轮 The innermost ring
13	R-u (9)	782	785	180	162	21	B-5 (1)	359		131	
5	R-m (17)	576	707	147	144	17	B-4 (5)	474	423	78	74
1	R-l (21)	593	623	134	116	15	B-3 (7)	478	441	81	76
						13	B-2 (9)	483	431	94	67
Ave.		650	705	154	141	11	B-1	418	405	79	65
						Ave.		442	425	93	71

续表

6　树种 Tree species：大叶相思 *Acacia auriculaeformis* A. Cunn. ex Benth.

HA	P					HA	P				
3	R-u (4)	259	241	173	170	6	B-5 (1)	196		93	
2	R-m(5)	211	212	135	186	5	B-4 (2)	218	201	140	126
0.5	R-l(7)	240	159	163	139	4	B-3 (3)	219	175	187	144
	Ave.	237	204	157	165	3	B-2 (4)	220	186	170	130
						2	B-1 (5)	178	181	125	119
							Ave.	206	186	143	130

7　树种 Tree species：火力楠 *Michelia macclurei* var. *sublanea* Dandy

HA	P					HA	P				
17	R-u (3)	692	607	157	132	17	B-5 (3)	427	401	52	53
12	R-m(8)	654	561	139	111	15	B-4 (5)	437	406	60	55
7	R-l(13)	630	504	120	98	13	B-3 (7)	456	448	61	54
	Ave.	659	557	139	113	12	B-2 (8)	457	490	69	61
						11	B-1 (9)	398	556	67	84
							Ave.	435	460	62	61

8　树种 Tree species：红锥 *Castanopsis hystrix* Miq.

HA	P					HA	P				
13	R-u (7)	498	427	270	180	15	B-4 (5)	352	323	74	69
12	R-m(8)	526	415	256	169	13	B-3 (7)	398	320	70	63
11	R-l(9)	438	367	214	173	11	B-2 (9)	404	286	70	73
	Ave.	487	403	247	174	9	B-1 (11)	319	279	68	78
							Ave.	368	302	70	71

9　树种 Tree species：小叶栎 *Quercus chenii* Nakai

HA	P					HA	P				
35	R-u(5)	323	298	211	186	38	B-5 (2)	232		74	
35	R-m(5)	327	335	241	205	35	B-4 (5)	260	243	95	88
35	R-l(5)	337	331	186	162	32	B-3 (8)	302	262	101	97
	Ave.	329	321	213	184	26	B-2 (14)	290	234	99	71
						19	B-1 (21)	262	171	102	82
							Ave.	269	228	94	85

10　树种 Tree species：栓皮栎 *Quercus variabilis* Bl.

HA	P					HA	P				
44	R-u(5)	317	292	240	144	47	B-5 (2)	206		57	
44	R-m(5)	354	296	219	147	40	B-4 (9)	266	251	92	92
44	R-l(5)	319	299	191	137	35	B-3 (14)	243	193	111	59
	Ave.	330	296	217	142	29	B-2 (20)	275	253	137	78
						27	B-1 (22)	285	210	132	62
							Ave.	255	226	106	73

注：HA—取样圆盘初始生长时的样树高生长树龄（年）；P—根、枝材取样位置（有关说明与附表 15-1 同）；最外年轮——同一根、枝材在采伐年份最外生长鞘不同高度的年轮；最内年轮——同一根、枝材不同高度离髓心的首环年轮，它们在不同树龄生成，位于不同生长鞘；Ave. —平均值。

Note: HA—the height growth age of sample tree when the sampling disc was formed in the beginning(a); *P*—sampling positions of root and branch. The explanation is the same as that shown in Appendix table 15-1. The outermost ring—the outermost rings at different heights along with length of sampling root or branch are located in the same growth sheath, and formed in the same tree cutting age. The innermost ring—the innermost rings of the same root or branch are the first rings from the pith, but formed in different tree ages and located in different growth sheaths; Ave. —Average.

2）一些树种的不同特点

米老排根、枝和茎材导管细胞长度较其他 9 树种大 2～3 倍，直径却最小，并使长径比最高。

大叶相思根、枝和茎材导管细胞长度仅为其他 9 种树种对应部位的 1/3～2/3，而直径却处于最大或较大，进而使长径比在 10 种树种中最小。大叶相思单株内茎材导管细胞直径大于根材（其他 5/9 树种根材大于茎材）；它的根材导管细胞长径比大于茎材（其他 5/9 树种根材小于茎材）；它的枝材导管细胞长度大于茎材（其他 8/9 树种茎材长于枝材）。

在受测 9 种阔叶树中，尾叶桉是茎材导管细胞长度与根材相当的唯一树种（较根材约大 3%）；柠檬桉是枝材导管细胞直径大于根材，以及根材导管细胞长径比大于枝材的唯一树种；3 种桉树根材的导管细胞直径小于茎材，而长径比大于茎材（其他 5/9 树种根材导管细胞直径大于茎材，而长径比小于茎材）。

灰木莲和火力楠枝、茎导管细胞长径比相差很小，而栓皮栎茎材导管细胞长径比显著高于枝材（其他 6/9 树种枝材导管细胞长宽比高于茎材）。

15.3　基本密度发育变化的比较

根、枝材基本密度测定程序与第 9 章主茎方法基本相同。在偏心条件下测与偏心方向垂直两侧的正常木。共取试样 187 个。

柠檬桉、小叶栎、栓皮栎和枫杨 4 树种根材年轮难辨，只能将径向部位划分为区间。山核桃缺根、枝材测定。

15.3.1　不同树种间的共同趋势

1）单株内根、枝与相同时段生成主茎基本密度具有树种特征的相关性

表 15-6 将 11 种阔叶树根、枝和主茎基本密度测定数据分别按大小排序，并在各数据右上角注出序位。结果表明，枝材与主茎相同情况或仅相差 1 序位分别为 6/11 和 3/11。单株内根、枝材和主茎基本密度在树种间相比的序位基本相符。单株内枝与茎材基本密度的一致性高于它们与根材的一致性。

2）单株内根、枝与相同时段生成主茎截段基本密度间的比较

图 15-4A、B 单株内根、枝和相同时段生成主茎截段基本密度随生长鞘生成树龄变化图示的纵、横坐标相同，可对它们发育间进行变化差异的比较。这一图示结果与表 15-6、附表 15-3 数据相符。表 15-7 对 11 种树种单株样树内根、枝与相同时段生成主茎样段间的平均基本密度进行了比较。

3）单株内根、枝基本密度随两向生成树龄变化的一般趋势

图 15-4 根据附表 15-3 各树种分表逐龄生长鞘高向基本密度平均值（Ave.），绘出根、枝截段生长鞘平均密度随径向生成树龄的变化曲线。阔叶树根、枝生长鞘平均密度随径向生成树龄的变化趋势：枝材 8/11 树种为增大（灰木莲、小叶栎为减小，栓皮栎为先增后减）；根材 5/10 树种为减小（巨尾桉、红锥、大叶相思和小叶栎为增大，栓皮栎为先增后减）。

表 15-6　11 种树种单株样树内根、枝和相同时段生成茎材样段间平均基本密度的比较（一）

Table 15-6　A comparison of the mean basic density between the segments of root or branch and stem formed in the same growth period within individual sample trees of eleven angiospermous tree species（Ⅰ）

部位 Position	取样范围 Sampling range		基本密度 Basic density		部位 Position	取样范围 Sampling range		基本密度 Basic density	
	高生长树龄/年 Tree age of height growth/a	年轮数 ring number	加权平均值 /(g/cm³) weighted mean /(g/cm³)	根（枝）与茎值差数以茎值为基数的百分率/% the percentage of differences in the value between root (or branch) and stem on the basis of stem value/%		高生长树龄/年 Tree age of height growth/a	年轮数 ring number	加权平均值 /(g/cm³) weighted mean /(g/cm³)	根（枝）与茎值差数以茎值为基数的百分率/% the percentage of differences in the value between root (or branch) and stem on the basis of stem value/%
栓皮栎 *Quercus variabilis* Bl.					红锥 *Castanopsis hystrix* Miq.				
根 Root	—	—	0.5483^4	−21.51	根 Root	11–13	9–7	0.4576^5	−2.31
茎 Stem	3–47	46–2	0.6986^1		茎 Stem	11–13	9–7	0.4684^7	
枝 Branch	27–40	22–9	0.7096^1	+2.25	枝 Branch	9–18	11–2	0.5289^6	+8.67
茎 Stem	28–39	21–10	0.6940^1		茎 Stem	9–18	11–2	0.4867^6	
根＜枝　−22.73%					根＜枝　−13.48%				
柠檬桉 *Eucalyptus citriodora* Hook. f.					米老排 *Mytilaria laosensis* H. Lec.				
根 Root	—	—	0.6981^1	+0.39	根 Root	8–14	9–2	0.4465^6	−2.98
茎 Stem	2–28	29–3	0.6954^2		茎 Stem	7–15	10–2	0.4602^8	
枝 Branch	21–26	10–5	0.6511^3	−5.98	枝 Branch	6–1	11–1	0.4793^7	+3.08
茎 Stem	21–27	21–27	0.6925^2		茎 Stem	5–16	12–1	0.4650^7	
根＞枝　+7.22%					根＜枝　−6.84%				
小叶栎 *Quercus chenii* Nakai					枫杨 *Pterocarya stenoptera* C. DC.				
根 Root	—	—	0.4246^8	−34.44	根 Root	—	—	0.2765^{11}	−31.98
茎 Stem	3–38	37–2	0.6477^3		茎 Stem	3–33	32–2	0.4065^9	
枝 Branch	19–38	21–2	0.6787^2	+5.98	枝 Branch	29–31	6–4	0.3636^{11}	−2.83
茎 Stem	16–38	24–2	0.6404^3		茎 Stem	29–32	6–3	0.3742^9	
根＜枝　−37.44%					根＜枝　−23.95%				
尾叶桉 *Eucalyptus urophylla* S.T. Blake					大叶相思 *Acacia auriculaeformis* A. Cunn. ex Benth.				
根 Root	1–6	10–5	0.6188^2	−2.64	根 Root	1–3	7–4	0.4278^7	+17.56
茎 Stem	1–6	10–5	0.6356^4		茎 Stem	0.25–3	7–4	0.3639^{10}	
枝 Branch	4–9	7–2	0.5772^4	−6.05	枝 Branch	2–6	5–1	0.3819^{10}	+15.38
茎 Stem	4–6	7–5	0.6144^4		茎 Stem	2–6	5–1	0.3310^{11}	
根＞枝　+7.21%					根＞枝　+12.02%				

续表

部位 Position	取样范围 Sampling range		基本密度 Basic density		部位 Position	取样范围 Sampling range		基本密度 Basic density	
	高生长树龄/年 Tree age of height growth/a	年轮数 Tree ring number	加权平均值/(g/cm³) weighted mean /(g/cm³)	根（枝）与茎值差数以茎值为基数的百分率/% the percentage of differences in the value between root (or branch) and stem on the basis of stem value/%		高生长树龄/年 Tree age of height growth/a	年轮数 Tree ring number	加权平均值/(g/cm³) weighted mean /(g/cm³)	根（枝）与茎值差数以茎值为基数的百分率/% the percentage of differences in the value between root (or branch) and stem on the basis of stem value/%
巨尾桉 *Eucalyptus grandis* Hill ex Maiden× *E. urophylla* S.T. Blake					灰木莲 *Manglietia glauca* Bl.				
根 Root	1–7	8–2	0.5537[3]	−3.10	根 Root	1–13	21–	0.3653[10]	+0.58
茎 Stem	1–7	8–2	0.5714[5]		茎 Stem	3–13	19–9	0.3632[11]	
枝 Branch	1–7	8–2	0.5682[5]	−0.56	枝 Branch	11–21	11–1	0.3932[9]	+7.20
茎 Stem	1–7	8–2	0.5714[5]		茎 Stem	11–16	11–6	0.3668[10]	
根<枝 −2.55%					根<枝 −7.10%				
火力楠 *Michelia macclurei* var. *sublanea* Dandy									
根 Root	7–17	13–3	0.3720[9]	−22.01					
茎 Stem	6–17	14–3	0.4770[6]						
枝 Branch	11–17	9–3	0.4403[8]	−4.74					
茎 Stem	11–17	9–3	0.4622[8]						
根<枝 −15.51%									

注：根、枝和主茎基本密度加权平均值分别按大小排序，并在各数据右上角注出序位。

Note: The numerals designated at right corner of every weighted mean specific gravity of root, branch and stem are their positional codes arranged according to the ordinal number of their quantity respectively.

表 15-7　11 种树种单株样树内根、枝与相同时段生成主茎样段间平均基本密度的比较（二）

Table 15-7　A comparison of basic density among the root, branch and the stem wood formed in the same growth period within individual sample trees of eleven angiospermous tree species（II）

部位 Position	根与主茎 Root and main stem		枝与主茎 Branch and main stem		根与枝 Root and branch	
	根>茎 Root>stem	根<茎 Root<stem	枝>茎 Branch>stem	枝<茎 Branch<stem	根>枝 Root>branch	根<枝 Root<branch
树种数 The number of species	2	5	6	5	3	8
相差平均百分率/% Mean percentage of differences/%	9.07	−6.60	7.09	−4.03	8.82	−16.20
说明 Explanation	11 种树种中有 4 种树种缺根材测定结果，无法进行根与茎材间基本密度的比较。其他树种比较结果： 1. 根材基本密度高于茎材的两树种中，大叶相思高 17.56%，而灰木莲仅高 0.58%； 2. 根材基本密度小于茎材的五树种中火力楠差值为 22.01%，其他相差值在 3.10%之内。 可见，除大叶相思和火力楠外，其他树种根材与茎材基本密度相近		1. 枝材基本密度高于茎材的 6 种树种中，大叶相思高 15.38%，灰木莲、红锥和小叶栎高 7%~9%，另两树种高 3.10%之内； 2. 枝材基本密度小于茎材的五种树种中，仅尾叶桉、柠檬桉差值约 6%，其他差值均小于 5%。可见，除大叶相思外，其他树种的相差额都在 9%以下		1. 根材基本密度高于枝材的 3 种树种中，大叶相思高 12.02%，其他两树种（尾叶桉、柠檬桉）为 7.21%和 7.22%； 2. 根材基本密度小于枝材八树种中有五种树种差值在 13%~24%，仅 3 种树种差值小于 7.1%。可见，根材基本密度小于枝材树种的差值较根材基本密度高于枝材树种的差值大	

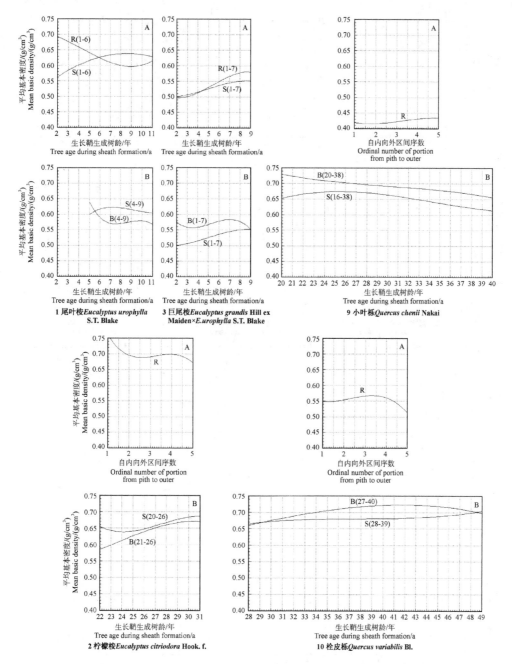

图 15-4　11 种阔叶树单株样树树年轮数相等或相近高度区间的同一根、枝材与主茎逐龄生长鞘平均基本密度随树龄发育变化的对比

A—根材和主茎；B—枝材和主茎

（S—主茎；R、B—根、枝材；相随括号内数字是取样部位两端的高生长树龄）

Figure 15-4　Comparison on the developmental changes of mean basic density (within the partial height of every sheath) of successive growth sheaths among the same root, branch and stem (where the ring numbers at both ends of their sampling portions are equal or approximate) of individual sample trees of eleven angiospermous species

Subfigure A—Root and stem; Subfigure B—Branch and stem.

In the two types of subfigures, S—stem, R—root, B—branch; two numbers between brackets behind them are the height growth ages at the both ends of sampling portion.

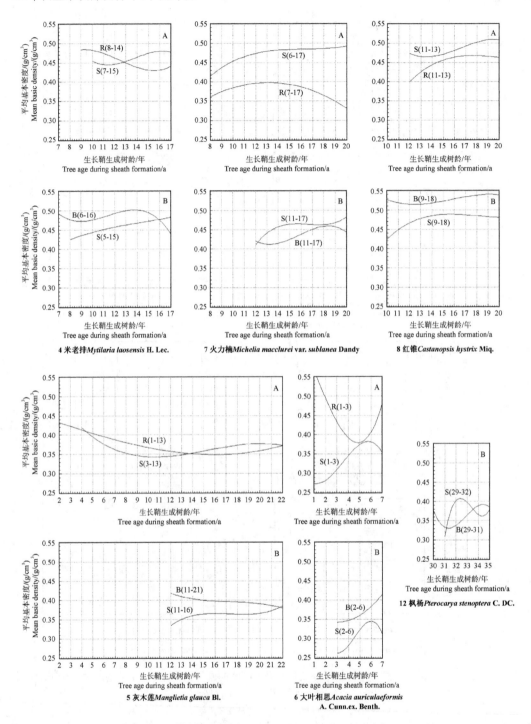

图 15-4　11 种阔叶树单株样树年轮数相等或相近高度区间的同一根、枝材与主茎逐龄生长鞘平均基本密度随树龄发育变化的对比（续）

Figure 15-4　Comparison on the developmental changes of mean basic density (within the partial height of every sheath) of successive growth sheaths among the same root, branch and stem (where the ring numbers at both ends of their sampling portions are equal or approximate) of individual sample trees of eleven angiospermous species (continued)

附表15-3　11种阔叶树单株样树同一根、枝材上、下不同高度横截面年轮组合的基本密度

Appendix table 15-3　Basic density of the ring combination of cross section at different heights of the same root or branch in individual sample trees of eleven angiospermous species

1　树种 Tree species：尾叶桉 Eucalyptus urophylla S. T. Blake

根材基本密度/（g/cm³）Basic density of root/(g/cm³)

P	HA	年轮生成树龄/年 Tree age during ring formation/a						Ave.
		2、3	4	5、6	7	8、9	10、11	
R-u (5)	6					0.5351	0.5519	0.5418
R-m (7)	4			0.5798		0.6276		0.6071
R-l (10)	1	0.6847	0.6741		0.6472			0.6655
Ave.		0.6847	0.6741	0.6270	0.5963	0.6033	0.6089	0.6188

枝材基本密度/（g/cm³）Basic density of branch/(g/cm³)

P	HA	年轮生成树龄/年 Tree age during ring formation/a						Ave.
		5	6	7	8	9	10、11	
B-5 (2)	9						0.5369	0.5369
B-4 (3)	8					0.5240		0.5240
B-3 (5)	6			0.5241			0.5587	0.5379
B-2 (6)	5		0.5260			0.5852		0.5655
B-1 (7)	4	0.6432			0.6544			0.6496
Ave.		0.6432	0.5846	0.5644	0.5879	0.5719	0.5718	0.5772

2　树种 Tree species：柠檬桉 Eucalyptus citriodora Hook. f.

根材基本密度/（g/cm³）Basic density of root/(g/cm³)

P	取样区间（由髓心向外）Sampling region from pith to outer					Ave.
	1	2	3	4	5	
R-u				0.6846	0.6507	0.6677
R-l	0.7616	0.6926	0.6959	0.7066	0.6946	0.7103
Ave.	0.7616	0.6926	0.6959	0.6956	0.6727	0.6981

枝材基本密度/（g/cm³）Basic density of branch/(g/cm³)

P	HA	年轮生成树龄/年 Tree age during ring formation/a							Ave.
		22、23	24	25	26	27	28、29	30、31	
B-5 (5)	26						0.5736	0.6346	0.5980
B-4 (6)	25				0.6241			0.6288	0.6272
B-3 (7)	24			0.5957				0.6938	0.6518
B-2 (8)	23		0.6007		0.6834		0.7204	0.6988	0.6758
B-1 (10)	21	0.5882	0.6521		0.7065		0.7157	0.6956	0.6716
Ave.		0.5882	0.6264	0.6162	0.6524	0.6367	0.6665	0.6703	0.6511

3　树种 Tree species：巨尾桉 Eucalyptus grandis Hill ex Maiden × E. urophylla S. T. Blake

根材基本密度/（g/cm³）Basic density of root/(g/cm³)

P	HA	年轮生成树龄/年 Tree age during ring formation/a				Ave.
		2、3	4、5	6、7	8、9	
R-u (2)	7				0.5382	0.5382
R-m (4)	5			0.5115	0.5947	0.5531
R-l (8)	1	0.4972	0.5191	0.6075		0.5578
Ave.		0.4972	0.5191	0.5595	0.5801	0.5537

枝材基本密度/（g/cm³）Basic density of branch/(g/cm³)

P	HA	年轮生成树龄/年 Tree age during ring formation/a					Ave.
		2	3、4	5	6、7	8、9	
B-5 (2)	7					0.3900	0.3900
B-4 (5)	4			0.5304		0.5576	0.5413
B-3 (7)	2		0.5273		0.5783		0.5564
B-2 (8)	1	0.5110			0.5719		0.5415
B-1 (8)	1	0.6398			0.6934		0.6666
Ave.		0.5754	0.5594	0.5521	0.5935	0.5582	0.5682

4　树种 Tree species：米老排 Mytilaria laosensis Lec.

根材基本密度/（g/cm³）Basic density of root/(g/cm³)

P	HA	年轮生成树龄/年 Tree age during ring formation/a					Ave.
		9~11	12、13	14	15	16、17	
R-u (3)	14					0.3688	0.3688
R-m (6)	11		0.4212				0.4212
R-l (9)	8	0.4824	0.4819	0.4708	0.5252		0.4892
Ave.		0.4824	0.4516	0.4460	0.4203	0.4384	0.4465

枝材基本密度/（g/cm³）Basic density of branch/(g/cm³)

P	HA	年轮生成树龄/年 Tree age during ring formation/a						Ave.
		7~9	10、11	12、13	14	15、16	17	
B-5 (1)	16						0.1585	0.1585
B-4 (3)	14					0.4622		0.4622
B-3 (6)	11			0.4855	0.5188			0.5077
B-2 (8)	9		0.4669		0.4826			0.4748
B-1 (11)	6	0.4837		0.5153				0.5009
Ave.		0.4837	0.4753	0.4892	0.5056	0.4947	0.4275	0.4793

续表

5 树种 Tree species: 灰木莲 *Manglietia glauca* Bl.

P	HA	根材基本密度/(g/cm³) Basic density of root/(g/cm³)								
		年轮生成树龄/年 Tree age during ring formation/a								Ave.
		2–5	6	7–10	11–13	14	15、16	17、18	19–22	
R-u (9)	13							0.2875	0.3043	0.2950
R-m (17)	5		0.3160		0.3210			0.3738		0.3382
R-l (21)	1	0.4251		0.4352	0.4107		0.3975		0.4162	0.4173
Ave.		0.4251	0.3706	0.3756	0.3659	0.3397	0.3353	0.3529	0.3648	0.3653

P	HA	枝材基本密度/(g/cm³) Basic density of branch/(g/cm³)								
		年轮生成树龄/年 Tree age during ring formation/a								Ave.
		12、13	14	15	16、17	18	19–21	22		
B-5 (1)	21							0.3279		0.3279
B-4 (5)	17					0.3957				0.3957
B-3 (7)	15				0.3977		0.3695			0.3816
B-2 (9)	13			0.3865			0.3695			0.3789
B-1 (11)	11	0.4155		0.4094			0.4265			0.4173
Ave.		0.4155	0.4010	0.3980	0.3979	0.3973	0.3903	0.3778		0.3932

6 树种 Tree species: 大叶相思 *Acacia auriculaeformis* A. Cunn. ex Benth.

P	HA	根材基本密度/(g/cm³) Basic density of root/(g/cm³)					
		年轮生成树龄/年 Tree age during ring formation/a					Ave.
		1、2	3	4	5	6、7	
R-u (4)	3			0.3001	0.3495	0.4065	0.3657
R-m (5)	2		0.3187		0.3708	0.4218	0.3704
R-l (7)	1	0.5441		0.4043		0.5451	0.5044
Ave.		0.5441	0.4314	0.3410	0.3749	0.4578	0.4278

P	HA	枝材基本密度/(g/cm³) Basic density of branch/(g/cm³)					
		年轮生成树龄/年 Tree age during ring formation/a					Ave.
		3	4	5	6	7	
B-5 (1)	6					0.3150	0.3150
B-4 (2)	5				0.3430		0.3430
B-3 (3)	4			0.2531		0.3724	0.2929
B-2 (4)	3		0.3393		0.4563		0.3978
B-1 (5)	2	0.3381	0.3975		0.5622		0.4515
Ave.		0.3381	0.3684	0.3300	0.4037	0.4098	0.3819

7 树种 Tree species: 火力楠 *Michelia macclurei* var. *sublanea* Dandy

P	HA	根材基本密度/(g/cm³) Basic density of root/(g/cm³)						
		年轮生成树龄/年 Tree age during ring formation/a						Ave.
		8–10	11、12	13、14	15、16	17	18–20	
R-u (3)	17						0.2458	0.2458
R-m (8)	12			0.3735		0.3564		0.3650
R-l (13)	7	0.3694	0.4049		0.4238			0.4054
Ave.		0.3694	0.4049	0.3892	0.3987	0.3901	0.3420	0.3720

P	HA	枝材基本密度/(g/cm³) Basic density of branch/(g/cm³)							
		年轮生成树龄/年 Tree age during ring formation/a							Ave.
		12	13	14	15	16	17	18–20	
B-5 (3)	17							0.4315	0.4315
B-4 (5)	15						0.4497		0.4497
B-3 (7)	13				0.4115		0.4583		0.4382
B-2 (8)	12		0.3969			0.4369			0.4201
B-1 (9)	11	0.4293			0.4714				0.4574
Ave.		0.4293	0.3995	0.4035	0.4399	0.4424	0.4541	0.4496	0.4403

8 树种 Tree species: 红锥 *Castanopsis hystrix* Miq.

P	HA	根材基本密度/(g/cm³) Basic density of root/(g/cm³)				
		年轮生成树龄/年 Tree age during ring formation/a				Ave.
		12、13	14	15、16	17–20	
R-u (7)	13			0.4841		0.4841
R-m (8)	12		0.4510		0.4498	0.4503
R-l (9)	11	0.4085		0.4599		0.4428
Ave.		0.4085	0.4479	0.4650	0.4646	0.4760

P	HA	枝材基本密度/(g/cm³) Basic density of branch/(g/cm³)								
		年轮生成树龄/年 Tree age during ring formation/a								Ave.
		10、11	12	13	14	15	16	17、18	19、20	
B-5 (2)	18								0.4373	0.4373
B-4 (5)	15						0.4419		0.4951	0.4632
B-3 (7)	13					0.4400		0.5349	0.5369	0.4948
B-2 (9)	11			0.4512		0.4834		0.5622		0.5077
B-1 (11)	9	0.5261		0.6446				0.6505		0.6144
Ave.		0.5261	0.4887	0.5479	0.5119	0.5227	0.5025	0.5474	0.5364	0.5289

续表

9　树种 Tree species：小叶栎 Quercus chenii Nakai

P	根材基本密度/(g/cm³) Basic density of root/(g/cm³) 取样区间（由髓心向外）Sampling region from pith to outer 1–3	4、5	Ave.	P	HA	枝材基本密度/(g/cm³) Basic density of branch/(g/cm³) 年轮生成树龄/年 Tree age during ring formation/a 20–22	23–26	27–30	31、32	33–35	36	37、38	39、40	Ave.
R-u	0.4543	0.4365	0.4472	B-5 (2)	38								0.6184	0.6184
R-m	0.3973	0.4278	0.4095	B-4 (5)	35					0.6547				0.6547
R-l	0.4041	0.4356	0.4171	B-3 (8)	32				0.6203	0.6255				0.6229
				B-2(14)	26			0.6778	0.6415					0.6597
Ave.	0.4186	0.4336	0.4246	B-1(21)	19	0.7325	0.6935	0.7053	0.7046			0.7678		0.7186
				Ave.		0.7325	0.6935	0.7053	0.7046	0.6676	0.6644	0.6724	0.6616	0.6787

10　树种 Tree species：栓皮栎 Quercus variabilis Bl.

P	根材基本密度/(g/cm³) Basic density of root/(g/cm³) 取样区间（由髓心向外）Sampling region from pith to outer 1	2	3	4	5	Ave.	P	HA	枝材基本密度/(g/cm³) Basic density of branch/(g/cm³) 年轮生成树龄/年 Tree age during ring formation/a 28、29	30–33	34、35	36、37	38–40	41	42–45	46–49	Ave.
R-u	0.5416		0.5785	0.5652	0.5019	0.5458	B-4 (9)	40						0.7413		0.6745	0.7116
R-m	0.5588	0.5075		0.5776	0.5032	0.5561	B-3(14)	35					0.7134		0.7159		0.7148
R-l	0.5449		0.5572		0.5342	0.5431	B-2(20)	29		0.6889			0.7080		0.7048		0.7035
Ave.	0.5484	0.5523	0.5687	0.5590	0.5131	0.5483	B-1(22)	27	0.6668		0.7388				0.7162		0.7109
							Ave.		0.6668	0.6779	0.7139	0.7137	0.7201	0.7254	0.7223	0.7056	0.7096

12　树种 Tree species：枫杨 Pterocarya stenoptera C. DC.

P	根材基本密度/(g/cm³) Basic density of root/(g/cm³) 取样区间（由髓心向外）Sampling region from pith to outer 1	2	Ave.	P	HA	枝材基本密度/(g/cm³) Basic density of branch/(g/cm³) 年轮生成树龄/年 Tree age during ring formation/a 30	31	32	33	34、35	Ave.
R-u		0.2762	0.2762	B-5 (4)	31				0.3084		0.3084
R-m	0.2514		0.2514	B-4 (5)	30			0.3202		0.3863	0.3466
R-l	0.3018		0.3018	B-3 (5)	30			0.3231	0.3631	0.4061	0.3643
				B-2 (5)	30		0.2935	0.3338	0.3885		0.3586
Ave.	0.2766	0.2765	0.2765	B-1 (6)	29	0.3777	0.4282		0.4423		0.4184
				Ave.		0.3777	0.3286	0.3427	0.3645	0.3863	0.3637

注：同表 15-1。

Notes are the same as those shown in Table 15-1.

图 15-5 根据附表 15-3 各树种根、枝截段各高度逐龄年轮平均值绘出根枝不同高度平均基本密度随高生长树龄的变化曲线系。综合各高度基本密度数据和曲线变化确定阔叶树根、枝材基本密度随高生长树龄变化的趋势：各树种枝材变化趋势为减小；根材除红锥、小叶栎为增大和栓皮栎变化较小外，其他树种的变化趋势均为减小。

15.3.2 一些树种单株样树根、枝和相同时段生成主茎截段基本密度发育变化的不同特点

表 15-6 示生长在同一地区附近林地的栓皮栎和枫杨根材基本密度相差 98%、枝材相差 95%；两树种相同时段生成的主茎与根、枝基本密度分别约相差 72% 和 85%。树种间基本密度的差异，是遗传控制发育变化的结果。

多数树种根材基本密度小于茎材和枝材。大叶相思根材基本密度分别较茎材和枝材高 17.56% 和 12.02%；枝材基本密度较茎材高 15.38%，这一差异有别于其他树种。

根材基本密度小于茎材的树种多数差额均在 3.10% 以内，但火力楠差值为 22.01%。

多数树种根材基本密度小于枝材，并且差值较大。但尾叶桉、柠檬桉根材基本密度分别较枝材高 7.21% 和 7.22%，巨尾桉根、枝基本密度相差小（2.55%）。

栓皮栎、小叶栎和枫杨根材年轮难辨，无法与主茎在相同时段生成间进行相比。但全茎平均基本密度（附表 9-1）分别较所测根材高出 21.51%、34.44% 和 31.98%。可估计，这三种树种根材基本密度较相同时段生成主茎基本密度小。

15.4 生长鞘厚度发育变化的比较

根、枝材样段年轮宽度测定程序与第 12 章主茎方法基本相同。在偏心条件下测定偏心两侧正常木的逐龄年轮宽度。共测 532 轮（读数 2128 次）。

柠檬桉、小叶栎、栓皮栎和枫杨四种树种根材年轮难辨，按 5 区间测定。山核桃缺根、枝材测定。

表 15-8 示样段生长鞘平均厚度是截段各高度横截面逐龄年轮的平均宽度（根材截段三高度、枝材五高度，主茎各截面年轮数与根、枝相同或相近）。

15.4.1 不同树种间的共同趋势

1）单株内根、枝与相同时段生成主茎在平均鞘层厚度上具有树种特征的相关性

表 15-8 将 11 种阔叶树根、枝和主茎样段平均年轮宽度数据分别按大小排序，并在右上角注出序位。结果表明，根材鞘层平均厚度与相同时段生成主茎同序位或仅相差 1 序位树种数都为 2/7、相差 2 序位树种数为 2/7；枝材与主茎同序位为 5/11，相差 1 或 2 序位分别为 1/11 和 3/11。单株内枝与茎材生长鞘厚度在树种间相比序位的一致性高于根材与茎材。

2）单株内根、枝与相同时段生成主茎截段在生长鞘厚度上的比较

以主茎为差值基数的百分率表达单株内根（或枝）与主茎样段生长鞘平均厚度间的差别，可更深刻地揭示它们间发育变化间的差异。

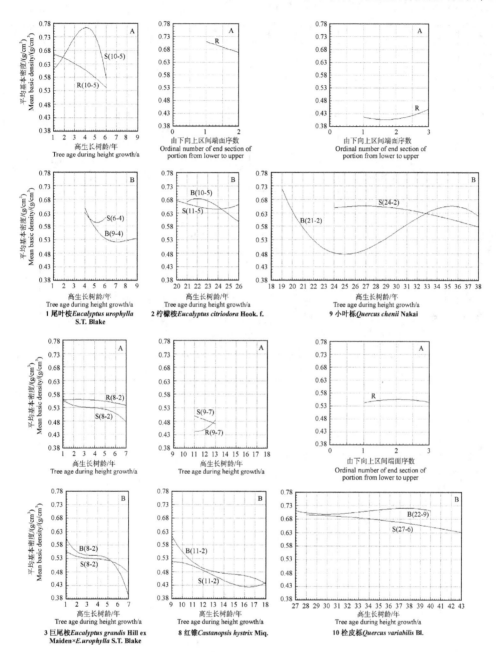

图 15-5　11 种阔叶树单株样树年轮数相等或相近高度区间的同一根、枝材与主茎不同高度截面
平均基本密度随高生长树龄发育变化的对比

A—根材和主茎；B—枝材和主茎

图中 S—主茎；R、B—根、枝材；相随括号内数字是取样高度部位两端的年轮数

Figure 15-5　Comparison on the developmental changes of mean basic density of cross section at different heights with tree age during height growth among the same root, branch and stem (where the ring numbers at both ends of their sampling segments are equal or approximate) of individual sample trees of eleven angiospermous species

Subfigure A—Root and stem; Subfigure B—Branch and stem.

In the two types of subfigure, S—stem, R—root, B—branch; two numbers between brackets behind them are the ring numbers at the both ends of sampling portion.

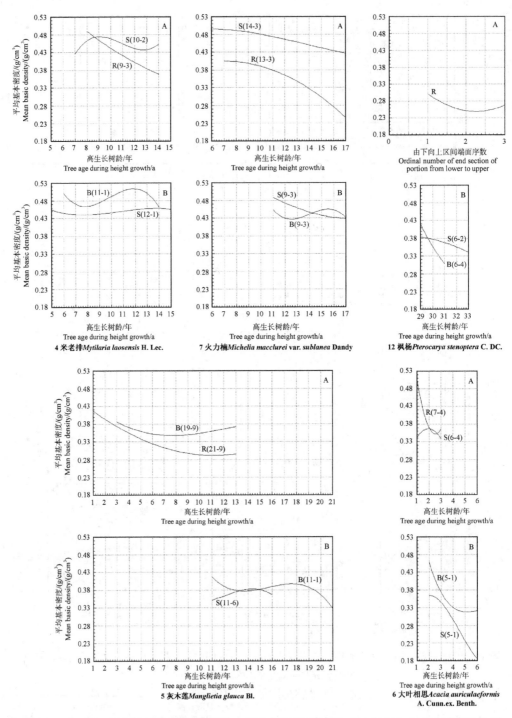

图 15-5　11 种阔叶树单株样树年轮数相等或相近高度区间的同一根、枝材与主茎不同高度截面平均基本密度随高生长树龄发育变化的对比（续）

Figure 15-5　Comparison on the developmental changes of mean basic density of cross section at different heights with tree age during height growth among the same root, branch and stem (where the ring numbers at both ends of their sampling segments are equal or approximate) of individual sample trees of eleven angiospermous species (Continued)

表 15-8　11 种树种单株样树内根、枝与相同时段生成主茎样段间生长鞘平均厚度的比较（一）

Table 15-8　Comparison of the mean thickness of growth sheath between the segments of root or branch and stem formed in the some growth period within individual sample trees of eleven angiospermous tree species（Ⅰ）

部位 Position	取样范围 Sampling range 高生长树龄/年 Height growth age/a	年轮数 ring number	生长鞘平均厚度 加权平均值/mm weighted mean/mm	根（枝）与茎值差数以茎为基数的百分率/% the percentage of differences in value between root (or branch) and stem on the basis of stem value/%
大叶相思 *Acacia auriculaeformis* A. Cunn. ex Benth.				
根 Root	1–3	7–4	3.60[1]	−62.66
茎 Stem	0.25–3	7–4	9.64[1]	
枝 Branch	2–6	5–1	4.15[1]	−50.42
茎 Stem	2–6	5–1	8.37[1]	
根<枝　−13.25%				
巨尾桉 *Eucalyptus grandis* Hill ex Maiden× *E. urophylla* S.T. Blake				
根 Root	1–7	8–2	1.85[2]	−75.46
茎 Stem	1–7	8–2	7.54[2]	
枝 Branch	1–7	8–2	1.69[4]	−77.59
茎 Stem	1–7	8–2	7.54[2]	
根>枝　+9.47%				
红锥 *Castanopsis hystrix* Miq.				
根 Root	11–13	9–7	1.76[3]	−58.97
茎 Stem	11–13	9–7	4.29[7]	
枝 Branch	9–18	11–2	1.80[3]	−55.33
茎 Stem	9–18	11–2	4.03[7]	
根<枝　−2.22%				
米老排 *Mytilaria laosensis* H. Lec.				
根 Root	8–14	9–3	1.73[4]	−74.14
茎 Stem	7–15	10–2	6,69[3]	
枝 Branch	6–16	11–1	2.06[2]	−70.14
茎 Stem	5–16	12–1	6.90	
根<枝　−16.02%				
火力楠 *Michelia macclurei* var. *sublanea* Dandy				
根 Root	7–17	13–3	1.40[5]	−67.74
茎 Stem	6–17	14–3	4.34[6]	
枝 Branch	11–17	9–3	1.49[6]	−66.62
茎 Stem	11–17	9–3	4.41[6]	
根<枝　−6.04%				

部位 position	取样范围 Sampling range 高生长树龄/年 Height growth age/a	年轮数 ring number	生长鞘平均厚度 加权平均值/mm weighted mean/mm	根（枝）与茎值差数以茎为基数的百分率/% the percentage of differences in value between root (or branch) and stem on the basis of stem value/%
尾叶桉 *Eucalyptus urophylla* S.T. Blake				
根 Root	1–6	10–5	1.40[6]	−78.16
茎 Stem	1–6	10–5	6.41[4]	
枝 Branch	4–9	7–2	1.47[7]	76.85
茎 Stem	4–6	7–5	6.35[4]	
根<枝　−4.76%				
灰木莲 *Manglietia glauca* Bl.				
根 Root	1–13	21–9	1.27[7]	−73.38
茎 Stem	3–13	19–9	4.77[5]	
枝 Branch	11–21	11–1	1.53[5]	−65.77
茎 Stem	11–16	11–6	4.47[5]	
根<枝　−16.99%				
柠檬桉 *Eucalyptus citriodora* Hook. f.				
枝 Branch	21–26	10–5	2.29[1]	−10.20
茎 Stem	20–26	10–5	2.55[3]	
枫杨 *Pterocarya stenoptera* C. DC.				
枝 Branch	29–31	6–4	2.11[2]	−30.36
茎 Stem	29–32	6–3	3.03[2]	
根 Root	—	—	3.84	—
茎 Stem	–33	2–35	3.10	
小叶栎 *Quercus chenii* Nakai				
枝 Branch	19–38	21–2	1.57[3]	−5.13
茎 Stem	16–38	24–2	3.28[1]	
栓皮栎 *Quercus variabilis* Bl.				
枝 Branch	27–40	22–9	0.91[4]	−42.41
茎 Stem	28–39	21–10	1.58[4]	

注：根、枝和主茎生长鞘平均厚度加权平均值分别按大小排序，并在各数据右上角注出序位；4 树种（柠檬桉、枫杨、小叶栎和栓皮栎）样树缺该项根与茎的比较结果。

Note: The numerals designated at right corner of each mean thickness of the growth sheath of root, branch and stem are their positional codes arranged according to the numeral order respectively. The comparative results between root and stem for the sample tree of four species are absent (lemon-scented gum, Chinese ash, Chen oak and Chinese cork oak).

附表 15-4　11 种阔叶树单株样树同一根、枝材上、下不同高度横截面四向逐龄年轮的平均宽度（mm）

Appendix table 15-4　Mean width (mm) in the four directions of every successive ring of cross sections at different heights of the same root or branch in individual sample trees of eleven angiospermous species

1　　树种 Tree species：尾叶桉 *Eucalyptus urophylla* S. T. Blake

P	HA	根材年轮宽度/mm　Ring width of root/mm										S
		年轮生成树龄/年　Tree age during ring formation/a									Ave.	
		2	3	4	5	6	7	8	9	10	11	
R-u (5)	6						1.65	1.93	1.93	1.9	1.9	1.86	11 (5)
R-m (7)	4			1.48	1.04	1.03	1.16	1.16	0.78	0.78	1.06	09 (7)
R-l (10)	1	1.85	2.04	1.56	1.72	1.32	1.32	1.35	1.35	0.78	0.74	1.40	04(10)
Ave.		1.85	2.04	1.56	1.60	1.18	1.33	1.48	1.48	1.15	1.14	1.40	

P	HA	枝材年轮宽度/mm　Ring width of branch/mm								S
		年轮生成树龄/年　Tree age during ring formation/a							Ave.	
		5	6	7	8	9	10	11		
B-5 (2)	9						1.76	1.77	1.77	
B-4 (3)	8					1.19	1.47	2.20	1.62	
B-3 (5)	6			1.76	1.40	1.66	1.66	1.36	1.57	11 (5)
B-2 (6)	5		1.62	1.52	1.25	1.78	1.35	1.05	1.43	09 (7)
B-1 (7)	4	1.91	1.94	1.25	1.31	1.04	0.78	0.75	1.28	04(10)
Ave.		1.91	1.78	1.51	1.32	1.42	1.40	1.43	1.47	

2　　树种 Tree species：柠檬桉 *Eucalyptus citriodora* Hook. f.

P	HA	枝材年轮宽度/mm　Ring width of branch/mm										S
		年轮生成树龄/年　Tree age during ring formation/a									Ave.	
		22	23	24	25	26	27	28	29	30	31	
B-5 (5)	26						2.91	2.39	1.51	1.13	1.19	1.83	15 (5)
B-4 (6)	25				3.21	1.59	1.16	1.58	1.35	1.97	1.81	15 (5) 14 (7)
B-3 (7)	24			4.30	1.76	1.38	2.13	1.86	1.92	1.67	2.15	14 (7)
B-2 (8)	23		5.34	3.76	2.06	1.81	2.60	1.75	3.21	2.49	2.88	14 (7) 13 (9)
B-1(10)	21	4.92	2.00	1.96	2.24	1.43	1.72	1.74	4.05	2.46	1.84	2.44	13 (9) 12(11)
Ave.		4.92	2.00	3.65	3.43	2.12	1.88	2.00	2.15	2.01	1.83	2.29	

3　　树种 Tree species：巨尾桉 *Eucalyptus grandis* Hill ex Maiden × *E. urophylla* S.T. Blake

P	HA	根材年轮宽度/mm　Ring width of root/mm								S
		年轮生成树龄/年　Tree age during ring formation/a							Ave.	
		2	3	4	5	6	7	8	9		
R-u (2)	7							0.81	0.95	0.88	13(2) 12(2)
R-m (4)	5					2.99	1.27	1.07	0.73	1.52	10(4)
R-l (8)	1	3.38	3.82	3.16	2.14	1.92	1.29	1.14	1.22	2.26	04(8) 03(8)
Ave.		3.38	3.82	3.16	2.14	2.46	1.28	1.01	0.97	1.85	

续表

P	HA	枝材年轮宽度/mm Ring width of branch/mm								Ave.	S
		年轮生成树龄/年 Tree age during ring formation/a									
		2	3	4	5	6	7	8	9		
B-5 (2)	7							1.14	1.14	1.14	13(2) 12(2)
B-4 (5)	4					1.95	1.94	2.01	1.54	1.86	10(4)
B-3 (7)	2		3.06	2.17	1.18	1.93	1.03	1.12	0.62	1.59	06(7) 05(7)
B-2 (8)	1	2.22	1.61	1.17	1.52	2.03	2.24	1.44	1.55	1.72	04(8)
B-1 (8)	1	2.87	2.45	1.54	1.94	2.18	1.28	1.19	0.89	1.79	03(8)
Ave.		2.55	2.37	1.63	1.55	2.02	1.62	1.38	1.15	1.69	

4　　　　树种 Tree species：米老排 *Mytilaria laosensis* H. Lec.

P	HA	根材年轮宽度/mm Ring width of root/mm									Ave.	S
		年轮生成树龄/年 Tree age during ring formation/a										
		9	10	11	12	13	14	15	16	17		
R-u (2)	15								1.51	1.51	1.51	08(2) 07(2)
R-m (6)	11				2.07	1.03	1.66	1.09	1.20	1.38	1.41	06(5) 05(7)
R-l (9)	8	3.61	2.45	2.44	1.38	1.68	1.81	1.55	1.27	1.82	2.00	05(7) 04(10)
Ave.		3.61	2.45	2.44	1.73	1.36	1.74	1.32	1.33	1.57	1.73	

P	HA	枝材年轮宽度/mm Ring width of branch/mm											Ave.	S
		年轮生成树龄/年 Tree age during ring formation/a												
		7	8	9	10	11	12	13	14	15	16	17		
B-5 (1)	16									1.91			1.91	10(1) 09(1)
B-4 (3)	14								4.46	1.62	0.31		2.13	07(2)
B-3 (6)	11						2.71	2.02	2.35	2.99	1.85	0.57	2.08	06(5) 05(7)
B-2 (8)	9				2.99	2.06	1.88	2.35	2.06	2.09	1.68	1.19	2.04	04(10)
B-1 (11)	6	4.51	2.77	2.47	1.91	1.83	2.23	2.20	1.66	1.53	0.76	0.65	2.05	03(12)
Ave.		4.51	2.77	2.47	2.45	1.95	2.27	2.19	2.02	2.77	1.48	0.93	2.06	

5　　　　树种 Tree species：灰木莲 *Manglietia glauca* Bl.

P	HA	根材年轮宽度/mm Ring width of root/mm												
		年轮生成树龄/年 Tree age during ring formation/a												
		2	3	4	5	6	7	8	9	10	11	12	13	14
R-u (9)	13													2.13
R-m (17)	5					1.61	1.14	0.97	0.95	1.19	1.34	1.71	1.43	1.48
R-l (21)	1	2.01	1.82	1.97	1.64	1.61	1.59	1.24	0.85	0.75	1.43	0.96	2.34	1.65
Ave.		2.01	1.82	1.97	1.64	1.61	1.37	1.11	0.90	0.97	1.39	1.34	1.89	1.75

续表

P	HA	根材年轮宽度/mm Ring width of root/mm								Ave.	S
		年轮生成树龄/年 Tree age during ring formation/a									
		15	16	17	18	19	20	21	22		
R-u (9)	13	0.74	0.96	0.57	1.13	0.97	1.12	0.86	0.75	1.03	06 (9)
R-m(17)	5	0.74	1.07	0.92	0.92	1.06	1.04	0.52	0.37	1.09	01(17)
R-l(21)	1	1.42	2.16	0.58	2.63	1.18	2.18	0.68	0.99	1.51	01(19) 00(22)
Ave.		0.97	1.40	0.69	1.56	1.07	1.45	0.69	0.70	1.27	

P	HA	枝材年轮宽度/mm Ring width of branch/mm										Ave.	S
		年轮生成树龄/年 Tree age during ring formation/a											
		12	13	14	15	16	17	18	19	20	21	22		
B-5 (1)	21											2.31	2.31	
B-4 (5)	17							2.20	1.63	1.35	1.08	1.28	1.51	08 (6)
B-3 (7)	15					2.66	1.51	1.56	1.46	1.42	0.94	0.66	1.46	07 (7)
B-2 (9)	13			2.35	1.45	1.48	1.75	1.24	1.49	1.56	1.03	1.03	1.49	06 (9)
B-1 (11)	11	3.01	1.02	1.09	1.90	1.42	1.72	2.07	1.33	1.44	1.19	0.93	1.56	05(11)
Ave.		3.01	1.02	1.72	1.68	1.85	1.66	1.77	1.48	1.44	1.06	1.24	1.53	

6   树种 Tree species：大叶相思 *Acacia auriculaeformis* A. Cunn. ex Benth.

P	HA	根材年轮宽度/mm Ring width of root/mm							Ave.	S
		年轮生成树龄/年 Tree age during ring formation/a								
		1	2	3	4	5	6	7		
R-u (4)	3				9.07	4.50	1.83	1.64	4.26	05(4)
R-m (5)	2			4.31	6.58	4.61	2.09	0.91	3.70	04(5)
R-l (7)	1	4.71	2.74	2.43	4.81	3.83	2.11	1.52	3.16	02(7)
Ave.		4.71	2.74	3.37	6.82	4.31	2.01	1.36	3.60	

P	HA	枝材年轮宽度/mm Ring width of branch/mm					Ave.	S
		年轮生成树龄/年 Tree age during ring formation/a						
		3	4	5	6	7		
B-5 (1)	6					3.22	3.22	08(1)
B-4 (2)	5				4.63	2.60	3.62	07(2)
B-3 (3)	4			7.21	5.05	2.46	4.91	06(3)
B-2 (4)	3		5.85	5.41	4.48	2.25	4.50	05(4)
B-1 (5)	2	6.78	6.23	2.14	2.28	1.56	3.80	04(5)
Ave.		6.78	6.04	4.92	4.11	2.42	4.15	

7   树种 Tree species：火力楠 *Michelia macclurei* var. *sublanea* Dandy

P	HA	根材年轮宽度/mm Ring width of root/mm													Ave.	S
		年轮生成树龄/年 Tree age during ring formation/a														
		8	9	10	11	12	13	14	15	16	17	18	19	20		
R-u (3)	17											1.19	1.33	1.71	1.41	09 (3)
R-m (8)	12						2.84	1.47	1.19	1.21	0.88	0.71	0.61	0.49	1.18	07 (7) 06 (9)
R-l(13)	7	2.05	2.15	1.31	1.64	2.00	1.41	1.69	1.27	1.56	1.52	1.17	1.18	1.02	1.54	05(12) 04(14)
Ave.		2.05	2.15	1.31	1.64	2.00	2.13	1.58	1.23	1.39	1.20	1.02	1.04	1.07	1.40	

续表

P	HA	枝材年轮宽度/mm　Ring width of branch/mm									Ave.	S
		年轮生成树龄/年　Tree age during ring formation/a										
		12	13	14	15	16	17	18	19	20		
B-5 (3)	17							2.04	1.18	1.28	1.50	09(3)
B-4 (5)	15					2.24	0.89	1.06	1.06	0.68	1.19	08(5)
B-3 (7)	13			3.35	1.32	1.44	1.02	0.72	0.83	0.68	1.34	
B-2 (8)	12		3.11	3.97	2.38	1.31	0.70	0.47	0.41	0.40	1.59	07(7)
B-1 (9)	11	3.22	1.34	1.62	2.24	2.66	1.81	1.38	0.37	0.60	1.69	06(9)
Ave.		3.22	2.23	2.98	1.98	1.91	1.11	1.13	0.77	0.73	1.49	

8　树种 Tree species：红锥 *Castanopsis hystrix* Miq.

P	HA	根材年轮宽度/mm　Ring width of root /mm									Ave.	S
		年轮生成树龄/年　Tree age during ring formation/a										
		12	13	14	15	16	17	18	19	20		
R-u (7)	13			6.41	1.68	1.26	1.23	1.46	1.30	1.06	2.06	08(7)
R-m (8)	12		1.70	1.70	1.42	2.33	2.08	1.99	1.06	1.39	1.71	08(7) 07(9)
R-l (9)	11	2.53	1.53	1.60	2.00	1.50	1.11	1.53	1.47	0.99	1.58	07(9)
Ave.		2.53	1.62	3.24	1.70	1.70	1.47	1.66	1.28	1.15	1.76	

P	HA	枝材年轮宽度/mm　Ring width of branch/mm											Ave.	S
		年轮生成树龄/年　Tree age during ring formation/a												
		10	11	12	13	14	15	16	17	18	19	20		
B-5 (2)	18										0.94	0.96	0.95	11 (2)
B-4 (5)	15							1.37	1.83	1.41	1.82	2.80	1.85	09 (5)
B-3 (8)	12					1.53	1.94	2.45	2.25	1.43	1.26	2.35	1.89	08 (7) 07 (9)
B-2 (9)	11			2.49	2.56	1.64	1.96	2.45	1.80	1.07	1.18	1.34	1.83	07 (9)
B-1(11)	9	3.33	3.12	2.68	1.85	1.74	2.78	1.57	0.66	0.75	0.93	0.97	1.85	06(11)
Ave.		3.33	3.12	2.59	2.21	1.64	2.23	1.96	1.64	1.17	1.23	1.68	1.80	

9　树种 Tree species：小叶栎 *Quercus chenii* Nakai

P	根材区间径向宽度/mm　Radial width of district of root/mm					Ave.
	自髓心至树皮 5 区间 Five districts from pith to bark					
	1	2	3	4	5	
R-u (5)	2.63	2.80	2.78	2.64	3.06	2.78
R-m (5)	3.65	3.43	3.27	3.71	3.47	3.51
R-l (5)	3.99	3.80	3.98	4.13	3.93	3.97
Ave.	3.42	3.34	3.34	3.49	3.49	3.42

续表

P	HA	枝材年轮宽度/mm　Ring width of branch/mm										
		年轮生成树龄/年　Tree age during ring formation/a										
		20	21	22	23	24	25	26	27	28	29	30
B-5 (2)	38											
B-4 (5)	35											
B-3 (8)	32											
B-2(14)	26								1.58	1.50	2.08	1.58
B-1(21)	19	1.82	1.99	2.14	1.02	1.37	1.48	1.58	1.86	1.61	2.00	1.90
Ave.		1.82	1.99	2.14	1.02	1.37	1.48	1.58	1.72	1.56	2.04	1.74

P	HA	枝材年轮宽度/mm　Ring width of branch/mm										Ave.	S
		年轮生成树龄/年　Tree age during ring formation/a											
		31	32	33	34	35	36	37	38	39	40		
B-5 (2)	38									1.09	2.06	1.58	08 (2)
B-4 (5)	35						0.59	1.05	1.28	1.21	1.69	1.16	07 (4)
B-3 (8)	32			1.46	1.35	1.21	0.96	1.50	1.78	1.93	2.00	1.52	06 (8)
B-2(14)	26	1.55	1.44	1.37	1.28	1.54	1.07	1.84	1.65	1.99	1.74	1.59	05(12) 04(16)
B-1(21)	19	2.03	1.94	1.46	1.24	1.02	1.33	1.51	2.28	1.90	1.73	1.68	04(16) 03(24)
Ave.		1.79	1.69	1.43	1.29	1.26	0.99	1.48	1.75	1.62	1.84	1.57	

10　　树种 Tree species：栓皮栎 *Quercus variabilis* Bl.

P	根材区间径向宽度/mm　Radial width of district of root/mm					Ave.
	自髓心至树皮 5 区间 Five districts from pith to bark					
	1	2	3	4	5	
R-u (5)	3.94	3.84	3.87	3.93	3.43	3.80
R-m (5)	4.60	4.63	4.59	4.62	4.68	4.62
R-l (5)	5.31	5.50	5.49	5.61	4.19	5.22
Ave.	4.62	4.66	4.65	4.72	4.10	4.55

P	HA	枝材年轮宽度/mm　Ring width of branch/mm										
		年轮生成树龄/年　Tree age during ring formation/a										
		28	29	30	31	32	33	34	35	36	37	38	39
B-5 (2)	47												
B-4 (9)	40												
B-3(14)	35									1.46	1.10	0.12	1.63
B-2(20)	29			1.64	0.55	0.88	0.51	0.96	1.02	0.90	0.65	1.59	1.44
B-1(22)	27	2.18	2.02	1.24	0.58	0.75	1.15	0.85	0.57	0.86	1.01	1.66	0.70
Ave.		2.18	2.02	1.44	0.57	0.82	0.83	0.91	0.80	1.07	0.92	1.12	1.26

续表

P	HA	枝材年轮宽度/mm Ring width of branch/mm										Ave.	S
		年轮生成树龄/年 Tree age during ring formation/a											
		40	41	42	43	44	45	46	47	48	49		
B-5 (2)	47									1.49	1.16	1.33	10 (2)
B-4 (9)	40		1.38	1.03	0.89	0.85	0.90	0.96	0.83	0.95	1.10	0.99	08(10)
B-3(14)	35	0.62	0.57	0.99	0.69	0.96	0.57	0.39	0.38	0.53	0.69	0.76	
B-2(20)	29	0.89	0.82	1.07	0.83	1.04	0.77	0.53	0.46	0.45	0.53	0.88	
B-1(22)	27	1.50	1.23	0.75	0.71	0.78	0.50	0.50	0.47	0.49	0.58	0.96	07(21)
Ave.		1.00	1.00	0.96	0.78	0.91	0.69	0.60	0.54	0.78	0.81	0.91	

12　　　　树种 Tree species: 枫杨 *Pterocarya stenoptera* C. DC.

P	根材区间径向宽度/mm Radial width of district of root/mm		Ave.
	自髓心至树皮 2 区间 Five districts from pith to bark		
	1	2	
R-u (1)		5.06	5.06
R-m (2)	3.13	3.22	3.18
R-l (2)	3.78	3.99	3.89
Ave.	3.46	4.09	3.84

P	HA	枝材年轮宽度/mm Ring width of branch/mm						Ave.	S
		年轮生成树龄/年 Tree age during ring formation/a							
		30	31	32	33	34	35		
B-5 (4)	31			1.89	1.73	1.20	1.38	1.55	08(3)
B-4 (5)	30		2.93	1.62	2.46	1.72	1.16	1.98	
B-3 (5)	30		0.46	2.13	3.36	1.23	0.73	1.58	
B-2 (5)	30		4.64	4.52	2.14	1.21	0.93	2.69	
B-1 (6)	29	2.98	1.90	4.98	2.81	1.41	1.32	2.57	07(6)
Ave.		2.98	2.48	3.03	2.50	1.35	1.10	2.11	

注：P—根、枝材取样位置。P 栏中，R—根材，相随的字母 l、m、u 示同一根材的上、中、下部位；B—枝材，相随数字 1~5 代表同一枝材由下至上的不同部位。全部括号内的数字均是取样圆盘的年轮数。HA—取样圆盘初始生成时的高生长树龄（年）。Ave.—平均值。S—同一样树可相比较的圆盘序号。

Note: P—sampling positions of root or branch. In P column, R—root, the letters l, m, u behind it show the sampling is situated in the lower, middle and upper of the same root; B—branch, the number 1–5 behind it represent different height positions in the same branch upward from underneath. The number between brackets is the ring number of sample disc. HA—tree age during height growth when the sampling disc was formed in the beginning(a). Ave.—Average. S—ordinal numbers of the comparable disc of stem in the same tree.

图 15-6A、B 示单株内根材样段三个截面、枝材样段五个截面分别与主茎相同或相近年轮数截面逐龄年轮宽度随径向生长树龄的变化曲线。它们依据附表 12-1 和表 15-1 中各截面逐龄年轮数据绘出。同一样树 A、B 两图的纵、横坐标的尺度相同，两图中与主茎相同或相近年轮数横截面随径向生长树龄鞘变化的曲线分别各择绘于 A、B 中的一图，但供两图用。对比根材 A、枝材 B 两图中根、枝和主茎变化曲线位置高、低，可察出主茎生长鞘厚度明显较相同时段生成的根、枝大。

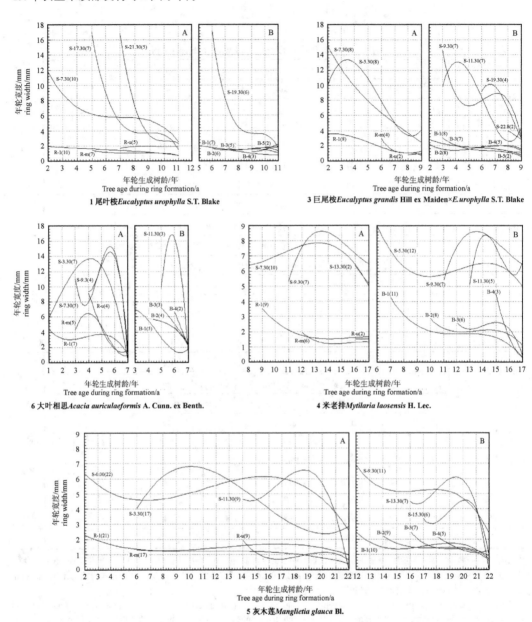

图 15-6　11 种阔叶树单株样树年轮数相等或相当的同一根、枝材与主茎截面年轮宽度随径向生长树龄
发育变化的比较

A—根材与主茎；B—枝材与主茎

图中 S—主茎，相随数字是取样圆盘高度；R—根材，相随字母 l、m、u 示同一根材的下、中、上部位；B—枝材，相随数
字 1～5 代表同一枝材由下至上的不同部位；全部括号内的数字是各取样圆盘年轮数

Figure 15-6　Comparison on developmental changes of the ring width with tree age during ring formation among
the corresponding cross sections (where the ring number is equal or approximate)of the same root or branch and
stem in individual sample trees of eleven angiospermous species

Subfigure A—root and stem; Subfigure B—branch and stem

In the two types of subfigures, S—stem, the numbers behind it are the different heights of disc, m; R—root, the letters l, m, u behind it
show the sampling is situated in the lower, middle and upper of the same root; B—branch, the number 1–5 behind it represent different
height positions in the same branch from lower to upper. All the number between brackets is the ring number of the sampling disc

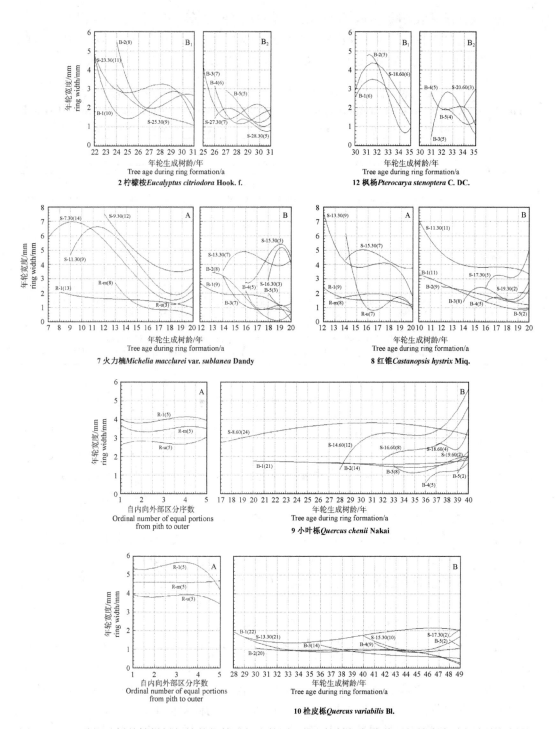

图 15-6　11 种阔叶树单株样树年轮数相等或相当的同一根、枝材与主茎截面年轮宽度随径向生长树龄发育变化的比较（续）

Figure 15-6　Comparison on developmental changes of the ring width with tree age during ring formation among the corresponding cross sections (where the ring number is equal or approximate) of the same root or branch and stem in individual sample trees of eleven angiospermous species (Continued)

根、枝样段生成树龄不同，只能通过主茎对根、枝生长鞘厚度做出大小相比的估计。表 15-9 示七种树种单株内茎材样段生长鞘平均宽度高于枝材的倍次明显小于茎材与根材之间的倍次，由此估计，阔叶树同树龄时段生成的枝材生长鞘厚度大于根材。

表 15-9　11 种树种单株样树内根、枝与相同时段生成主茎间生长鞘厚度的比较（二）

Table 15-9　A comparison of sheath thickness among root, branch and stem wood formed in the same growth period within individual sample trees of eleven angiospermous tree species（II）

部位 Position	根与主茎 Root and main stem		枝与主茎 Branch and main stem		根与枝 Root and branch	
	根>茎 Root>stem	根<茎 Root<stem	枝>茎 Branch>stem	枝<茎 Branch<stem	根>枝 Root>branch	根<枝 Root< branch
树种数 The number of species	—	7	—	11	1	6
相差平均百分率/% Mean percentage of differences /%	—	−70.07	—	−54.31	+9.47	−9.22
说明 Explanation	根材受测定的全部 7 种树种生长鞘平均厚度仅为同时段生成茎材的 30%，即茎材生长鞘厚度为根材的 3.33 倍		枝材受测定的全部 11 种树种枝材生长鞘平均厚度仅为同时段生成主茎的 45.69%，即茎材生长鞘厚度为枝材的 2.19 倍		受测定根材的 7 种树种与同一样树枝材测定结果相比较，6 种树种枝材年轮宽度较根材宽，但这些根、枝样段生成树龄不同。7 种树种中只有巨尾桉根、枝样段生成时间相同，它的根材年轮宽度较同一样树枝材大	

3）不同树种单株内根、枝生长鞘厚度随两向生成树龄变化的共同趋势

图 15-6 示根、枝和主茎样段确定高度上的生长鞘厚度随径向生长树龄的变化，以及这一变化在不同高度间的差别。图 15-7 示根、枝样段生长鞘随两向生长树龄变化趋势。图 15-6、图 15-7A、B 两分图间的纵坐标范围相同，但图 15-6 纵坐标范围因含茎材变化曲线而较图 15-7 大。图 15-6、图 15-7 有相互补充和彼此校核的作用。

根材生成中随径向生成树龄的发育变化　图 15-6 示根材样段不同高度截面年轮宽度随生成树龄的变化有波动，但总趋势为减小。图 15-7A 和附表 15-4 示 9 种树种根材中 7 种树种逐龄生长鞘平均厚度随径向生成树龄的变化都为减小；小叶栎和栓皮栎变化小。

根材生成中随高生长树龄的发育变化　9 种树种中两树种根材样段生长鞘平均厚度随高生长树龄变化呈减小（两树种增大后转减小），一树种增大（4 树种减小后转增大）。根在地下生长，自然选择中其功能上的适应与主茎不同。

枝材生成中随径向生长树龄的发育变化　图 15-6 示枝材样段各高度截面年轮宽度随径向生长树龄的变化多数为减小或减小后有升再转减小；少数枝段上截面先增大后减小再转增大（个别枝段上端仅两年轮间为增）。附表 15-4 各树种枝材 Ave.随径向生成树龄的变化趋势为减小。图 15-7A 枝材曲线的一般变化为倾斜向下。

枝材生成中随高生长树龄的发育变化　图 15-6B 枝材样段各高度年轮宽度变化曲线间的位置差异反映在附表 15-1 右侧的 Ave.数据上，并在图 15-7B 示出。结果表明，枝材样段不同高度年轮平均宽度有 7 种树种沿高向减小、2 树种变化平缓、2 树种增大。这一增减与枝段尖削度有关。

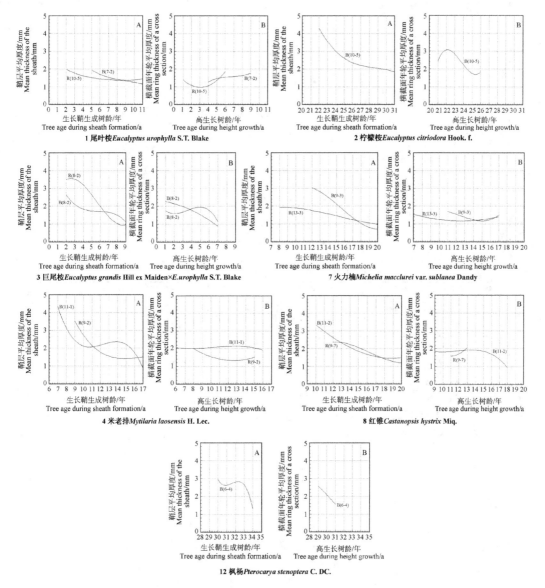

图 15-7　11 种阔叶树单株样树年轮数相等或相当根、枝材段鞘层厚度发育变化的对比

R、B 分别代表根、枝材，相随它们的数字是样品两端的年轮数

A—鞘层平均厚度（根、枝材段各同一生长鞘沿树高的平均值）随生长鞘生成树龄的变化；

B—根、枝材段不同高度横截面年轮厚度的平均值随高生长树龄的变化。

Figure 15-7　Comparison on developmental changes of the sheath thickness between root and branch segments (where ring number is equal or approximate) in individual sample trees of eleven angiospermous species

Subfigure A—the change of sheath thickness (that is the mean of each sheath within the billet length of the same root or branch) with tree age during sheath formation.

Subfigure B—the change of mean ring width in cross section at different heights with tree age during height growth.

R, B in subfigures represent root and branch respectively, the two numerals behind them are the ring number at both the end of sampling billet.

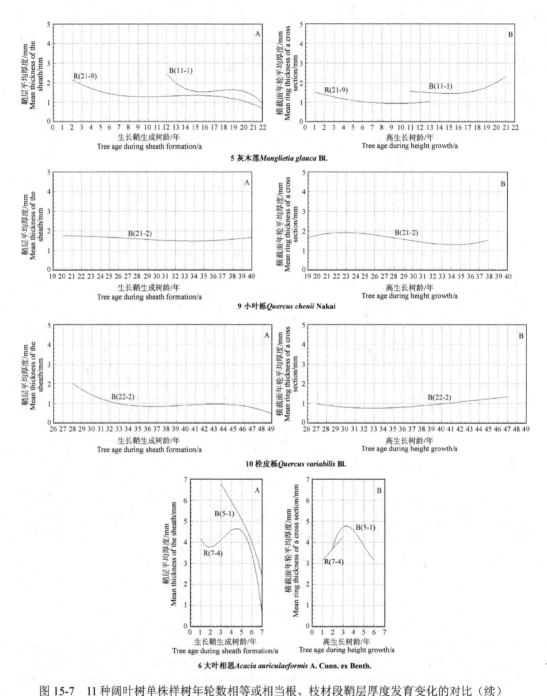

图 15-7　11 种阔叶树单株样树年轮数相等或相当根、枝材段鞘层厚度发育变化的对比（续）

Figure 15-7　Comparison on developmental changes of the sheath thickness between root and branch segments (where ring number is equal or approximate) in individual sample trees of eleven angiospermous species (continued)

15.4.2 一些树种根、枝和相同时段生成主茎截段生长鞘厚度发育变化的不同特点

表 15-10 将 11 种阔叶树样树全株和根、枝样段生长鞘平均厚度列在同一横列，可明显看出它们在树种间序位的一致性。树木主茎生长鞘厚度的发育性状属性和受遗传控制的变化表现在第 12 章已有论述。可推论，根、枝生长鞘厚度在树种间的差异同样具有遗传控制成分。

表 15-10　11 种阔叶树单株样树内主茎和相同时段生成根、枝样段间生长鞘平均厚度间的倍次关系
Table 15-10　The multiple relation of the mean sheath thickness of main stem times larger than the root and the branch formed in the same growth period within individual sample trees of eleven angiospermous species

树种 Tree species	样树全株主茎生长鞘平均宽度/mm Mean sheath thickness of whole stem /mm	根与主茎（相同时段生成）Root and stem (formed in the same growth period)			枝与主茎（相同时段生成）Branch and stem (formed in the same growth period)		
		主茎区段生长鞘平均宽度/mm Mean sheath thickness of stem portion/mm	根材样段生长鞘平均宽度/mm Mean sheath thickness of root segment/mm	茎/根 Stem/ root	主茎区段生长鞘平均宽度/mm Mean sheath thickness of stem portion/mm	枝材样段生长鞘平均宽度/mm Mean sheath thickness of branch segment/mm	茎/枝 Stem/ branch
大叶相思 Acacia auriculaeformis A. Cunn. ex Benth.	9.48[1]	9.64[1]	3.60[1]	2.68[6]	8.37[1]	4.15[1]	2.02[8]
巨尾桉 Eucalyptus grandis Hill ex Maiden × E. urophylla S.T. Blake	7.98[2]	7.54[2]	1.85[2]	4.08[2]	7.54[2]	1.69[6]	4.46[1]
尾叶桉 Eucalyptus urophylla S.T. Blake	6.90[3]	6.41[4]	1.40[5]	4.58[1]	6.35[4]	1.47[10]	4.32[2]
米老排 Mytilaria laosensis H. Lec.	6.27[4]	6.69[3]	1.73[4]	3.87[3]	6.90[3]	2.06[4]	3.35[3]
灰木莲 Manglietia glauca Bl.	4.76[5]	4.77[5]	1.27[6]	3.76[4]	4.47[5]	1.53[8]	2.92[5]
红锥 Castanopsis hystrix Miq.	4.59[6]	4.29[7]	1.76[3]	2.44[7]	4.03[7]	1.80[5]	2.24[6]
火力楠 Michelia maccurei var. sublanea Dandy	4.49[7]	4.34[6]	1.40[5]	3.10[5]	4.41[6]	1.49[9]	2.96[4]
小叶栎 Quercus chenii Nakai	3.25[8]	—	—	—	3.28[8]	1.57[7]	2.09[7]
柠檬桉 Eucalyptus citriodora Hook. f.	3.11[9]	—	—	—	2.55[10]	2.29[2]	1.11[11]
枫杨 Pterocarya stenoptera C. DC.	3.10[10]	—	—	—	3.03[9]	2.11[3]	1.44[10]
栓皮栎 Quercus variabilis Bl.	2.04[11]	—	—	—	1.58[11]	0.91[11]	1 74[9]

注：右上角数字是同纵栏数据的大小排序码。
Note: the digital on the right corner is the ordinal number of the datum magnitude of the same vertical file.

表 15-10 示，大叶相思主茎、根和枝生长鞘平均厚度均大，茎/根和茎/枝比都小；小叶栎、栓皮栎主茎、根和枝生长鞘厚度均小，茎/根和茎/枝比亦都小。巨尾桉、尾叶桉主茎平均鞘层厚度大，而根、枝相对较小，茎/根和茎/枝比都高；柠檬桉主茎生长鞘厚度小，但枝材生长鞘厚度大，茎/枝比在受测定的 11 种树种中最小。

环孔材小叶栎、栓皮栎，半散孔材枫杨主茎和枝段横截面年轮区界明晰，散孔材柠檬桉主茎和枝段年轮尚可辨，但这 4 树种根材年轮区界却不清而无法测定年轮宽度。红锥（半散孔材）、尾叶桉、巨尾桉和其他 4 种散孔材根部年轮可辨可测。宏观上单株内根、枝和主茎表现出的结构差别是构建中发育变化存在微观差异造成。

15.5　根、枝次生木质部发育变化概要

15.5.1　纤维

　　11 种阔叶树单株样树内根、枝和相同时段生成样段间纤维形态的比较概要见表 15-11。11 种阔叶树根、枝材构建中纤维形态因子随两向生长树龄发育变化的趋势概要见表 15-12。

表 15-11　11 种阔叶树单株样树内根、枝和相同时段生成样段间纤维形态的比较概要

Table 15-11　Summary of the comparison of the fiber morphological factors among the root, branch and stem segment formed in the same growth period within individual sample trees of eleven angiospermous species

形态方面 Morphological factor	根与主茎 Root and stem			枝与主茎 Branch and stem			根与枝 Root and branch		
	根>茎 Root>stem	相当 Equivalent	根<茎 Root<stem	枝>茎 Branch>stem	相当 Equivalent	枝<茎 Branch<stem	根>枝 Root>branch	相当 Equivalent	根<枝 Root<branch
纤维长度 Fiber length	6/11*	2/11	3/11	—	3/11	8/11	10/11	—	1/11
	根材纤维长度以大于或相当于主茎的树种为主			枝材纤维长度以小于主茎的树种为主			根材纤维长度以大于枝材的树种为主		
纤维直径 Fiber diameter	10/11	—	1/11	1/11	2/11	8/11	10/11	—	1/11
	根材纤维直径以大于主茎的树种为主			枝材纤维直径以小于主茎的树种为主			根材纤维直径以大于枝材的树种数为主		
纤维长径比 Fiber L/D	5/11	1/11	5/11	3/11	1/11	7/11	6/11	—	5/11
	根材纤维长径比大于或小于主茎的树种数相当			枝材纤维长径比小于主茎的树种较多			根材纤维长径比大于或小于枝材的树种数相当		

　* 示相比的树种数；11 种实验树种有根、枝测定数据（山核桃缺根、枝样段），但大叶相思和枫杨未绘出图示曲线。

　* indicates the species number for comparation. There are the measured data of root and branch wood of eleven experimental species (the root and branch segment of cathay hickory are absent), but the graphs of auriculate acacia and Chinese ash were not drawn.

表 15-12　11 种阔叶树根、枝材构建中纤维形态因子随两向生长树龄发育变化的趋势概要

Table 15-12　Summary of the developmental change trend of the fiber morphological factors with two directional growth ages during root and branch elaboration of eleven angiospermous tree species

形态方面 Morphological factor	根材 Root		枝材 Branch	
	随径向生长树龄 With diameter growth age	随高生长树龄 With height growth age	随径向生长树龄 With diameter growth age	随高生长树龄 With height growth age
纤维长度 Fiber length	各树种同为增长，个别树种呈～形	一般趋势为减短（呈减短趋势的树种占 5/9，先增后减的树种占 2/9，增长的树种占 2/9）	各树种同为增长，变化曲线多为抛物线；前 1/2 段为 ⌒ 或为 ∽	一般趋势为减短（7/9 树种为减短，1/9 减短中有波动，1/9 为先增后减）
纤维直径 Fiber diameter	与纤维长度同	一般趋势为增大（增大树种占 3/9，先减后增占 2/9；减小占 3/9；先增后减占 1/9）	与纤维长度相同	一般趋势为减小（6/9 为减小；2/9 为先增后减；1/9 减中有波动）
纤维长径比 Fiber L/D	同为先升后降，少数树种呈∽形	一般趋势为减小（呈减小趋势的树种占 4/9，先增后减占 1/9，先减后升占 2/9，另有 2/9 持平或波折）	呈 ⌒ 的树种为 1/2，少数为 ∪ 或～、∽ 转换	多数树种为减小（4/9 树种为减小，1/9 先增后减，2/9 先减后有增，1/9 先增后波折，1/9 持平）

　注：大叶相思和枫杨测定结果未列入本表。

　Note: the measured results of auriculate acacia and Chinese ash are not listed in this table.

15.5.2　导管细胞

9（10）种阔叶树单株样树内根、枝和相同时段生成主茎样段间导管细胞形态的比较概要见表 15-13。10 种阔叶树根、枝构建中导管细胞形态因子随两向生长树龄发育变化的趋势概要见表 15-14。

表 15-13　9（10）种阔叶树单株样树内根、枝和相同时段生成主茎样段间导管细胞形态的比较概要
Table 15-13　Summary of the comparison of the morphological factors of vessel cell among root, branch and stem segment formed in the same growth period within individual sample trees of eleven angiospermous species

形态方面 Morphological factor	根与主茎 Root and stem		枝与主茎 Branch and stem		根与枝 Root and branch	
	根>茎 Root>stem	根<茎 Root<stem	枝>茎 Branch>stem	枝<茎 Branch<stem	根>枝 Root>branch	根<枝 Root<branch
导管细胞长度 Vessel cell length	8*	1	1	8	10	—
	多数树种根材导管细胞长度均大于主茎		多数树种主茎导管细胞长度均大于枝材		各树种根材导管细胞长度都大于枝材	
导管细胞直径 Vessel cell diameter	5	4	1	8	9	1
	根材导管细胞直径大于主茎的树种稍多		多数树种主茎导管细胞直径均大于枝材		多数树种根材导管细胞直径都大于枝材	
导管细胞长径比 Vessel cell L/D	4	5	6	3	1	9
	根材导管细胞长径比较主茎大或小的树种数相当		枝材导管细胞长径比大于茎材的树种较多		多数树种根材导管细胞长径比小于枝材	

*示树种数；半散孔材枫杨有根、枝导管细胞形态测定，但主茎缺。枫杨只能在根、枝间进行导管细胞形态比较。

* indicates the species number. There are the measured results of vessel cell morphology of root and branch of Chinese ash, but that of main stem is absent; the comparison between root and branch could only be carried.

表 15-14　10 种阔叶树根、枝构建中导管细胞形态因子随两向生长树龄发育变化的趋势概要
Table 15-14　Summary of the developmental change trend of the morphological factors of vessel cell with two directional growth ages during root and branch elaboration within individual sample trees of ten angiospermous tree species

形态方面 Morphological factor	根材 Root		枝材 Branch	
	随径向生长树龄 With diameter growth age	随高生长树龄 With height growth age	随径向生长树龄 With diameter growth age	随高生长树龄 With height growth age
导管细胞长度 Vessel cell length	增大	一般趋势为增大，但变化中有起伏	增大	多数树种为减小
导管细胞直径 Vessel cell diameter	增大	一般趋势为增大，但变化中有起伏	增大	多数树种为减小

15.5.3　基本密度

11 种阔叶树单株样树内根、枝与相同时段生成主茎样段基本密度的比较概要见表 15-15。11 种阔叶树根、枝构建中基本密度随两向生长树龄发育变化的趋势概要见表 15-16。

表 15-15　11 种阔叶树单株样树内根、枝与相同时段生成主茎样段基本密度的比较概要

Table 15-15　Summary of the basic density comparison among the root, branch and stem segment formed in the same growth period within individual sample trees of eleven angiospermous species

发育性状 Developmental trait	根与主茎 Root and stem		枝与主茎 Branch and stem		根与枝 Root and branch	
	根＞茎 Root>stem	根＜茎 Root<stem	枝＞茎 Branch>stem	枝＜茎 Branch<stem	根＞枝 Root>branch	根＜枝 Root<branch
基本密度 Basic density	2*	5	6	5	3	8
	阔叶树多数树种茎材基本密度较根材大。7 种树种中有 3 种样树主茎基本密度较根材高 1/5～1/3		阔叶树枝材基本密度较主茎高的树种数较低于茎材的树种稍多		阔叶树多数树种枝材密度较根材大	

　　* 示树种数；11 种树种有四树种缺根材逐轮基本密度测定。
　　* indicates the species number. The determination of specific gravity of root wood of the four tree species is absent among the eleven studied tree species.

表 15-16　11 种阔叶树根、枝构建中基本密度随两向生长树龄发育变化的趋势概要

Table 15-16　Summary of the developmental change trends of basic density of root and branch wood with two directional growth ages during their elaboration of eleven angiospermous tree species

发育性状 Developmental trait	根材 Root		枝材 Branch	
	随径向生长树龄 With diameter growth age	随高生长树龄 With height growth age	随径向生长树龄 With diameter growth age	随高生长树龄 With height growth age
基本密度 Basic density	减小和增大树种各占 1/2	多数树种为减小	多数树种为增大	各树种趋势为减小

15.5.4　生长鞘厚度

　　11 种阔叶树单株样树内根、枝和相同时段生成主茎样段间生长鞘平均厚度的比较概要见表 15-17。11 种阔叶树根、枝构建中生长鞘厚度随两向生长树龄发育变化的趋势概要见表 15-18。

表 15-17　11 种阔叶树单株样树内根、枝分别与其相同时段生成主茎样段间生长鞘平均厚度的比较概要

Table 15-17　Summary of the mean thickness comparison of growth sheath among root, branch and stem segment formed in the same growth period within individual sample trees of eleven angiospermous species

发育性状 Developmental trait	根与主茎 Root and stem		枝与主茎 Branch and stem		根与枝 Root and branch	
	根＞茎 Root>stem	根＜茎 Root<stem	枝＞茎 Branch>stem	枝＜茎 Branch<stem	根＞枝 Root>branch	根＜枝 Root<branch
生长鞘厚度 Growth sheath thickness (ring width)	—	7	—	11	1	6
	7 种树种受测定根段生长鞘平均厚度均低于同时生成主茎部位。根材生长鞘平均厚度较同时段生成茎材小 70%		11 种树种受测定枝段生长鞘平均厚度均小于同时生成的主茎部位		本项目实验中，同一样树根、枝材样段的生成时间不同，但它们能分别与同时生成的主茎样段生长鞘平均厚度比较。由此推知，一般枝材生长鞘平均厚度较根材大	

表 15-18　11 种阔叶树根、枝构建中生长鞘厚度随两向生长树龄发育变化的趋势概要

Table 15-18　Summary of the developmental change trends of growth sheath thickness with two directional growth ages during root and branch elaboration of eleven angiospermous tree species

发育性状 Developmental trait	根材 Root		枝材 Branch	
	随径向生长树龄 With diameter growth age	随高生长树龄 With height growth age	随径向生长树龄 With diameter growth age	随高生长树龄 With height growth age
生长鞘厚度 （年轮宽度） Growth sheath thickness (ring width)	各树种一般为减小， 小叶栎和栓皮栎变化小	各树种一般趋势为减小	变化总趋势为减小； 小叶栎和栓皮栎变化小	多数树种为减小

　　本章根材样段取样都在人工林距林地地面不深处，所测各树种样树采伐树龄有差别。所述变化趋势和比较结果难免有局限性。

16 再思中的回顾和应用前景

本章表列

16.1　次生木质部发育研究的学术性质

木材是一种特殊的非生命生物材料。

活树（立木）次生木质部心材全部细胞和构成边材的大部分厚壁细胞都曾经过自然程序性细胞死亡（PCD）。立木直径生长中边材内缘具生命的薄壁细胞也将失去生命，而转变成心材，逐龄在心材外侧增生具有生命的新薄壁细胞作为更替中的补充。活树仅最外生长鞘的外缘木质细胞是全部具生命的，次生木质部一直处于动态变化的生命中。次生木质部体积主体在具生命的立木中已成为非生命的结构部位，但它具有保持树木生命不可缺的输导和支持功能。

研究地质矿物、金属和非生命生物材料的物质结构都需应用显微镜或电子显微镜，确定它们的成分都采用化学方法分析，测定强度用力学试验机。次生木质部发育研究中，同样采用上述手段。对不同材料的观察、分析和测定同属材料科学范畴。

生命科学是研究具有生命特征生物体的学术门类。本项目觉察出次生木质部构建中生命变化的特点，并充分利用这一特点。它以活树次生木质部的静态木材差异，研究次生木质部构建中的动态生命变化。以实验证明，这一变化受遗传控制，其性质是发生在次生木质部构建过程中的发育。次生木质部发育研究内容是生命科学中的生命变化过程，但它却是在非生命生物材料上测出。次生木质部发育研究是材料科学与生命科学的交叉。

遗传是发生在生物有性繁殖中的自然规律。生命科学必须采用符合遗传学的概念。次生木质部发育研究须以遗传学 variation 概念内涵来认识变异。单株树木内的木材差异在个体生命中生成，是发育变化遗存的固着不变的生成物。把单株内的木质差异称为变异（variation），是值得商榷的学术问题。这里掩藏着一个待研究的自然现象——次生木质部发育。

人们用年轮称呼木材在任一截面表现出的线条（横截面的轮状或呈现在纵截面上的抛物线或平行线）。木材作为非生命生物材料使用，任一切面暴露的线条都与横截面的轮状形象有关。但次生木质部发育是研究生物体生命中的变化，这一变化发生在逐龄生成的生长鞘间和生长鞘内，"体"是发育变化发生的场所。生长鞘是适应次生木质部发育研究需要而添用的木材科学新词。

16.2 次生木质部构建过程的特殊性

树茎处于高、径两向生长的连续转换中。高向生长发生在树茎顶端，侧向（直径）生长发生在环绕树茎全高周围。功能分明和区界可辨是两向生长独立性的表现。

树茎顶端为原分生组织。分化产生形成层前的茎顶高度区间是初生分生组织至初生永久组织的初生长（高生长）范围。这一范围之下的树茎全高度都属次生长区域。初生生长生成的初生组织除恢复分生机能的形成层外，其他都保留在树茎中心构成而后的髓心。宏观（肉眼或扩大镜下）髓心虽小，其外围为初生木质部，真髓位于中央。髓心一旦形成，便由根颈上延至茎顶与初生长区域相连。次生木质部各层生长鞘鞘顶都为髓心，它是树茎中央的非生命初生永久组织。

次生木质部全部组织由次生分生组织（形成层）分生产生，逐龄增生的木材主要构成细胞都经生命中的程序性变化后死亡（PCD）。树茎中的形成层是由根颈至茎梢（除高生长茎顶）的鞘状分生组织。由它逐龄向内增生的木材组织的立体形象同为层次可辨的鞘状。本项目为满足次生木质部发育研究需要，而将它命名为生长鞘。

树木根、枝与主茎三部分的次生木质部各层次贯通相连，生成方式近同。

次生木质部只是树木根、茎（枝）中的一个结构部分，但它在树体组织中占的体积分量最大。它的构建和状态不但与一般生物体的组织不同，并与树体其他器官组织有极大差别。次生木质部在树木体中构建和存在状态的特殊性是确定次生木质部发育研究实验措施的必要依据。

16.2.1 鞘状层次结构中的任一位点都有确定的两向生成树龄

次生木质部是鞘状层次结构。每一鞘层在确定的树茎径向生长树龄中生成；任一高度形成层的初始生成时间是这一树茎当时的高生长树龄，并是各鞘层同高度位点的高生长树龄。次生木质部鞘状层次结构中的任一位点都有确定的两向生成树龄。

16.2.2 逐龄生成的次生木质部鞘层都受到完整保存

除根、茎和枝中的次生木质部外，树木构成的其他器官（叶、花、果、种子）和根、茎（枝）韧皮部组织都在随时更新中。次生木质部的这一例外与它在树木中的部位有关。

形成层位于树皮（韧皮部）与木材（次生木质部）之间。它逐龄向内增生木质细胞。

逐龄的新鞘层年复一年地包套在前一年鞘层的外方。木质细胞生命期和经程序性细胞死亡后不仅未受到任何挤压，而且长期处于充分保护中。次生木质部是树木体积构成中的主体，但它的绝大部分体积在活树中却处于非生命状态。

16.2.3 次生木质部是树木结构中的生命部位

次生木质部中的绝大部分体积的非生命状态并不影响它的生命性。

次生木质部由形成层分生的木质子细胞具有有限次数的再分生，而后具有生命的厚壁木质细胞还要经历细胞成熟阶段，最终在次生壁加厚后才失去生命。这一过程的木质生命细胞都在邻近形成层木质鞘层的外缘。边材薄壁细胞只在边材转变成心材时才失去生命。次生木质部逐龄的以上增生过程是连续接替的。

寒带、温带树木冬季休眠期中，形成层带包括木质子细胞都仍是保持生命的组织。次生木质部是树木结构中具有连续生命的部位。

16.3 次生木质部构建中体现出生物生命中发育变化的共同特征

次生木质部构建的特点有如下几个。

16.3.1 在个体生命中构建

次生木质部构建中的细胞分生和细胞成熟必定发生在生命细胞中。具有逐龄构建次生木质部细胞生命过程的树木，是保持连续生命的立木。构建次生木质部的木材物质依赖于根系吸收水分，树冠叶片气孔吸收二氧化碳、叶片光合作用及树皮（韧皮部）对营养物质的输导，而次生木质部则是树木生命系统水分输导的必要部分。次生木质部的构建不仅有赖于树木的整体生命活动，并在支撑着树木的整体生命。挺立树茎是在生存竞争中对树冠光合作用需要的适应。

16.3.2 生命中的构建存在着随时间变化的连续性

数百年生长古木树茎横截面最外年轮甚窄，但具有可测的宽度和径向增生细胞个数。次生木质部构建在树木长寿命期中连续进行。寒带、温带分生组织休眠期并不影响生命的连续性。

次生木质部逐龄构建的木质鞘层间，和同一鞘层的木材结构和性状沿鞘高均存在着趋势性差异。醒悟出这些差异的形成机理对进行次生木质部发育研究具有关键作用。

本项目觉察出，单株内静态的木材差异现象是由次生木质部构建中细胞自然死亡并受固着的生成物引起的。次生木质部逐龄鞘层在树木长生命期中连续生成，鞘层间存在趋势性差异反映出变化随时间的连续性。

16.3.3 次生木质部构建过程中的生命动态性

次生木质部鞘状层次结构中的木材差异，是在生命中的逐龄变化中生成。在这一变化中表现出次生木质部的生命动态性。

16.3.4 次生木质部构建过程中的变化具有受遗传控制的程序性

这是本项目实验求证的主题。

由次生木质部构建特点察出生物的发育共性：①发育发生在生物个体的生命全程中；②发育具有随时间变化的连续性；③发育在变化上表现出生命的动态性；④发育变化具有受遗传控制的程序性。

与其他生物组织比较，次生木质部在发育上表现的特点是，次生木质部生命全程中的构建（木材生成）和发育同步，并与树木长生命期同长，以及它长时发育变化的可测性。这些使得它是研究生物发育共性的适合材料。

16.4 科学学科建制化发展和次生木质部生命现象整体性

科学发展的深化导致学科建制化。由此产生学科分离和壁垒阻碍着自然科学研究中必要的学科融合。生物结构、生命中的自身变化和其与外界交换都有难以计数的物理、化学和理化结合现象，但它们并不因科学学科建制化而分离。相反，对生命现象揭示越深刻，对学科交叉的要求会越高。这是生命现象整体性的反映和研究要求。次生木质部发育的生命变化过程掩盖在非生命生物材料中，揭示它要依靠生命科学理念，且要采用材料科学测试手段。生物发育是遗传物质控制的程序过程。次生木质部构建中存在发育性质的变化过程，必须通过它受遗传控制才能得到证明。研究次生木质部发育必须充分认识与它生命中构建过程有重要作用的相关学术成果。应用这些成果与本项目有联系的部分，并取得这些相关学科在本项目中的新进展，才能获得交融的应用效果（表 16-1）。

表 16-1　本项目研究中多学科的作用和在应用中取得的进展
Table 16-1　The effect of the relevant disciplines and the progress gained in their application in this project

相关学科 Relevant disciplines	有作用的相关内容 The effective content	应用中在概念上取得的新进展 Progress of concept obtained in application
生物发育	发育是近代生命科学研究主题。长期来，各生物门类生命的变化过程都是生物学的中心内容，而变化过程的遗传控制则是近代分子生物学的发展方向	次生木质部和发育分别是常见的惯用词，但把两词相连的"次生木质部发育"概念的内涵却是一个尚未解决的学术问题。这不能用简单的理论推导解决，而是一个需用实验求证存在的自然现象。生物各有生活史（生命史）。它们的共性即生物发育共性。次生木质部是长寿命树木中的生命组织，逐龄生成的鞘层（生长鞘）层次明晰，其细胞经程序性细胞死亡。这相当于自然杀活处理，未受挤压并有外围护卫而完好保存在生成的原位置上。次生木质部各位点的两向生成树龄，由其位置可受到确定。次生木质部的自然条件表明，它是适合研究生物共性的材料
遗传学	有性繁殖遗传现象中同时具有亲子间或子代间相同（遗传）和相异（变异）。遗传学中的变异概念一般限于应用在种内个体间，这是有性繁殖遗传物质重组的结果。它与突变（也常称为变异）产生的机理不同	单株内次生木质部构建中变化形成的木材差异不属遗传变异概念范畴。必须以受遗传控制来证明单株内木材差异形成的性质属于发育。这一证明不是依赖于种内个体间的静态性状的遗传相似，而是依据种内个体间的次生木质部构建变化过程的动态相似，及树木株内这一变化过程的协调和有序

续表

相关学科 Relevant disciplines	有作用的相关内容 The effective content	应用中在概念上取得的新进展 Progress of concept obtained in application
植物学	树茎顶端（原分生组织）和形成层（次生分生组织）的分生和细胞分化过程；树茎高、径两向生长，或称初生生长和次生生长；根的初生生长和次生生长；枝的发生和生长。这些都是逐龄分别发生在树木生命组织中的共性生长过程	（1）明确次生木质部是活树主茎、根和枝中的生命部位，又确定次生木质体积主体在生成的生命变化中成为非生命的生物材料； （2）树茎两向生长具有独立性。次生木质部构建的两向生成龄，以及生长鞘鞘间和鞘内发育变化的区分都与树茎两向生长独立性有关； （3）次生木质部构建（生长）和发育变化发生在同一过程中。本项目是以非生命木质材料揭示它多年间发生在逐龄构建中的发育变化
林业科学	测树学树干解析是研究单株样树生长的过程，其中所称树龄实际相当于本书中的径向生长树龄；树干解析中也用到高生长树龄	（1）明确区分高、径两向生长树龄。高生长树龄未在材积增长中显示其作用，但在发育研究中它与径向生长树龄地位相当（树茎两向生长树龄仅适用于次生木质部发育研究）；并提出两向生长树龄组合概念； （2）把生长纳入发育概念； （3）年轮宽度（生长鞘厚度）不仅是材积测定的学术中间量，并是独立的发育变化指标； （4）测定木材逐龄全干物质增量的发育变化； （5）把树茎高生长纳入发育研究中，提出树茎高/径年增量比值指标（表13-2）
木材科学	（1）树种间和种内株间存在木材差异；单株内数个高度间和它们径向上的木材差异具有规律性； （2）有测定批量木材性能代表值的标准方法	（1）明确种间、种内株间和单株内木材差异的生物学性质不同； （2）单株内木材差异是遗传控制下构建中遗存的变化生成物（木材是逐龄程序性细胞死亡后受固定构成）； （3）通过测定单株内木材差异表现出木性性状随生成时间的变化； （4）测定木材材料结构和性能的标准或常规试验方法在本项目中有参考作用。取样、性状测定的具体程序和精度等都须符合在回归分析中能取得发育随两向生长树龄组合连续变化的新要求； （5）对同一树株相同两向生长树龄生成的根、枝和主茎部位的次生木质部发育变化进行比较
进化生物学	自然选择理论； 生物遗传变异和突变； 突变的随机性； 突变发生在前，自然选择的效应在后； 适应是生存的必然性	从适应观点看待树木各器官的发育过程和在树木整体生命中的不同作用。次生木质部构建中的变化受遗传控制是发育研究的一方面；认识这一变化在树木生存的作用是发育研究的另一方面。 营养器官和繁殖器官在突变率和适应要求上有差别，由此认识各树种木材结构差异与树种自然分类的关系和存在的分歧
计算机数据处理	计算机数据处理功能强	次生木质部与树木生命期同长，和次生木质部发育研究取样须符合在回归分析中能取得两向生长树龄组合连续的要求，使得在单株样树内的取样数较多。每一取样部位须测的发育性状有多种。多株样树测定的数据量甚大。 证明发育变化遗传控制的程序性和种内个体间发育变化的遗传相似性都须采用曲线表达。这一工作只有在充分发挥计算机数据处理功能条件下才能完成

多学科相关成果交融和本项目在应用中取得的进展构成次生木质部发育的理论基础，并是共同发挥作用的条件。

16.5 次生木质部发育研究的理论新观点和实验新措施

本项目首次以动态变化观点研究木材的长时形成，并阐明株内木材差异的生成。由揭示次生木质部生命中的构建存在遗传控制的变化过程，进而证明次生木质部发育是自然现象。

进行次生木质部发育研究需在理论上建立的新观点和在实验上采取的新措施如下所述。

（1）次生木质部构建是在生命部位中进行。生命是存在发育的必要条件，发育是生命的特征。看待次生木质部的生命并非出于认为，活树中的任一部位都该是具生命细胞构成的组织。实际这正是一般存在的误解。进行次生木质部发育研究必须对它的生命性有正确的认识。

（2）同时明确活树次生木质部（木材）主体的非生命性。次生木质部逐年以鞘层增添，层次分明。它既在生命中生成，而其主体又是以非生命状态完整保存。它是逐年间变化中产生的差异实迹。次生木质部不同时间构建的部位间差异是发育变化的表现，它是研究长生命期发育变化生物的适合材料。次生木质部发育研究是用非生命的木材材料研究生命中的变化。

（3）次生木质部构建是在树茎两向生长中进行，须明确两向生长的独立性。次生木质部发育相随的时间是树茎的两向生长树龄。时间在发育研究中具有重要作用，发育的程序性变化过程须用时间标志。时间是由地球的运转来确定的，与自然环境的周期变化相关。采用两向生长树龄才能达到全面揭示次生木质部发育研究的目的。

（4）发育性状的变化是随时间连续的。次生木质部的特殊构建方式使得它的任一固定位点生成时的木材性状受到固定。由此，变化中的性状生成时间可由位置确定，并表明性状和它生成时的时间具有确定的一一对应的关系。次生木质部各确定位置生成时的两向生长树龄和各对应受固定的性状都可测出，这是次生木质部构建不同于一般生物体生长的特点。由此才能把时间的推移和其中变化的性状联系起来，并建立起进行次生木质部发育研究实验测定的可靠依据。这对长生命期的次生木质部的发育测定来说更具重要作用。

（5）发育是相随时间的连续生命过程，次生木质部构建的两向生成树龄使得相随次生木质部发育过程的时间是两向生成树龄组合的连续。由此，对次生木质部发育研究实验在样树内的取样分布须符合在回归分析中能取得两向生长树龄组合连续的要求。

（6）发育研究须用实验证明生命过程的变化具有遗传控制的程序性。次生木质部发育变化表现在连续时间生成的木材性状差异上。次生木质部发育研究实验与测定木材树种性状指标试验的目的完全不同。一般木材材性试验测定性状差异的平均值，而发育研究要求由单株中的木材差异测出次生木质部随树茎两向生长树龄生成中的连续变化。

（7）一般发育性状变化是在显微差异中进行。次生木质部发育研究实验须以测出能反映变化的差异为精度要求，即误差小于取样点间发育性状的差值。

（8）次生木质部发育是一个有关木材生成的自然现象。同一基因池遗传物质控制着同一生物物种的相似发育过程，这使生物发育变化具有遗传的物种趋势性。次生木质部构建中变化的发育属性需用符合遗传特征来证明。

本项目次生木质部发育研究是在上述八个方面的观点和综合措施下进行的，它们是须认识的不可缺一的整体。

16.6　本项目在针叶树、阔叶树次生木质部发育研究上的差别

针叶树、阔叶树分属裸子植物和被子植物。被子植物由裸子植物进化而来，并同

在漫长地质代、纪中生存和演变。它们的主茎次生生长过程相同，次生木质部都为鞘状层次结构。

16.6.1 宗旨上的差别

树木次生木质部构建中存在发育性质的生命变化，是一个有待证明的重要自然现象。生物发育受遗传控制，次生木质部发育现象须通过种内株间动态变化过程的相似性来证明。将针叶树同树种和同林地的数样树同一性状变化过程图示合并列于同一页面，以增强变化过程相似性的对比效果。

阔叶树研究，是本项目在针叶材五种树种各多株样树取得它们次生木质部构建中的变化具有遗传性质的相似性，确认存在发育现象的条件下进行。12 种阔叶树各一样树可扩大实验的树种数，各样树株内次生木质部构建中变化的有序性和多树种的类似趋势可进一步印证次生木质部构建存在发育过程。还对树种间纤维长度和导管细胞长、径的差别进行了演化分析。

16.6.2 细胞类别上的研究差别

针叶树、阔叶树次生木质部同为纵向和径向两类细胞构成，但在主要细胞类别上有如下差别：

细胞类别		针叶树	阔叶树
纵向	厚壁细胞	纵行管胞占木材体积的 90%～95%	纤维和导管细胞分别占木材体积的 1/2 和 1/5～1/4
	薄壁细胞	仅少数树种含少量	一般树种均具有，与径向射线薄壁组织合占木材体积的 3/10～1/4
径向	厚壁细胞	少数树种具有，包含在木射线内，短长方体	缺
	薄壁细胞	除含树脂道的纺锤形木射线树种外，全部树种都为单列木射线	多数树种木射线为多列，仅单列木射线的树种少

次生木质部厚壁细胞中除邻近形成层处于分生和分化成熟阶段的极少部分外，其他胞腔均中空。针叶树次生木质部发育研究测定纵行管胞形态（长、宽和长宽比）；阔叶树测定纤维与导管细胞形态（长、径和长径比）。发育研究管胞宽度测定弦向尺寸，而阔叶树纤维与导管细胞直径在测定中无方向要求。

16.6.3 其他方面差别

阔叶树研究在样树上取样圆盘高度为 0.00m、1.30m、3.30m、5.30m 以上每样间隔 2.00m，树梢部位间隔缩短；针叶树为 0.00m、1.30m、2.00m、4.00m 以上每样间隔 2.00m，树梢部位间隔缩短。这一差别虽对测出性状沿树高变化的结果不产生影响，但原是可避免的。

阔叶树根颈（0.00m）圆盘除测定年轮宽度外，未作其他性状测定。这是本项目阔叶树发育研究中的失误。

阔叶树样树有树种序号。各树种取一样树条件下，这一序号在本书中除作代码外不具任何其他作用。阔叶树各树种不同性状发育研究结果的图示页面，分别根据测定数据的变化范围编排，原则上，同一页面的不同树种同一性状纵坐标图示范围相同；而不同树种样树横坐标标注的高向或径向生长树龄范围有差别。这样，同一页面不同树种图示间，可在相同条件下进行比较。

12种阔叶树导管细胞的长度和直径测定中，3树种测定样树各高度取样圆盘逐龄年轮测定结果的图示，与其他性状图示采用的方式相同。另6树种仅测样树各高度圆盘最外缘两年轮（采伐前两年生成）和自髓心向外两年轮，根据数据变化范围的大小，测定结果采用不同的图示方式。其中3树种将同一树种外缘和邻髓心各两年轮导管细胞形态（长、径和长径比）随高生长树龄的变化分别同绘于两分图（图8-4）；另3树种分别将同一树种外缘和邻髓心的各两年轮导管细胞长度、直径和长径比随高生长树龄的变化各绘于三分图（图8-5）。

阔叶树干缩率发育变化研究中有不同高度区间和不同径向部位径向、弦向全干缩率与基本密度相关关系的结果。针叶树研究中未列入这一内容。

阔叶树有高生长发育变化的研究结果，其中并提出高径年增量比值的认识。

16.7 次生木质部发育研究中对环境影响的考虑

次生木质部发育变化过程有遗传物质控制的一面，并有受环境影响的另一面。同树种原始林较人工林木材年轮窄 [见《次生木质部发育（I）针叶树——木材生成机理重要部分》一书中图16-4、图16-5云杉原始林横截面628个年轮宽度和图16-3云杉人工林年轮宽度]。施肥、灌溉和其他培育措施条件下生长的人工林和天然生长同树种林木有差别。环境对次生木质部发育存在影响的一面。

在考虑发育受环境影响上，尚有一些须认识的方面：①地球长时气候变迁与数十年间气候变化有差别，以及年内气候因子异常与全年气候因子平均值也有不同；②林木固着在一地生长，环境（土壤和年气候因子平均值）稳定；③短时气候异常对次生木质部发育只产生波动的影响，而发育变化是它长时生命的程序性过程。

本书大部分图示曲线多，未能示出绘制曲线的实测点位置，但在曲线少的图示中给出。实测点多数分布在曲线两侧。这里包含由环境产生的波动和测定误差。由书中图示曲线的有序间距和变化的趋势性，可察出采用最小二乘法的回归分析符合发育研究的表达要求。

本书各章几乎都未涉及环境对次生木质部发育变化的作用。这并不意味着环境未产生影响，而是在曲线表达的数据处理中受到了有效消除。

16.8 曲线图示在表达次生木质部发育中的作用和必要

发育研究须表达的内容是变化。语言和数字都可用于表达变化，但用曲线表达较明确。次生木质部构建中存在发育性质的变化，需用种内树株间变化的相似性来证明。曲线图示是这一证明的最有效手段。

树茎两向生长树龄使表达次生木质部发育变化的图示是三维空间曲面。图示与测定数据的关系是，发育体现在数据变化上，而图示是表达发育性状变化的形象化工具。空间曲面形象随视角不同，准确表达次生木质部发育变化需用曲面剖视平面曲线组来替换。这与一般生物发育研究绘出单因子变化的平面曲线不同。自然科学在报告双因子和多因子变化的学术研究成果中也常采用平面曲线组的方式。平面曲线组是本成果用来表达次生木质部发育变化过程的主要方式。

依据次生木质部构建中发生变化的实际表现，须用 4 种平面曲线（组）替代三维空间曲面。其中两种曲线图示分别以高生长树龄或径向生长树龄为横坐标，图中多条平面曲线各表示一确定的径向生长树龄或高生长树龄条件下的变化。这两种图示是用多条平面曲线替代空间曲面上网状平行两向生长树龄坐标轴的曲线组。第三种曲线是逐龄生长鞘全高性状平均值随径向生长树龄的变化，这是不计高生长树龄对发育变化的影响，或可理解为将这一影响融合在平均值中。第四种曲线示，不同高度、相同离髓心年轮数、异鞘年轮间沿茎高发育差异的变化。在这一变化中相同离髓心年轮数、不同高度年轮间的两向生长树龄一直保持着高生长树龄增量和径向生长树龄减量相等的关系。第四种曲线表达的性状差异同样存在随两向生长树龄变化的关系，但没有前三种曲线那样简单。这是一种研究树茎中心部位不同高度性状发育差异的有效手段。4 种平面曲线（组）图示在次生木质部发育研究中都具有重要的作用。

理论上，可用空间曲面表达次生木质部发育数据变化，但立体形象受视角影响，不适合发育研究，而须用该形象平面剖视来取代，它们之间存在数学上的等同关系。平面剖视能表达确定条件下的发育变化趋势。4 种平面曲线（组）能达到对次生木质部发育全面表达的效果。

16.9　学术预见

16.9.1　逐龄高生长量的变化

林学树干解析结果中，列有高生长量随树龄的连年生长曲线，其中所称的树龄在数字上相等于本书中的径向生长树龄。林木高生长逐渐减慢，材积增长主要取决于径向生长树龄。一般来说，原木或原条材积按材高长度和材端直径测计算。林木高生长量随树龄的变化未受重视。

逐龄树茎高/径年增量比值是本项目衡量高生长量的一个新指标。树茎高生长量的发育变化具有进一步研究的学术价值。

16.9.2　人工林长、短树龄与发育变化的关系

树龄是林木生长年限。对长生命期的树木来说，本项目 5 种针叶树样木生长期（12～37 龄）、12 种阔叶树生长期（7～49 龄）都属短周期人工林。实验结果图示中，人工林树木次生木质部随两向生长树龄的发育变化都明显。

估计，林木生长鞘沿树高的变化随生长鞘生成树龄增加而减弱。这须采用高树龄样木生长鞘测定结果来证实。

16.10 次生木质部发育研究结果的应用前景

林木具有生态和提供木材材料两大功能。生态作用包括绿化美感、消除二氧化碳、润涵水分和固土防灾等；木材是造纸、住宅建筑和家具等的最佳材料。它的无限可再生性更有难以估量的应用价值。

本项目研究结果揭示次生木质部构建中木材生成受遗传控制的变化过程，这为分子生物技术应用在林木培育上提供了一份重要的基础理论。

人工林是人类可长期依赖的自然资源。造成人工林树茎中心部位（幼龄材）材质差的因素是人工林营林的重要理论问题。次生木质部发育研究为育种和营林研究改善发育变化造成的木材差异，和利用树木生长初期鞘层厚度大的特点提供了启示。

根、枝次生木质部发育研究为全树利用提供了可参考的资料。

江河堤坝防护林树种选择上必须考虑树根发育变化的长期作用。

树茎各部位的木材差异是发育变化形成的天然缺点，对它的深刻认识可促进木材加工采取技术措施减小它的负面作用，甚至可变弊为利。

本项目是次生木质部发育研究的初探，并未涉及它的全部发育性状，研究实验尚限于主要结构细胞形态和组织性状上。但发育有组织、显微（细胞）和超显微（胞壁结构）层次，以及木材化学组成和边心材转化等方面。次生木质部发育的理论研究尚有广阔学术余地有待开展。树茎两向生长也有再深入探究的必要。

结 束 语

本项目首次以实验证明次生木质部构建的生命过程中存在遗传控制的发育变化，并明确次生木质部发育是自然现象。

活树的次生木质部是一直保持生命机能的组织部位，但它主要构成的厚壁细胞生命期仅数月，心材全部细胞都无生命。活树次生木质部的生命和非生命双重性表现在它的两个不同区位。次生木质部的生命延续表现在逐龄增生的新生命区位上，而原生命区位依序在程序性细胞死亡中转化成非生命。树株内木材的差异是发育变化中形成的固着不变生成物。次生木质部逐龄生长鞘间和各年生长鞘沿高向的趋势性木材差异是在发育变化中生成。次生木质部发育实验是以非生命生物材料（木材）研究次生木质部生命中的变化。

本项目实验五种针叶树各数样树用于证明具有遗传相似性，12 种阔叶树各一样株用作扩大实验树种数。采伐地均为各树种人工林生长中心区。

生物发育的特征是有机体自身具有遗传控制随生命时间变化的程序性。发育变化的时间历程是发育研究须确定的重要方面。树茎两向生长具有独立性，研究次生木质部发育变化须采用两向生长树龄。次生木质部发育研究实验样品在样树内的分布须符合回归分析能取得两向生长树龄组合连续要求。

次生木质部实验须测出多个性状随生成时间的变化，这与常规测定批量木材质量和性状指标的要求不同。发育的性状变化在个体内呈现协调和有序性，以及在种内个体间具有受遗传控制的相似性，由性状表现的上述遗传特征才能确定这一性状的发育属性。次生木质部发育研究须测定多个各具遗传性的性状，并由众多发育性状的聚合才能进一步证明次生木质部构建过程中存在发育现象。

图示是证明性状动态变化遗传性的最适合手段。次生木质部发育的图示是三维空间曲面，而研究中则须用 4 种曲面剖视平面曲线（组）替代。

充分利用次生木质部构建特点，在不同树种、不同树龄、不同生长条件样树间，或同一样树主茎、根与枝材间都可进行次生木质部发育性状变化的比较。

本项目采用的实验和分析方法可供次生木质部其他相关发育研究参考。

次生木质部构建与发育变化同步，这一部位的生命与全树同长，它的发育全程变化受固着的生成物得到完整保存，以及逐龄生长鞘与其连续变化固着发生的时间又能得到一一对应的确认等特点，可认为次生木质部是适合研究生物发育共性的一种生物材料。

增补材料（一）
次生木质部生命状态和特征
——生命概念下木材研究的理论基础

摘　要

　　木材是非生命实验材料，供研究长时木材生成中的生命变化。本项目首次确定单株内的静态木材差异是动态生命变化过程中受保存未受触动的遗存物，以及存在性状、位置和时间三个因素间的一一对应关系。本研究的关键步骤是以测定数据绘出的曲线形式重现这一变化过程。实验证明这一变化在单株内是协调和有序，在种内株间具相似性。这些表明，这一变化在遗传控制下具随时间的程序性。由此发现，在次生木质部构建中存在发育的自然现象。次生木质部的生命状态和特征是本项目研究必须认识的自然背景和研究理论基础。遗传控制的生命变化是木材研究的一新开端。

1. 引言

　　高等植物，包括树木是由有性繁殖中经减数分裂，在配子融合中生成的单细胞合子分生和分化而成。这一过程体现在生物共性中。生物物种差异表现在合子中所含的遗传物质不同。树木次生木质部来源于顶端原分生组织分生和分化生成的形成层，以及而后形成层逐年的连续分生和分化。上述全部过程都依赖于细胞有丝分裂。全部体细胞都含个数、形态和结构相同染色体。任一体细胞中的遗传物质都来源于合子，都与合子相同。同一遗传物质在控制着生物个体生命中的发育变化和生命过程。调控表现在基因只在该起作用的部位和时间才起作用。基因作用的发挥是通过生物化学过程。

　　树木主茎、根和枝的木质部，一般看作木材的部位。根据木材生成中分生细胞来源不同，存在初生木质部和次生木质部差别。初生木质部处于木质部中央髓心外围，难于与真髓区分，合并所占体积分量也很小，并在生成后不变；次生木质部却逐年在外增添，而成为木质部构成的绝大部分。

　　树木次生木质部一直是处于保持生命的构建过程中。次生木质部主要构成细胞生命期仅数月。它的生命部位逐时更替，而年年更换下的非生命部位都能在原位置长期不受触动原态保存。立木木材主体是非生命生物材料，但承担着树木生存不可缺的支持和输导功能。植物学研究取得次生木质部的共性细胞分生和分化过程成果；木材和纤维素化学研究木材细胞胞壁物质的沉积过程和结构；而次生木质部逐年间层次构建中的差异规律性及其生物学属性迄今却是学术盲区。

生命概念下木材研究首次把树株内的静态木材差异认作次生木质部动态生命遗存的实迹，用实验证明这一变化过程符合遗传特征，并在理论上确证这一变化过程的生命属性是生物的共性发育。新理念中最突出的特点是，一方面认识立木中次生木质部的主要构成部分是处于非生命材料状态，同时又以生命中的变化来看待它的构建。不难看出，生命概念下木材研究是以生命科学观点，特别是遗传学观点看待次生木质部构建中性状随生命时间的变化和研究木材生成。这与林业和木材科学一直进行的木材材性研究，在目的和试验要求上都存在不同。生命概念下木材研究的性质纯属生命科学范畴，而过去的木材材性研究是材料科学。但这两项研究间却有割不断的联系。生命概念下木材研究是以树株中非生命木材作为试验材料，而木材材性研究的木材材料是在树木生长和次生木质部生命中生成。前者是研究树株内木材生成中随时间的生命变化及其遗传控制，而后者以树木中已生成的木材为测定对象。这两项研究所取得成果的性质和作用都不同。

生命概念下木材研究理念萌发自对次生木质部生命状态和特征的观察中取得的新认识。它们与生命科学相关学科有联系，并取得了新进展，由此构成木材研究新方向的理论基础。

2. 观察和思考（事实和现象）

树茎直径生长由形成层逐年分生产生。形成层来源于顶端分生组织。形成层是由下向上逐时随树茎高生长延伸的，并伴同树茎直径增长而自行扩大周长。形成层在树茎中呈缺顶梢的空心鞘壳状。由它逐年分生的木质层同为鞘层，逐龄鞘层密合叠垒构成木质部。本项目把这些鞘层命名为生长鞘，简称鞘。生长鞘横截面呈环绕髓心的圆形环状，仍称年轮。

次生木质部逐年以木质鞘层增添，多个鞘层同一高度间的差异反映出次生木质部发育逐年在水平方向上的变化；木材性状沿各逐龄同一鞘层高向上的规律性差异是次生木质部发育在树高方向上的变化。这两个方向上的变化都与木质鞘层增添的时间因素有关。为了在文字上准确简明表达出次生木质部发育发生在"体"中，启用新词"生长鞘"（Yin，2013）。生命概念下木材研究须持生长鞘概念。在次生木质部构建的生命变化研究中，鞘层结构具有重要作用。以生长鞘为结构单位观察次生木质部构建中的变化，是次生木质部发育研究可靠的必要依据。

次生木质部的连续生命和主体的非生命状态

次生木质部构建只能发生在具有生命机能的部位。次生木质部构建的自然过程表现出它具有连续生命特征。

树茎顶端由保持生命状态处于分生或分化状态中的细胞构成。顶端下缘由形成层产生的直径生长开始后，树茎中心部位的组织构成了树茎的髓心。髓心在成熟树茎中终将迈入死组织行列，但不能由此而忽略树茎顶端是一直保持分生和分化机能的生命状态。

活树形成层一直是生命的原始细胞组成。形成层区域内侧数层木质子细胞处于细胞有限次数的再分生、分化和成熟阶段。这些活动都必须在细胞生命状态下进行，它们是树茎和次生木质部生命延续的象征。

寒带、温带树茎顶端和其下的形成层具有严冬的分生休眠期，但这不意味着生命的中断，树茎和其中次生木质部具有不间断的连续生命性。生命性是次生木质部生命变化成立的首要条件（Yin，2013）。

管胞占针叶树材体积的 90%～94%，纤维和导管约占阔叶树材体积的 2/3。这类厚壁细胞在分生后的当年数月内就经历了分化和成熟，随即步入死亡细胞的行列。它们的生命物质都在成熟过程中，经自身的程序性生化反应转化生成沉积的胞壁物质。

立木（living tree）中全部心材和边材主要构成的厚壁细胞都是死组织。仅逐年最外层生长鞘数月内生成的木质厚壁细胞具有生命。

边材中的薄壁细胞尚具有生命；在心材开始形成后，随着树茎扩大，新边材连续形成，前边材部位在不断转变成心材。在这一过程中，边材具生命的薄壁细胞生理死亡。由上述事实，本项目意识到，次生木质部是树木中的生命部位，但它的大部分体积是非生命的。这部分非生命体积是逐年在生命中生成的，各年每一层次都得到完整保存。

两向生长相对独立性和两向生长树龄

树茎高、径两向生长在树木长时生命中同时长期持续进行，但不发生在树茎的同一高度部位。高生长始终保持在树茎顶端，它的部位随高生长而在不断上移中；直径生长发生在与顶端相连的下端，它的范围随高生长而不断扩张，除茎顶端外，几乎与树茎等高。树茎的两向生长无间隙地在自然连续转换中。由此，本项目认识了树木两向生长独立性。两向生长独立性是研究次生木质部构建中生命变化必须考虑的方面。

影响次生木质部生命变化的内在因子不是单一的。不仅自髓心向树皮的各年生长鞘间存在着有序变化，而且每一生长鞘沿高度方向也具有规律性的变化。树茎两向生长存在独立性。鞘层虽是在逐年径向生长中生成，但分生同一鞘层不同高度的形成层自身生成年限有差别。这表明，次生木质部构建中的变化同时受两向生长树龄的影响。关于这一影响是如何实现的，则是另一须考虑的深层次问题。

高生长树龄是树茎生长至某高度所经历的时限。树茎上的连续高度都分别有对应的高生长树龄，两者具有一一对应的关系。径向生长树龄是逐年生成生长鞘当年所对应的树龄。分生组织分生时自身已存在的时限，对顶端是所在高度对应的高生长树龄，对形成层则是随高度逐减的径向生长树龄。

一般生物体只会有一个已生存的时间。对树木而言，树龄是由种子萌发开始起算的时间，而两向生长独立性使次生木质部构建中的生命变化研究必须采用两向生长树龄（Yin，2013）。

变化中的性状、位置与时间三者的一一对应关系

次生木质部生命变化发生在其构建过程中。次生木质部鞘层状木质结构逐年生成，性状随时间的变化当年即受到生理性自我杀活固着。立木中的木材差异是在各木质鞘层生命中形成。这是每一木质鞘层生成时各当年状态，并以不变的形式保存在立木的次生木质部内。当树木被伐倒后，这份自然实迹仍长期保持不变。

次生木质部生命变化不是发生在树茎的各同一固定部位上；相反，次生木质部生命发生变化的部位随时间而在连续移动。次生木质部中的不同部位，是次生木质部在生命过程中随时间受固着留存的生成物，并保持着性状不变的状态。株内不同部位间木材结构及其性状的差异，是生命变化的表现。

生命中变化的性状、发生的时间和位置是生命概念下木材研究必须考虑的三个主要因子。这三个因子在次生木质部构建的生命变化中具有特殊关系。这种关系保证了该研究实验测定的可行和可靠性（Yin，2013）。

动态变化和静态木材差异

次生木质部构建的细胞学过程，是主要构成细胞的连续共同步调。这是逐年最后生成的最外层生长鞘（新生命部分）取代主要构成细胞丧失生命的部分。木质细胞的共性生命过程逐年在次生木质部新生命鞘层里重复。次生木质部的生成是在逐年木质细胞共性的生命过程中才得以连续的。

次生木质部的共性细胞学过程只是细胞生命的相同步调，而不是它们间的绝对同一性。由不同时间生成的木材组织差异，应该发现连续时间生成的细胞间存在着微细变化。木材的静态差异不能由单一细胞的生命过程形成，它只能在众多细胞生命过程的微差变化的积累中形成。木材的宏观差异是次生木质部在连续生命时间中微观变化的表现（Yin，2013）。由此发现静态木材差异是生命动态变化过程逐时自行固定，并得到保存的实迹。

三类木材差异的不同遗传来源

种间次生木质部的木材差异源于遗传物质处于不同基因池。遗传具有相对稳定性。种间木材差异具有树种识别作用。

种内株间次生木质部的木材差异是有性繁殖中同一基因池内遗传物质重组的结果，遗传学称其为变异。种内数量性状差异服从统计学的正态分布。

单株树木次生木质部构建生命变化中形成的差异性质是有待深究的课题，必须依据遗传学探明其本质来源。这是把它看作是次生木质部构建过程中生命变化的遗存物，并能证明这一变化符合遗传特征（Yin，2013）。它是个体内相同遗传物质调控的结果。

本文论及了次生木质部同时并存的一些真实情况，它们与植物学、林学和木材科学公认成果有联系。在对它们认识的深化和融会中才衍生出有关次生木质部生命变化的新思维，并构筑了本项研究须认识的自然背景。

3. 讨论

树木株内次生木质部存在木材差异。仅从这一差异是不能察出它的生命意义，必须将这一差异与它的生成时间相联系，才能清楚看出它是发生在生命过程中。

次生木质部生命中的变化与树株内木材差异生成时间的关系

次生木质部逐年扩大中生成的差异是各年增生的组织相对于前一年有变化而形成

的，是形成中逐时自行固定并得到保存的动态变化过程的实物记录。这是生物界生命过程中的一个特殊事例。

"variation" 在英语中是遗传学专用词，又是日常通用词。迄今，木材科学一直把"variation" 在意义上等同于 "difference" 应用于木材研究。由此，木材科学把树株内的不同部位间的木材差异只作差异的表现来看待，已察出这种差异在树株不同部位间具有一定规律，但这些成果未涉及差异生成的生物学因素。材料类别中，木材被列于非生命的生物材料。但它在树木长期生命中的生成过程却有尚待探索的未知。

在生命概念下，是不再简单地只把木材作为非生命材料，而是把它作为研究生命的材料，是研究它生成中生命的变化；是把静态木材差异与次生木质部动态生命中的构建联系起来研究木材生成（Yin，2013）。

时间在生命概念下木材研究中的重要性

生命概念下木材研究必须围绕的特点是，生命中随时间的自身变化和遗传控制的程序性。这一研究需测出次生木质部构建中生命随时间的变化，而不是树茎局部部位间非生命木材的差异。

两向生长在次生木质部构建中是独立的，是同时并存的和匹配的。树龄是应用于树木生长的单一时间概念。生长鞘间和沿生长鞘高向都存在规律性木材差异表明，生命概念下木材研究中必须同时采用两向生长树龄。离开两向生长树龄就不可能全面认识次生木质部构建中的变化。

次生木质部每一部位的性状，是其生成时的状态。每一取样部位的木材在生成后的位置是不会移动的，由此它生成时的两向生长树龄可由其位置来确定。木材生成中时间和位置间一一对应的确定关系表明，在生命概念下木材研究中，样树内取样位置的分布是取得本项研究实验成功的首要学术因素（Yin，2013）。

这一研究的木材样品在树茎中的位置分布要满足在回归分析中能取得发育性状随两向生长树龄组合连续变化的结果。

次生木质部生成中的变化与树木生存适应性的关系

次生木质部一直承担着树木生存不可缺少的树冠支撑和水分上行运输的生理功能。次生木质部在树木生命中表现的特殊状态是，它在树木生命活动中生成。但其主要组成的厚壁细胞在生成当年就成为执行树茎输导和支持机能的无生机结构单元；其他器官在树木生命中处于不断更替中，只有次生木质部连续生成的部分都原貌完整地受到保存。为了满足树木生长的需要，次生木质部必须不断得到扩增，其中存在的差异也都是适应树木生存需要。可见，次生木质部构建中的变化是符合树木生存适应的自然现象（Yin，2013）。

4. 探索自然现象的理念

次生木质部构建中存在遗传控制的生命连续变化。这一变化以固着的木材差异实迹留存在逐时生成的位置上。它的学术属性为生物共性的发育现象。

5. 相关论述

"发育是生物体层进构建自身中全部变化的总和"（Champhell，1996）。

"在多细胞有机体内，细胞不断地死亡，又被新的细胞所代替；但有机体仍作为一个整体而保存"（von Bertalanffy，1952）。

"有机体动态概念可看作是现代生物学最重要的原则之一"（von Bertalanffy，1952）。

次生木质部生命状态和特征完全符合上述有机体动态生命概念的论述。

6. 事实和推理

树株内木材在次生木质部生命构建中生成，是长期逐时分生的细胞积累的结果。每个细胞都经历遗传物质控制的程序性变化，最后主要构成细胞都呈空壳的胞壁状态。由逐时留存的细胞遗骸间规律性差异，可断定，次生木质部内的差异也是在每个细胞共同具有的遗传物质控制下生成。相同的遗传物质在控制着每个细胞的生命程序性变化中，又同时在控制着逐时分生出的细胞间的程序性差异。

发育表现在性状变化上。次生木质部构建中的生命变化存在随同树木两向生长树龄的遗传控制程序性。这是次生木质部生命的变化符合发育变化的表现。符合遗传特征的多个发育性状的聚合才构成次生木质部发育现象。

7. 理念的原始性、求证和研究价值

"次生木质部"是植物学和林学的学术词语，"发育"是现代生命科学三大研究主题之一。"次生木质部发育"看似熟悉的词语，实为学术空白点。林业科学甚少提及该词。

"The patterns of within-tree development of wood were poorly known."（Zobel and Jackson，1995）这表明，对木材形成（次生木质部构建）存在一个具有重要学术价值的空白。

发现和研究都必须以实验结果为依据。离开事实对次生木质部发育存在的估计只是猜想或称假说。次生木质部发育现象必须通过实验来证明。

木材生成机理中除细胞和组织共性特征外，尚亟须认识单株树木次生木质部逐年增添间生成的细胞和组织结构与性状间的差异根源。这是木材生成机理有待进一步充实的重要部分。

以生命变化观点来看待次生木质部长时构建过程，即生命概念下木材研究，是认识木材材质生成和改良木材材质的重要理论基础。

参 考 文 献

Champbell N A. 1996. Biology. Fourth Edition. Amerika Serikat: The Benjamin Cummings Publishing Company Inc.: 742.

von Bertalanffy L. 1952. Problems of Life—An Evaluation of Modern Biological Thought. New York: John Wiley & Sons Inc.

Yin S C. 2013. An Important Part of wood Formation Mechanism—Secondary Xylem Development (I) Coniferous Tree. Beijing: Science Press: 1-27.

Zobel B J, Jackson B T. 1995. Genetics of Wood Production. Berlin: Springer-Verlag: 6.

增补材料（二）
如何看待生命概念下的木材研究

摘　要

　　生命概念下木材研究的理念，是研究次生木质部构建中的生命过程。本项目研究以次生木质部主体的非生命状态为依据，而获得能以测定数据绘出的曲线形式重现这一生命过程。首次实验证明，树株内这一变化过程具体系性（systematization）和协调，以及树种内株间相似性；这一变化过程是在遗传控制下进行，次生木质部构建与其发育现象同时并存。生命概念下的木材研究与常规木材研究实验在理念、取样、实验措施、数据处理和图示等方面都有不同。本文对它们的差别进行对比，以图对生命概念下的木材研究能得到更深刻了解。

1. 生命概念下木材研究的一个新方向

　　木材是非生命生物材料，而它在次生木质部生命中形成。生命概念下的木材研究，须以非生命木材为实验材料，但这与满足木材利用需了解木材结构和材性而作的测定又截然不同。

　　单株树木（个体）内存在的静态木材差异具有可测的规律性。这种差异与种内有性繁殖中随机发生的个体间变异生成性质根本不同。由此察出一个待深究的盲区。

　　发育是个体生命中的变化过程。须对树株连续各时生成位点进行取样实验，由此测出的木材性状是生命变化中各即时状态的表现。生命概念下木材研究首次将次生木质部动态生命中的变化与树株内静态木材差异联系起来，以株内木材差异研究它生命变化的规律性。可察出，生命概念下木材研究测定的实验材料是非生命的，而研究对象是次生木质部动态变化中的生命状态。这一状态的性质是发育。次生木质部的木材在其中生成。它们是发生在同一过程中的不同方面，是生命概念下林业和木材科学研究的新内容。

2. 探索长期未知的自然现象

　　遗传学"变异"（variation）一词定义的范畴是一个物种内不同个体之间的差异。人们常说病毒发生突变就是它的"variation"，这符合遗传学所确定的定义。而单株树木内次生木质部构建中先、后生成木材间的差异是个体内相同遗传物质调控下形成。如把树木株内木材差异看作变异，这并非是一个简单的用词问题。按照遗传学变异的含义，其发生则是随机的，无需考虑其成因。事实相反，它表现出存在规律性。这里长期掩盖着一个未知的自然现象。这个现象涉及次生木质部生命中的变化和木材长时生成机理。

世界范围近半世纪的大量研究文献表明，以前对此有关研究一直只是单株树木内木材差异的表现，并未涉及它的生成机理。从遗传学角度，把单株内木材差异性质列入变异概念范畴是十分不当的，这模糊了人们对木材形成的认识，遮挡了对这一问题的进一步思考。

"次生木质部"和"发育"是生命科学的两个普通词，在学术文献中偶有把两词相连，但至今尚未明确次生木质部发育的学术内涵。

"The patterns of within-tree development of wood were poorly known."（Zobel and Jackson，1995）

"在现有的有关植物发育的文献中，资料最少的可能要算是关于茎发育的研究了。"（白书农，2003）

以上表明，次生木质部发育（生命中的构建变化）是学术空白。科学对自然现象的发现与技术创新不同，只能被认识，不能被创造。

次生木质部发育研究是开启生命概念下木材研究的项目，这需生命科学和材料科学的交融，特别是须具备遗传学观点，而遗传学近 70 年才对遗传物质有清楚认识。这一期间，自然科学学科建制发展，却妨碍了学科交叉。

发现次生木质部发育自然现象的首位难题是，如何看待单株树木内不同部位的静态木材差异。在察觉到这一静态差异是在动态变化中生成的条件下，次生木质部发育研究进行实验的目的是，证明树木遗传物质控制着这一规律性的变化。这是首次以遗传学观点研究木材生成。

生命概念下木材研究的关键是，须以非生命生物材料（木材），证明它的生成具有遗传控制的规律性。由此，木材生成中存在遗传控制的生命变化得到证明，以及这一自然现象的学术属性是次生木质部发育得到确定。

3. 生命概念下木材研究必须具有的学术观点

1）有关遗传学方面

（1）单株树木不同部位各组织每个细胞含有相同的遗传物质；
（2）树株不同部位每个细胞的相同遗传物质只在该起作用的时间才起作用；
（3）遗传物质控制着个体的生命过程。

领悟和新认识：种内个体间的差异是种内等位基因不同组合生成的结果，是遗传物质存在差别造成；树种内个体（树株）间次生木质部差异的性质是变异。单株内的木材差异是次生木质部构建中相同遗传物质对发育变化调控的结果，是发育变化遗存的实迹。

2）有关发育方面

（1）发育是生物体生命中的变化；

（2）发育体现在个体不同器官各组织生成中细胞间的变化中；

（3）发育变化的行进须以随伴的时间来标志。

领悟和新认识：次生木质部发育变化动态实况固着留存在单株内不同部位的静态木材差异上。

3）有关植物学、林学和木材科学方面

（1）次生木质部是在连续生命中生成，是一直保持生命的部位，但它的体积主体是非生命生物材料（木材）；

（2）次生木质部逐年生成鞘状层（生长鞘），均完整存留，但其主要构成的厚壁细胞生命期都仅数月；

（3）次生木质部高、径两向延伸（生长）具相对独立性，其任一点位都有生成时确定的两向生长树龄和不变的木材性状。

领悟和新认识：次生木质部任一点位生成时的两向生长树龄组合是次生木质部发育历经的时刻，而该点位不变的木材性状则是发育变化中该时刻的状态。两者具有一一对应关系。

上述基本观点萌发自对次生木质部构建过程的深刻观察，并把它们与相关学科公认理论相联系。重要是，它们只能在采取研究措施的共聚中才能发挥探索作用。

4. 生命概念下木材研究与国内、外木材结构和材性研究的差别

高等生物种内个体间的变异起源于有性繁殖中发生的遗传物质差别（遗传学）。树木株内木材差异在个体营养生长中形成。把这一差异称为变异，是涉及如何看待这一差异生成性质的问题。对它的正确认识，是决定次生木质部发育自然现象能被发现的关键。

树木株内木材差异是次生木质部构建中遗存在逐年生成的木材鞘层间和同一鞘层不同高度上固着的变化实迹。深刻揭示这一差异受遗传控制的规律性表现，是次生木质部发育研究的探索内容。这一研究的性质属生命概念下木材研究，不同于木材用作为材料的材性测定。

现对次生木质部发育研究和国内、外有关木材材性研究的差别进行如下对比。

1）研究理念

次生木质部发育研究 （生命概念下木材研究的新方向）	木材结构与材性研究 （木材用作材料，此项研究成果 供木材加工利用作参考）
首次认定树木株内的木材差异的性质不属遗传学变异概念的范畴，而是立木次生木质部生命变化过程遗存的实迹。用实验证明这一变化过程符合遗传特征，并从理论上确认这一变化的生物学属性是生物的共性发育。	把单株内木材差异称为变异。 测定树株内不同高度距髓心不同年轮数间木材性状差异的变化。

对同一对象（树株内的木材差异）具有截然不同的两种认识，由此必然在研究上的各个方面都有不同。其差别根源是研究树株中木材差异生成的自然现象，还是测定这种差异的表现。

创新方面

（1）次生木质部发育是生命中的变化过程；

（2）以非生命生物材料（木材）研究其生成过程的生命变化；

（3）须以符合遗传特征来证明生命变化过程的发育性。

值得注意方面

（1）单株内木材差异发生在个体营养生长中，其性质不属遗传学变异概念范畴；

（2）距髓心年轮数不是树龄，树茎不同高度距髓心相同年轮数的木材不是同一树龄生成；

（3）未涉及生命现象。

2）实验设计依据

次生木质部发育研究

（1）发育是随生命时间的变化，首次提出树木两向生长树龄组合概念。

（2）首次明确次生木质部在生命中构建；连续的两向生长树龄组合都各有木材生成的对应固定部位，每一部位木材性状都保持不变。由此察出，次生木质部发育相随的时间可由取样部位确定；而测出的每一木材样品性状即生命变化中各生成时的发育指标。

（3）在多株各样树 10～17 个高度径向逐个或间隔年轮上取样（测定木材纤维和导管细胞形态）；在样树树茎高、径两向上均连续取样（测定木材物理力学性状）。通过回归分析取得发育随两向生长树龄变化的结果。

木材结构与材性研究

（1）取样未考虑其点位与树株生长树龄的关系。

（2）实验样品取样位置以距髓心年龄数标定，这一年轮数相等于该高度形成层分生该样品时自身已生成的年数（有学者把它称为"wood age"）。"wood age"与树株树龄（"tree age"）不是一回事，并且各高度相同"wood age"样品不是同年生成。

（3）在树茎数个高度径向逐个或确定间隔年轮上取样（测定木材纤维和导管分子形态）；仅在 1～3 个高度径向部分指定位置上取样（测定木材物理力学性状）。

创新方面

（1）次生木质部发育时间进程须以两向生长树龄组合表示；

（2）由取样部位确定各样品的两向生长龄；

（3）众多点位样品在全树茎均匀散布。测出的全部结果能满足取得发育性状随两向生长树龄变化的回归分析结果。

值得注意方面

（1）受性状取样位点数及其分布的限制仅能察出木材性状差异的变化趋势；

（2）试验结果仅限于报告树种或批量木材的木材性状平均值。

3）数据处理

次生木质部发育

次生木质部随两向生长树龄发育变化的图示是三维曲面。它受观察角度影响，虽直观但不适合用于发育研究。采用四种二维平面曲线组作替代，其中两种属三维曲面的剖视。它们与上述三维曲面都有严格的数学关系，能全面并准确表达出次生木质部发育变化过程。

创新方面

（1）发育变化受遗传控制，须以同树种数样株同一性状变化曲线图示间的相似性，以及在单株样树内性状随两向生长树龄变化的有序性来证明。

（2）上述图示方式可对不同树种、不同立地条件、不同树龄样树的次生木质部发育过程进行比较。

木材结构与材性研究

（1）以离髓心年轮数为横坐标，绘出性状变化的二维平面曲线；

（2）在同一二维坐标图示上，分别绘出数个取样高度的上述曲线。

值得注意方面

所获曲线结果是树株内木材差异的局部表征。如同观察和记录日出、日没和四季循环，而未涉及这一现象生成的必然性。

5. 生命概念下的次生木质部发育研究与为木材利用提供技术依据的木材结构和材性研究成果的不同作用

次生木质部发育研究和前有关木材研究都是以树木中的木材为实验材料，这两项研究的差别和不同作用的关键在于，生命概念下木材研究是以生命科学观点，特别是遗传学观点看待和研究木材生成，而木材结构与材性研究是把木材作为利用对象的材料来测定。由此，可把生命概念下木材研究纳入生命科学范畴，而木材结构与材性研究属材料科学。但这两项研究间却有割不断的联系，生命概念下木材研究是以树株中的非生命木材作为试验材料，而木材结构与材性研究的木材材料是在树木生长和次生木质部生命中生成。前者是研究树株内木材生成中的变化及其遗传控制；而后者以树木中已生成的木材为测定的材料对象。不难看出，这两项研究所取得成果的作用不同，对此分析如下。

1）成果

次生木质部发育研究

（1）从遗传物质上分清了树木种间、种内株间和单株树木内木材差异的不同来源；

木材结构与材性研究

木材作为一种重要的生物材料，除有木材树种识别必要外，还需深刻了解它们的性能表现。各国都分别取得各地主要树种木材结构特征和材性指标的测定结果。

（2）从理论上认识了单株树木内木材差异生成具有遗传控制的规律性，由此确定木材生成中存在发育的自然现象。

2）成果应用

次生木质部发育研究

由此，林业和木材加工利用能更深刻认识木材生成过程和木材差异的形成。

在木材培育方面

（1）次生木质部发育研究成果，阐明了遗传控制木材生成中的生命变化过程存在规律性。这对应用分子生物技术改良木材遗传特性具有标明路径的作用。由此，可以认为次生木质部发育研究成果是有助木材材质改良的理论基础；

（2）由树株内次生木质部发育呈现的规律性，可依据短周期人工林幼树早期木材结构和性状推断它在树木长时生长中的变化；

（3）根据木材生成中占主要结构份量的厚壁细胞当年即转换为非生命组织，可进行不同树种、同一树种不同立地条件和不同树龄树木生长的比较。

由本项研究尚可看出，次生木质部是适合用于生物发育共性研究的一种材料。

在上述测定中，观察到树种间、种内株间和树株内的木材差异。英文文献将此统称为 variation，中文文献译为变异。

木材结构与材性研究

木材作为建筑和家具材料须了解材料的物理和强度性能，而材料的非均一性则是材料天然差异状态。

木材作为纤维材料须考虑树种的纤维长、宽和长宽比，它们在树株中的变化则会影响这些指标平均值。

木材材性研究成果是木材加工利用须参考的必要依据。

前木材结构与材性研究试验在样树上有上、中、下三个高度范围和内、外确定部位的取样规定，其结果也可看出单株树木内的木材存在差异的规律性。这些对进行次生木质部发育研究有启示作用。

次生木质部发育研究与前木材结构和材性研究，在目的、取样、试验和结构分析等方面都有不同，但它们都以伐倒木树茎木材为试验材料。一方面要看出两者在研究结果上的差别，和作用上的不同；另一方面，又要注意它们在深刻认识木材生成、和材料结构及性能方面有密切的联系。

6. 对次生木质部发育研究成果发表的思考

与这份增补材料不同，本书正文未与前木材结构和材性研究成果作任何联系，也未引用作对比。但次生木质部发育过程却表现在单株树木的木材差异上，有关这一差异的发生和性质是次生木质部发育研究的主题，这也就成为避不开的"弯"、躲不过的"坎"。

此前，国内、外涉及树株内木材差异的文献也都是通过实验取得数据的结果，是自然现象的客观表现，而文献题目上一般都用有"变异"一词。次生木质部发育研究经实验证实，树木株内木材差异是在相同遗传物质控制的变化中生成，由此而确定这一差异性质不属遗传学变异内涵。材料科学对单株树木内木材材料中的差异采用"variation"作为表述用词并不影响有关文献报道内容的学术真实性。

木材作为建筑和造纸等人类生活重要材料，促进了木材结构和材性研究。"variation"在英文日常用语词义中等同于"difference"。在材料科学中，用"wood variation"表示"wood difference"亦并非不可。但在生命概念下，次生木质部发育研究中，以遗传学内涵来界定，树木内木材差异是遗传物质控制下生命规律性变化中生成。这正表现出两者在研究目的和内容上的差别。

这虽只触及树株内次生木质部木材差异的"变异"用词，但与本学科传统称呼不同，特别是与评价前半世纪木材材性研究成果的性质有关。由此而深感其难度。

现代生命科学已非常细微深入，手段十分先进。树木是类多量大的植物类群，次生木质部是树木结构中占体积最大的部分，但"次生木质部发育"至今尚为学术空白，其原因发人深思。发现和证明存在一个重要自然现象，必须具有足够的理论支持和能提供具有充分证明作用的实验结果。

学科壁垒是察出次生木质部发育的最大障碍。提出次生木质部构建中存在生命随时间的变化和两向生长独立性要依据植物学成果；测定构建中生物量的变化和确定取样位置的两向生长树龄要依据林学技术；克服单株树木内木材差异的传统"变异"称呼，和确定这一差异生成性质需遗传学观点；测定木材结构和性能须参用木材科学的实验方法，图示的曲线表达与数学有联系。次生木质部发育研究中不仅需生命科学中的多学科交叉，并需生命科学与非生命科学交叉。

《次生木质部发育》成果须符合原创性、前沿性、重要性和系统性等要求，而系统性是其中最难做到的。但只有符合系统性才能揭示次生木质部构建生命中存在遗传控制的程序性变化和证明次生木质部发育是自然现象。

本研究成果要发挥作用就须适应多学科读者，对涉及各学科内容都需作必要引入。这些内容都须是精髓综述，并须它们在应用中取得进展。

参 考 文 献

Zobel B J, Jackson B J. 1995. Genetics of Wood Production. Berlin: Springer-Verlag.
白书农. 2003. 植物发育生物学. 北京: 北京大学出版社: 165.